本书由“核科学与技术”湖南省世界一流培育学科资助

氡/钍射气及其子体测量的新方法

肖德涛 赵桂芝 单 健 李志强 吴喜军 著

中国原子能出版社

图书在版编目（CIP）数据

氡/钍射气及其子体测量的新方法 / 肖德涛等著.
北京：中国原子能出版社，2024. 9. -- ISBN 978-7
-5221-3625-7

Ⅰ. P631.6

中国国家版本馆 CIP 数据核字第20248QE536号

内 容 简 介

本书阐述了基于静电收集和α能谱建立的快速跟随环境氡浓度变化和长期无需值守的环境氡浓度与排风井氡排放量灵敏连续测量、各种介质表面氡析出率和区域氡释放量可靠测量、土壤潜势氡浓度快速测量、单滤膜氡/钍射气子体连续测量、氡和氡子体平衡因子连续测量等系列氡/钍射气及其子体测量的新方法。这些方法突破了静电收集测氡/钍射气方法的灵敏度温湿度自动补偿和时间延迟现象消除、氡析出率测量方法的泄漏与反扩散影响消除、单滤膜钍射气子体连续测量、PIPS α 能谱峰温漂自动跟踪等一系列关键技术，提升了我国环境氡监测、评价与防治的水平及能力。本书可供从事辐射防护及环境保护领域的科技人员、大专院校有关专业师生参考。

氡/钍射气及其子体测量的新方法

出版发行	中国原子能出版社（北京市海淀区阜成路 43 号　100048）		
责任编辑	韩　霞		
装帧设计	邢　锐		
责任校对	刘　铭		
责任印制	赵　明		
印　　刷	北京厚诚则铭印刷科技有限公司		
经　　销	全国新华书店		
开　　本	787 mm×1092 mm　1/16		
印　　张	13.25	**字　　数**	330 千字
版　　次	2024 年 9 月第 1 版		2024 年 9 月第 1 次印刷
书　　号	ISBN 978-7-5221-3625-7	**定　　价**	**80.00** 元

国际辐射单位与测量委员会(ICRU)主席 Hans-Georg Menzel 博士对系列氡/钍射气及其子体测量方法研究工作的评价

我是 Hans-Georg Menzel 博士，是一名电离辐射和放射性计量学专家。自 2009 年以来，我一直担任国际辐射单位与测量委员会（ICRU）主席。

今天，我有机会访问了由肖教授领导的氡实验室。肖教授是“氡照射测量与报告”国际委员会的委员，该委员会撰写并于 2016 年出版了一个 ICRU 88 号重要报告。

自我上次访问（注：2012）实验室以来，在氡和钍射气测量方面所取得的卓越进步给我留下了非常深刻的印象。

研究完全新的氡和钍射气测量方法和基于新方法研制的仪器给我的印象尤其深刻，这些仪器具有测量灵敏度自动补偿、α 能谱峰温漂自动校正、无人值守操作和测量周期可以任意选择等的可靠能力，仪器的这些特性使它们具有非常好的实践应用价值。该成果是科学价值与有效实践非常值得赞赏的结合，是非常创新的，处在困难的、复杂的氡和钍射气测量领域的国际前沿。

研究的另一个非常令人感兴趣的方法是不同介质表面氡析出率的单次或者连续测量方法，该方法是基于静电收集子体和它们的 α 能谱建立的。还有建立的不频繁更换滤膜进行氡和钍射气子体连续测量的新方法让人印象深刻。

我个人认为，肖教授和他团队的工作处于国际上非常高的水平。这些新技术非常适合标准化，尤其对甄别氡和钍射气浓度的创新方法的印象特别深刻。

从氡和钍射气照射高致癌效应和中国矿山和住房中高暴露两方面来看，可靠的氡和钍射气照射测量方法的实用性具有巨大的价值。

肖教授实验室的研究是非常成熟而全面的，使得研究的方法和仪器对于实践应用和作为标准程序（或步骤）实施是非常合适的。

总之，肖教授的实验室以及他在氡、钍射气及其子体测量方面研究的创新性方法不得不承认处于国际领先水平，不得不为工作的科学价值和突出的实践应用前景而鼓掌。我完全赞赏他在这个计量学领域持续的有价值的工作，并鼓励他的团队在这个成功的路上继续他们的工作。该工作总的来说具有巨大价值，对于特别关心氡和钍射气照射的中国尤其如此。

H.G. Menzel
ICRU Chairman

H. G. Menzel

ICRU 主席

2018 年 9 月 6 日　衡阳

联合国辐射效应科学委员会(UNSCEAR)副主席陈晶博士对系列氡/钍射气及其子体测量方法研究工作的评价

我（陈晶，Jing Chen）从事辐射防护研究三十余年，现任联合国辐射效应科学委员会副主席（简历请看 https://www.unscear.org/cn/about_us/bio_j-chen.html）。2018 年，应加拿大辐射防护协会的邀请，中国辐射防护协会选派肖德涛教授作为首位两协会互访学者在加拿大辐射防护年会上作特邀报告。肖教授报告了他的团队在最近几年的科研成果-系列氡/钍射气及其子体测量新技术和成套仪器。该报告得到加拿大同行的高度评价，也促使我在 2019 年初专程到南华大学与肖德涛教授和他的团队做学术交流。肖德涛教授和他的团队在研发系列氡/钍射气及其子体测量新技术方面所作的杰出工作给我留下了极为深刻的印象。其独特科研成果的重要性在于它的科学价值和实用价值。

超高的科学价值：在自然界里，氡（$^{222}\mathrm{Rn}$）和钍射气（$^{220}\mathrm{Rn}$）无处不在，它们是世界卫生组织公布的 19 种主要致癌物质之一，是仅次于吸烟致人类肺癌的第二大诱因。世界上许多国家，肺癌发病率和死亡率均居所有癌症之首，大约 3%～14% 的肺癌是由暴露于氡污染引起的。因而，对氡和钍射气的测量已普遍地应用于工作场所和民居室。但是，氡致肺癌不在于氡/钍射气本身而是氡/钍射气的带电子体对肺组织的杀伤作用。为能准确地评价环境氡的危害，必须要有高质量的氡/钍射气子体测量仪器。所以，肖德涛教授和他的团队所研发的系列氡/钍射气及其子体测量新技术具有超高的科学价值。

独特的实用价值：氡/钍射气的子体在氡致肺癌的过程中起主要作用已是不争的事实。所以，有一些辐射测量仪器的生产厂家推出了为数不多的几款氡/钍射气及其子体测量仪。但据我所知，这些已有的子体测量仪都是需要特殊护理保养的精密仪器而且价格可观。这些精密仪器只适合做研究工作，无法推广并应用于工作场所或民居室氡污染的普查。在南华大学交流期间，我惊喜地看到肖德涛教授团队的系列氡/钍射气及其子体连续准确测量不仅在科学技术上达到国际领先水平，而且还开发了极为方便又实用于不同环境的成套仪器，实现了快速跟随环境氡浓度变化，长期无人值守的环境氡浓度连续精准测量，各种介质表面氡析出率和土壤潜势氡浓度快速可靠测量和氡/钍射气子体的连续准确测量，等等。这些具有国际领先水平的优点使得肖德涛教授团队研发的氡/钍射气及其子体测量成套仪器具有独特的实用价值，值得推广。

肖德涛教授和他的团队所研发的系列氡/钍射气及其子体测量新技术和成套仪器为中国和国际辐射防护领域作出了杰出贡献，为工作场所，民居室和自然环境的氡污染监测与健康危害评估提供了高质量易推广使用的方法和工具。我为肖德涛教授和他的团队感到骄傲。

陈晶

2020 年 4 月 26 日

序

氡（^{222}Rn）和钍射气（^{220}Rn）是同位素，是天然放射性气体，无处不在。环境中的氡和钍射气主要来自于土壤、建材、地下空间围岩等的释放，其释放速率随温度、湿度、气压等参数变化而变化，导致不同环境中氡/钍射气及其子体的时空变化规律差异很大，可靠测量难度极大。世界卫生组织（WHO）确认氡是19种最主要致癌物质之一，是仅次于吸烟致肺癌的第二大诱因，3%～14%的肺癌是由氡暴露引起的。联合国原子辐射效应科学委员会（UNSCEAR）确认居室氡致肺癌。我国室内氡逐年增高，公众所受天然辐射剂量的56%来自于氡/钍射气及其子体的照射。肺癌已成为我国发病人数处于第二位、死亡人数最多、发病增长率最快的癌症，尤其是矿山高氡环境导致矿工肺癌高发。保守估计，我国每年因氡的暴露照射所导致的肺癌死亡人数超过100 000人。因此，放射性气体氡和钍射气是影响每一个人健康的一大环境因素，应该引起我们超常规重视。

国家针对民用建筑室内、地下建筑、矿山环境中氡的监测与防治制定了一系列标准。氡被国家标准《民用建筑室内环境污染控制规范》（GB 50325—2020）列为七项强制性控制指标之一。但是，测量技术的不足制约了标准的顺利实施。

南华大学肖德涛教授团队长期从事氡/钍射气及其子体测量技术的研究，建立了静电收集测氡灵敏度温湿度自动补偿、快速跟随环境氡浓度变化的可靠连续测量、消除泄漏与反扩散影响的氡析出率可靠测量、土壤潜势氡浓度的快速可靠测量、单滤膜钍射气子体有限次连续测量、铀尾矿库等设施氡释放量的可靠测量、矿井等排风井氡排放量的可靠测量、PIPS α能谱峰温漂自动跟踪等一系列方法，研制了国际上首台具有快速响应环境氡浓度变化和长期无需值守等功能的静电收集灵敏连续氡/钍射气测量仪、首台适合各种介质表面单次和连续测量的氡析出率测量仪、首台单滤膜有限次钍射气子体连续测量仪等，解决了一系列氡/钍射气及其子体“测不了”和“测不准”的难题，大幅提高了我国氡/钍射气及其子体监测、污染评价、防控的水平和能力及国际影响力。

肖教授团队基于二十多年的研究成果撰写了《氡/钍射气及其子体测量的新方法》。该著者的出版，对广大科技工作者尤其是青年学者较全面了解我国氡/钍射气及其子体监测技术的发展现状，促进我国氡的防控事业既往开来，落实“健康中国”与“人民健康为中心”的国家理念可以作出重要的贡献。

2024年8月

前言

氡（^{222}Rn）和钍射气（^{220}Rn）是同位素，是天然放射性气体，无处不在。环境中的氡/钍射气主要来自土壤、建材、地下空间围岩等的释放，其释放速率随温度、湿度、气压等参数变化而变化，导致不同环境中氡/钍射气及其子体的时空变化规律差异很大，可靠测量难度极大。世界卫生组织（WHO）确认氡是 19 种最主要致癌物质之一，是仅次于吸烟致肺癌的第二大诱因，3%～14%的肺癌是由氡暴露引起的。联合国原子辐射效应科学委员会（UNSCEAR）确认居室氡致肺癌。我国室内氡逐年增高，公众所受天然辐射剂量的 56%来自氡/钍射气及其子体的照射。肺癌已成为我国发病人数处于第二位、死亡人数最多、增长速度最快的癌症，尤其是矿山高氡环境导致矿工肺癌高发。国家针对民用建筑室内、地下建筑、矿山环境中氡的监测与防治制定了一系列标准。氡被国家标准《民用建筑室内环境污染控制规范》（GB 50325—2020）列为强制性控制指标之一。但是，测量技术的不足制约了标准的顺利实施。

本书是作者基于十多年的持续攻关发明的系列氡/钍射气及其子体连续可靠测量方法撰写而成。全书内容包括 8 章：第 1 章扼要介绍了氡/钍射气及其子体的来源、危害及其特性，以及测量方法的发展趋势和新方法研究的意义；第 2 章介绍了发明的能够快速响应环境氡浓度变化、长期无需值守的灵敏氡/钍射气连续测量方法（主要完成人：肖德涛、赵桂芝、单健、周青芝、李志强、何正忠等），重点介绍了时间延迟的消除、静电收集测量灵敏度温湿度自动补偿、迭代修正、PIPS 探测器 α 能谱峰温漂自动跟踪和任意测量周期刻度因子自动确定等方法；第 3 章介绍了发明的氡析出率可靠测量方法（主要完成人：赵桂芝、肖德涛、李志强等），重点介绍了泄漏与反扩散影响的消除、闭环式氡析出率连续测量等方法；第 4 章介绍了发明的土壤潜势氡浓度测量方法（主要完成人：赵桂芝、肖德涛等），重点介绍了方法理论模型的建立与验证、土壤浅层氡浓度快速测量方法等；第 5 章介绍了发明的区域氡释放量测量方法（主要完成人：肖德涛、李志强等），重点介绍了区域氡析出率分布规律的可靠测量、对比点氡析出率连续测量、区域氡释放速率估算等方法；第 6 章介绍了发明的矿井等排风井氡排放量测量方法（主要完成人：肖德涛、单健等），重点介绍了排风井断面平均风速和平均氡浓度的测量方法、氡排放速率的估算方法等；第 7 章介绍了发明的单滤膜氡/钍射气子体连续测量方法（主要完成人：肖德涛、吴喜军、李志强等），重点介绍了方法理论模型的建立与验证、α 能谱峰重叠因子的确定方法等；第 8 章介绍了环境中氡及氡子体平衡因子的连续测量方法（主要完成人：肖德涛等），重点介绍了氡和氡子体同时连续测量方法的构建、现场测量实践等。

已故中国工程院潘自强院士生前任南华大学氡湖南省重点实验室学术委员会主任 18 年，为实验室的建设和发展作出了杰出贡献。在他的关怀和指导下，我们团队聚焦氡/钍射气及其子体“测不了”和“测不准”的技术难题持续攻关，建立了系列新方法。撰写本著作是完成潘先生的嘱托，也是对潘先生的感激与缅怀。

新方法研究过程中还得到了中国工程院欧阳晓平院士、国际辐射单位与测量委员会（ICRU）原主席 Hans-Georg Menzel 博士、联合国辐射效应科学委员会（UNSCEAR）主席陈晶博士的鼓励与指导，以及中国科学院上海应用物理研究所、深圳市建筑科学研究院股份有限公司、中核 272 铀业有限公司、中核韶关锦原铀业有限公司、秦山核电公司、中南大学湘雅医院、湖南省肿瘤医院等的支持与帮助，在此一并表示衷心的感谢！

由于水平和时间的限制，书中存在的不足之处，望大家批评指正。

2023 年 12 月

目　录

第3章　介质表面氡析出率的测量方法

第4章　土壤潜势氡浓度的测量方法

第1章

绪　论

1.1 氡/钍射气及其子体的来源[1]

现在已知的氡同位素有27种，全是放射性的。在这些氡同位素中，大部分是重核与重离子高能核反应的产物，只有^{218}Rn、^{219}Rn、^{220}Rn和^{222}Rn是天然存在的。其中^{222}Rn、^{220}Rn和^{219}Rn分别是^{238}U、^{232}Th和^{235}U衰变系的中间产物，它们的直接母体核素是^{226}Ra、^{224}Ra和^{223}Ra。^{218}Rn是^{222}Rn短寿命衰变子体^{218}At的部分（10^{-3}）衰变产物，在空气中探测不到。

铀和钍在土壤和岩石中分布很广，地壳中的含铀量约为百万分之三。铀、钍衰变链中的气态衰变子体氡将从固态物质向空气和水中扩散。溶解在水中的镭衰变时直接产生氡。这些氡随空气和水沿缝隙渗流到地面并向大气中扩散。由于大气的扩散和对流作用，使发源于地表的氡在大气中广泛分布，其浓度随高度增加而降低。而地面空气中的氡浓度则与地面氡的析出率以及大气稳定性情况有关。在富铀的矿区和地表多孔隙的地区，空气中氡的浓度较高。在清晨大气中出现逆温（气温随高度增加而上升）的条件下，地面空气中氡浓度较高。而在强日照的不稳定大气中，地面空气中氡的浓度较低。

^{222}Rn的半衰期（3.823 d）较长，使地表和建筑材料中形成的^{222}Rn有充分的时间转移扩散到空气中。加之^{238}U在地表中的含量较高，所以在氡的各种同位素中，^{222}Rn在空气中的浓度最高，通常称^{222}Rn为镭射气。^{220}Rn称作钍射气，它的半衰期只有55 s，在空气中的浓度较低，只有在富钍矿区的大气中才可能占较大的比例。^{219}Rn称作锕射气，其半衰期更短（3.96 s），它的祖代母体^{235}U的丰度又低，因此空气中通常测不出^{219}Rn。有剂量学意义的氡同位素主要是^{222}Rn，其次是^{220}Rn。当然在加速器实验室有例外。

^{222}Rn/^{220}Rn的短寿命子体来源于它们的衰变，在环境中以两种形态存在即自由态和结合体。^{222}Rn/^{220}Rn及其子体之间的关系即它们放射性衰变特性见表1.1和表1.2。

表1.1　^{222}Rn及其短寿命子体的放射性衰变特性

放射性核素衰变链	T_γ	λ_γ/h	主要粒子能量（MeV）及产额		
			α	β	γ
^{222}Rn（Rn）↓α	3.823 d	7.55×10^{-3}	5.49（100%）	—	0.51（0.07%）

续表

放射性核素衰变链	T_{γ}	λ_{γ}/h	主要粒子能量（MeV）及产额		
			α	β	γ
^{218}Po（RaA） ↓α	3.05 min	13.6	6.00（≈100%）	0.33（≈0.019%）	—
^{214}Pb（RaB） ↓β，γ	26.8 min	1.55	—	0.65（50%） 0.71（40%） 0.98（6%）	0.295（19%） 0.352（36%）
^{214}Bi（RaC） ↓β，γ	19.7 min	2.11	5.45（0.012%） 5.51（0.008%）	1.0（23%） 1.51（40%） 3.26（19%）	0.609（47%） 1.12（17%） 1.76（17%）
^{214}Po（RaC′） ↓α	164 μs	1.52×10^{7}	7.69（100%）	—	0.799（0.014%）

表 1.2　^{220}Rn 及其子体的放射性衰变特性

放射性核素衰变链	T_{γ}	λ_{γ}/h	主要粒子能量（MeV）及产额		
			α	β	γ
^{220}Rn（Tn） ↓α	55 s	45.4	6.29（100%）	—	0.55（0.07%）
^{216}Po（ThA） ↓α	0.15 s	1.58×10^{4}	6.78（100%）	—	—
^{212}Pb（ThB） ↓β，γ	10.64 h	0.065 14	—	0.346（81%） 0.586（14%）	0.239（47%） 0.300（3.2%）
^{212}Bi（ThC） 64% β,γ ↓ → ^{212}Po；α 36% ↓ → ^{208}Tl	60.6 min	0.686	6.05（25%） 6.09（10%）	1.55（5%） 2.26（55%）	0.042（2%） 0.727（7%） 1.620（1.8%）
^{212}Po（ThC′） ↓α	304 ns	8.2×10^{9}	8.78（100%）	—	—
^{208}Tl（ThC″） ↓β,γ	3.10 min	13.4	—	1.28（25%） 1.52（21%） 1.80（50%）	0.511（23%） 0.583（86%） 0.860（12%） 2.614（100%）

由表 1.1 和表 1.2 可知，^{222}Rn/^{220}Rn 及其子体的半衰期、衰变产生的电离粒子的类型或能量存在明显不同，利用这些特性可以建立一系列测量它们的方法。

1.2 氡/钍射气及其子体测量方法的发展现状与趋势

1.2.1 氡/钍射气浓度的测量方法[1-2]

氡浓度测量按取样时间的长短可分为瞬时取样（几秒钟至几十分钟，又叫抓取样），短期取样（1~6 d）和长期取样（1 个月以上）。按取样方式又可分为主动式（用抽气泵取样）、被动式（用自然扩散方式取样）和连续式（用抽气泵每隔一段时间自动取样）。下面介绍典型的测量方法及其代表性仪器。

1. 主动式氡/钍射气浓度测量方法

典型的主动式氡浓度测量方法有闪烁室法和双滤膜法，它们都是最经典的测氡方法，属于相对测量方法，测氡灵敏度需要通过刻度确定。典型的闪烁室法测氡仪器国产的有 FD-125 型氡/钍射气分析仪，国外的有加拿大 Palon 公司生产的 AB 系列测氡仪。典型的双滤膜法测氡仪器有国产 FT-626 型环境氡/钍射气仪。

2. 被动式氡/钍射气浓度测量方法

被动式氡浓度测量方法都适合于大批样同时采样测量。典型的被动式氡浓度测量方法有活性炭吸附法和径迹蚀刻法，它们分别是短期取样（1~6 d）和长期取样（1 个月以上）累积测量的主要方法，属于相对测量方法，测氡灵敏度需要通过刻度确定。它们可以用于测量氡暴露量（即氡浓度的时间积分）或者采样周期内的平均氡浓度。活性炭吸附法采用活性炭盒（填充优质椰壳活性炭并具有一定尺寸和形状）和 γ 谱仪组成测量系统，且测量结果必须考虑温湿度修正。径迹蚀刻法现在主要采用 CR-39 做探测器，国内典型的剂量计有 KF-606B 型氡累积剂量计和南华大学研制的氡剂量计[3]。

被动式氡浓度测量方法还有脉冲电离室和驻极体法。脉冲电离室适合于稳定氡浓度的测量，比如 PQ2000。驻极体法又分为两种：一种是将驻极体既用于在测量小室产生静电场以提高测氡灵敏度，又将其直接用作探测器，如美国发明的 E-PERM 驻极体剂量计，其适合长期（1 个月以上）累积测量；另一种是将驻极体仅用于在测量小室产生静电场以提高测氡灵敏度，而用 CR-39 或者 TLD 作探测器，如南华大学发明的驻极体多功能快速测氡仪适合短期（1~6 d）累积测量[4]。

3. 连续式氡/钍射气浓度测量方法

连续式氡浓度测量大多采用静电收集半导体探测法，该法用高压静电场收集测量小室内氡衰变产生的带正电荷子体^{218}Po 到半导体探测器表面以提高灵敏度，用半导体探测器对^{218}Po 衰变产生的高能 α 粒子进行能量识别并计数，根据测量期间^{218}Po 衰变产生的高能 α 粒子计数可以得到氡浓度。美国 RAD7 是一种典型的连续式氡浓度测量仪器，它用加干燥管的方法消除温湿度对测氡灵敏度的影响，将测氡灵敏度提高到极限；但它不适合长期无需值守测量，且由于存在时间延迟现象，也不适合快速变化的氡浓度连续测量。国内南华大学和湖北方圆环保科技有限公司联合研制了具有温湿度自动补偿功能和能够快速响应环境氡浓度变化的 P30 连续测氡仪[5-6]。

1.2.2 氡析出率测量方法

氡析出率是指在单位时间内穿过介质表面单位面积析出到空气中的氡的活度［Bq/（m^2·s）］。测量介质表面的氡析出率是通过收集由射气介质表面析出的氡来确定的。氡析出率测量方法离不开氡的测量，但却比氡的测量多了一个特殊的取样问题。其“特殊”在于通常是在析出界面扣上集氡罩以积累析出的氡，这样的取样难免有泄漏，不仅有边沿密封不严产生的泄漏，还有由于罩内氡浓度高于罩外空气中氡浓度致使集氡罩内的氡绕过密封材料向罩外扩散迁移，造成氡的泄漏，也就是我们通常所说的“反扩散”。反扩散是另一种泄漏，它与边沿的人为密封无关，主要决定于析出介质的空隙度大小，因而是无法直接消除的。

目前氡析出率测量比较可靠的方法主要有活性炭累积吸附法、等时间间隔法。活性炭累积吸附法是将一个密闭的集氡罩紧扣在介质的表面，内部放有活性炭，活性炭吸附氡使得集氡罩内部的氡浓度在累积过程中较低，使得泄漏和反扩散影响较小；活性炭通过数天的吸附后，用 γ 谱仪测量吸附氡的量，就可以得到测量期间的平均氡析出率；该方法适合于大批样同时采样测量，只适合介质表面氡析出率稳定的可靠测量。张哲等建立的等时间间隔法是将一个密闭的集氡罩紧扣在介质的表面后，等时间间隔取样测量集氡罩内氡浓度，根据集氡罩内氡浓度变化规律来消除泄漏和反扩散的影响以及环境氡浓度的干扰，并通过计算得到介质表面氡析出率的可靠测量结果[7]。南华大学利用闪烁室和等时间间隔法建立了氡析出率标准装置参考值的定值方法，该方法需要多个闪烁室循环取样，采样过程较复杂，采样技巧要求高，只适合实验室测量，不适合现场快速测量。德国 ERS-2-S 氡/钍射气浓度及氡/钍射气析出率测量仪和国产便携式介质表面氡析出率仪 REMⅢ，其原理都是利用静电收集法直接测量并实时得到不同累积时间的集氡罩内氡浓度，从而得到氡析出率。但从该类仪器在南华大学氡室刻度结果看，测量值与参考值偏差较大，测量值重复性较差。

南华大学发明了一种氡析出率现场就地可靠测量方法，该方法采用等时间间隔方法来消除泄漏、反扩散与环境氡浓度对测量氡析出率时的影响，并采用温湿度自动补偿技术来避免采用干燥剂消除温湿度对静电收集测氡灵敏度的影响，该方法特别适合研制便携式快速氡析出率测量仪[8]。

1.2.3 氡子体测量方法

氡子体测量指的是氡的三个短寿命子体 RaA（^{218}Po）、RaB（^{214}Pb）和 RaC（^{214}Bi）的活度浓度测量、氡子体的 α 潜能浓度测量和自由态份额测量。

1. 氡子体浓度的测量方法[1-2,9]

氡子体浓度的测量方法最早由季夫格劳于 1953 年创立，即季夫格劳三点法。尽管该方法存在测量误差大、计数时间不容易准确掌握等缺点，但季夫格劳的贡献是卓著的，因为现在常用的氡子体浓度测量方法都是由季夫格劳三点法改进和发展而来的。

氡子体浓度测量大多采用滤膜取样（即用滤膜滤取一定体积空气中的氡子体），并用贝特曼方程描述滤膜上氡子体的变化规律，由此导出一系列测量的公式。

氡子体浓度测量方法，其基本思想是建立三个方程，解出三个未知数（即三个氡子体的浓度），主要有总 α 计数法和 α 能谱法两种。总 α 计数法对 ^{218}Po 和 ^{214}Po 衰变释放的 α 粒子（能量分别为 6.0 MeV 和 7.69 MeV）不加区分进行总计数，以三段法为主，最典型的有托马斯三段法。α 能谱法对 ^{218}Po 和 ^{214}Po 衰变释放的 α 粒子分别计数（在抽真空条件下，氡子体的两个 α 能谱峰几乎没有重叠），RaA 的浓度可以根据 ^{218}Po 衰变释放的 α 粒子计数单独确定，RaB、RaC 可以根据 ^{214}Po 衰变释放的 α 粒子在两个时间段内的计数和 RaA 的浓度确定。

α 能谱法测量氡子体浓度的误差比总 α 计数法的小，尤其是 RaA 浓度的测量误差。但 α 能谱系统一般较贵，在不抽真空条件下，氡子体的两个 α 能谱峰会有重叠，^{218}Po 和 ^{214}Po 分别产生的 α 粒子计数必须要进行能谱重叠修正才能得到，这对谱仪的稳定性要求就特别高。

2. 氡子体 α 潜能浓度的测量方法

1956 年美国首先提出氡子体 α 潜能的概念，并建立了测量方法，即库斯尼茨法。至今已建立了一系列氡子体 α 潜能浓度的测量方法并向着准确、快速和简便的方向发展。

氡子体 α 潜能浓度可以直接测量，也可以基于测量氡子体浓度后计算。氡子体 α 潜能浓度直接测量方法主要有库斯尼茨法、马尔科夫快速法、罗尔法、总 α 计数法、总 β 计数法、斯达金两段计数法（同时测量氡、钍射气子体 α 潜能浓度）等。计算法算出的氡子体 α 潜能浓度较直接测量的结果都准确，因为它没有直接测量方法换算系数的误差。

3. 氡子体自由态份额测量方法

氡子体自由态份额测量的关键在于取样，即通过特殊的取样方法把自由态氡子体和结合态氡子体区分开而收集成样品，然后就可以用测量氡子体的方法进行测量。

氡子体自由态份额测量方法有扩散管法、扩散组法、冲击器法、金属筛网法等。金属筛网法以其结构简单、使用方便、收集效率高、测量误差小、适合于现场测量等优点而成为最常用的氡子体自由态份额测量方法。

1.2.4 亟需解决的共性问题

基于静电收集和 α 能谱的氡/钍射气测量方法和基于 α 能谱的氡/钍射气子体测量方法是国内外优先发展的方法。但发展此类方法需解决以下共性问题：

1. 氡/钍射气的有效相互甄别

无论是氡/钍射气浓度测量，还是介质表面氡/钍射气析出率测量都必须有效消除氡/钍射气的相互干扰。

2. 静电收集测氡/钍射气灵敏度的温湿度准确自动补偿（修正）

利用静电收集法测量氡/钍射气浓度，其灵敏度易受到环境温湿度的影响。可靠的静电收集测氡/钍射气灵敏度的温、湿度自动补偿（修正）方法的建立可以在不用干燥管的情况下确保测量结果的准确性，这样就大大增加了方法的适应性和适用范围。

3. 时间延迟的消除

现有的静电收集法测氡仪测量室内的氡浓度与外界恒定的氡浓度达到平衡，需要一定的时间，且^{218}Po与^{222}Rn的浓度达到平衡也需要一定的时间，普遍存在时间延迟现象，不能满足快速跟踪变化氡浓度测量的需要，例如氡析出率的测量。

4. 不更换滤膜条件下，实现氡/钍射气子体连续可靠测量

不更换滤膜条件下，采用迭代扣除算法可以实现氡子体有限次连续测量但存在超过10%的方法误差且不适合^{220}Rn子体的连续测量。

5. 国产核仪器的可靠性和稳定性的提高

目前国产的氡（或氡析出率）测量仪普遍存在可靠性不高，稳定性较差的缺点。

因此，若能解决上述关键科学及技术问题，就能够研制一套适合环境监测与评价、建筑物地基土壤氡与建材氡析出率测量、地学研究（尤其是地震监测网的建设）等的可靠且便携的测量仪器。

1.3 氡/钍射气及其子体测量新方法研究的意义

氡（^{222}Rn）来源于^{238}U衰变链，半衰期为3.823 5 d，氡及其短寿命子体均为放射性元素。氡能溶于水和有机质，它在地质环境中除以气态方式迁移外，还以溶解态伴随地下水和土壤水迁移。氡活动性强，具有很强的迁移能力，化学性质稳定，作为一种示踪元素被广泛应用在各个领域，如地质活断层及隐伏断层的确定、油气的探寻、地裂缝的探测、地震的预报、大气输运的示踪等。氡及其子体是人类所受到的来自天然辐射照射的主要来源，对公众产生不可避免的持续照射，其所致剂量约占所有天然辐射的50%[10]，而我国更是高达56%[11]。氡及其子体存在于一切生活和工作环境中。2009年WHO公布的氡与肺癌危险流行病学最新研究结果确认室内氡可以引起普通人群肺癌危险的增加，对室内氡采取了更严格的控制标准[12]。近年来，在氡的来源、氡对工作环境和室内环境的影响等方面研究取得了丰硕的成果。钍射气（^{220}Rn）跟^{222}Rn一样，几乎无处不在，有^{222}Rn的地方就有^{220}Rn（多数情况下指的是^{220}Rn子体）。特别在白云鄂博等稀土矿区，由于土壤岩石中含有大量的钍，必然导致当地环境中^{220}Rn及其子体的浓度较高[13]。这类地区^{220}Rn及其子体是天然辐射照射的主要来源之一。^{220}Rn及其子体对环境的

污染及对公众健康的影响引起学者和政府主管部门的高度关注。测^{222}Rn 时会受到^{220}Rn 的影响，测^{220}Rn 时也要甄别氡的干扰。研究快速、连续、准确测量氡/钍射气及其子体浓度的方法是必要的。

近年来，我国房地产业发展迅速，掺渣建材、水泥砖块等广泛使用使得室内氡平均水平有逐年增高的趋势[14]。在我国，建材中的天然放射性核素是高层建筑室内氡的主要来源。相关调查结果表明：人为活动引起的天然辐射照射的增加，是当前我国国民所受人为活动照射中的最大者[15]。氡是一种可预防和可控制的环境因素，工程上的防护与减缓是降低室内氡浓度、铀尾矿库等氡释放量、矿井等地下设施排风井氡排放量的关键和低成本的技术措施。开展氡析出率、土壤潜势氡浓度、典型区域氡释放量、地下设施氡排放量的测量方法与控制技术研究，可有效地从源头上控制室内外氡浓度增高。

由于环境中氡/钍射气及其子体水平随时间变化，氡/钍射气与其子体之间的平衡关系也随环境气溶胶水平和气候气象参数的变化而变化，要高质量地估算氡/钍射气及其子体所致剂量，就必须要进行氡/钍射气及其子体暴露量的测量。评价氡/钍射气子体危害的常用方法是通过测量氡/钍射气浓度，根据氡/钍射气及其子体之间的平衡因子计算氡/钍射气子体的浓度。然而，氡/钍射气及其子体之间的平衡因子受到很多因素影响，通过平衡因子法计算氡/钍射气子体浓度尚存在争议。因此，对氡/钍射气子体进行直接测量具有重要意义。

参考文献

[1] 田志恒.辐射剂量学[M].北京:原子能出版社,1992,6.

[2] 张智慧.空气中氡及其子体的测量方法[M].北京:原子能出版社,1994,3.

[3] 肖德涛.钍射气的被动积分测量和剂量估算[M].北京:原子能出版社,2002,12.

[4] 田志恒,左富琪,肖德涛,等.驻极体收集积分测氡法[R].中国核科技报告,CNIC-00574,1991.

[5] 单健,肖德涛,赵桂芝,等.NRL-1 型测氡仪的绝对湿度效应研究[J].原子能科学技术,2014,48(9):1707-1711.

[6] 李志强,肖德涛,赵桂芝,等.新型连续测氡仪研制[J].核电子学与探测技术,2015,20(2):1246-1250.

[7] 张哲.氡的析出与排氡通风[M].北京:原子能出版社,1982,9.

[8] 李志强,肖德涛,赵桂芝,等.便携式氡析出率自动测量仪研究[J].原子能科学技术,2016,50(2):357-362.

[9] 康玺,肖德涛,李君利.空气中^{222}Rn/^{220}Rn 子体水平 α 能谱测量方法的优化[J].核技术,2008,31(12):925-930.

[10] 郭秋菊,许寿元.氡的危害及剂量估算[J].中华放射医学与防护杂志,2004,24(1):85-86.

[11] 潘自强,刘森林.中国辐射水平[M].北京:原子能出版社,2010,3.

[12] Zeeb H, Shannoun F, Organization W H. WHO handbook on indoor radon: a public health perspective [M]. World Health Organization, 2009.
[13] 赵长有.白云鄂博的钍与铀[J].稀土信息,2006(7):12-15.
[14] 张强,邓跃全,董发勤,等.工业废渣基建材的氡放射性污染及防护的研究现状与展望[J].材料导报,2007,21(10):79-83.
[15] 潘自强.我国空气中氡及其短寿命子体产生的照射[J].辐射防护,2003,23(3):129-138.

第 2 章

氡/钍射气浓度的连续测量方法

氡/钍射气子体^{218}Po/^{216}Po产生初期 90% 以上是带电荷的，环境氡/钍射气浓度连续测量仪器大多利用静电收集方法提高测量灵敏度，又基于氡/钍射气子体衰变产生的 α 粒子能量不同采用 α 能谱方法进行甄别，实现同时测量[1]。但这类仪器普遍存在下列两个缺点：一是其灵敏度受到环境温湿度的影响，需采用干燥管确保或减小测量室的体积提高测量结果的可靠性，不能满足重要场所环境辐射安全和工业活动环境影响等对长期无需值守氡连续监测的需要；二是现有的静电收集法测氡仪测量室内的氡浓度与外界恒定的氡浓度达到平衡，需要一定的时间，且^{218}Po与氡达到活度平衡也需要一定的时间，普遍存在时间延迟现象，不能满足氡的释放规律、氡的变化规律和地震预报等对快速跟踪变化氡浓度测量的需要。

为了克服上述缺点，需要解决在不加干燥管的前提下，又能够消除温湿度对静电收集测量氡/钍射气灵敏度的影响、能够快速响应环境氡浓度变化的测量氡/钍射气方法等关键问题，为实现环境氡/钍射气的快速跟随和长期无需值守连续测量提供技术支持。

2.1 基于静电收集和 α 能谱连续测量氡/钍射气浓度的原理

基于静电收集和 α 能谱的氡/钍射气连续测量仪如图 2.1 所示。

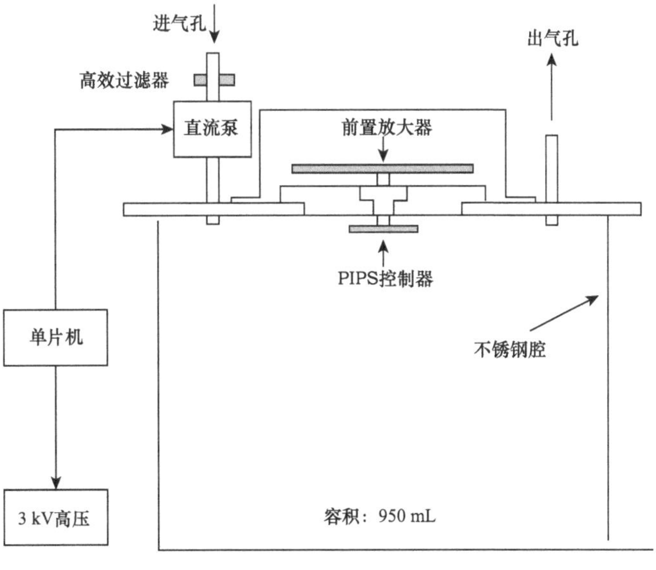

图 2.1 基于静电收集和 α 能谱的氡/钍射气连续测量仪示意图

氡/钍射气灵敏测量方法一般采用主动采样方法，即用抽气泵使含氡空气以一定的流速经高效子体过滤器后进入测量室。该方法有两种测量方式：一是边采样边测量，这种方式比较适合稳定氡浓度的测量，不能快速响应环境氡/钍射气浓度的变化；二是快速完成采样后再进行测量，它既适合稳定氡浓度的测量，也适合快速变化氡浓度的可靠测量。

氡/钍射气灵敏测量方法采用能谱法实现氡/钍射气同时测量。进入测量室的氡/钍射气衰变产生的带正电荷的^{218}Po和^{216}Po在电场作用下被收集到具有α粒子能量甄别能力的探测器表面，通过记录测量期间由氡/钍射气衰变产生的^{218}Po和^{216}Po释放的α粒子计数，就可以得到氡/钍射气的浓度。若测量期间由测量室内氡/钍射气衰变产生的^{218}Po和^{216}Po释放的α粒子计数分别为$\Delta N_{^{218}Po}$和$\Delta N_{^{216}Po}$，则被测氡、钍射气浓度$C_{^{222}Rn}$和$C_{^{220}Rn}$分别为：

$$C_{^{222}Rn} = K_{^{222}Rn} \cdot \Delta N_{^{218}Po} \tag{2.1}$$

$$C_{^{220}Rn} = K_{^{220}Rn} \cdot \Delta N_{^{216}Po} \tag{2.2}$$

式(2.1)、式(2.2)中：$K_{^{222}Rn}$、$K_{^{220}Rn}$分别为测量氡、钍射气浓度的刻度因子。

对于基于静电收集和α能谱的氡/钍射气连续测量，随着测量次数增加，收集到探测器表面^{218}Po和^{216}Po衰变产生的氡/钍射气短寿命子体RaC（RaC′）和ThC会逐渐积累，ThC衰变产生的α粒子会对^{218}Po释放的α粒子计数产生影响。^{218}Po和^{216}Po衰变时分别产生6.00 MeV和6.78 MeV的α粒子，产额都是100%。氡的衰变子体RaC′即^{214}Po衰变产生7.69 MeV的α粒子，产额100%。钍射气的衰变子体ThC衰变产生6.09 MeV和6.05 MeV的α粒子，产额共计36%，ThC的衰变子体ThC′（产额64%）衰变产生8.78 MeV的α粒子，产额100%。这些α粒子的典型能谱如图2.2所示。

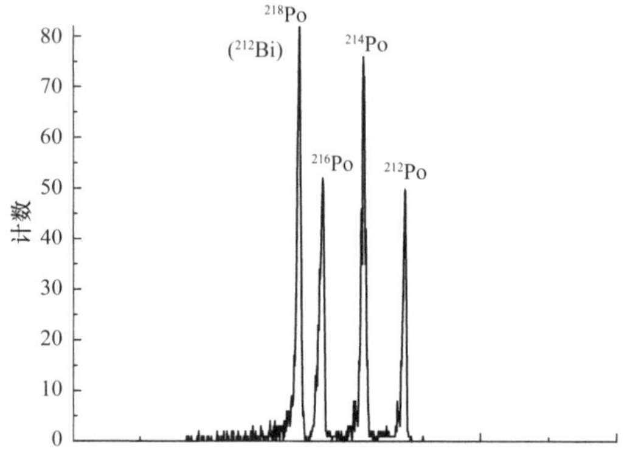

图2.2　氡/钍射气子体衰变产生的α粒子能谱

从图2.2可知，虽然氡/钍射气的短寿命子体衰变产生6个不同能量的α粒子，但由于ThC衰变产生6.09 MeV和6.05 MeV的α粒子与^{218}Po衰变产生6.00 MeV的α粒子的能量相差很小，它们合并成了一个能谱峰，所以氡/钍射气的短寿命子体只能产生4个能谱峰。为了同时得到氡/钍射气子体衰变产生的不同能量α粒子的计数，可以将它们产生的4个能谱峰分成4个区域即区域Ⅰ（对应6.00 MeV、6.05 MeV和6.09 MeV的能谱峰）、区域Ⅱ（对应6.78 MeV的能谱峰）、区域Ⅲ（对应7.69 MeV的能谱峰）和区域Ⅳ（对应8.78 MeV的能谱峰），每个区域的计数分别为N_{I}、N_{II}、N_{III}和N_{IV}。

虽然附着在探测器表面的氡/钍射气的短寿命子体对探测器是贴面照射，但由于α粒子的自吸收作用，仍然会造成^{218}Po和^{216}Po的α粒子能谱峰的部分重叠，也会造成RaC′衰变产生7.69 MeV的α粒子对^{218}Po和^{216}Po的α粒子能谱峰产生影响，尤其是对^{216}Po的α粒子能谱峰的影响，还会造成ThC′衰变产生8.78 MeV的α粒子对RaC′α粒子能谱峰产生影响。

不同能量α粒子能谱峰的重叠程度或高能α粒子对低能α粒子能谱峰的影响大小可以用峰重叠因子来表示。若^{216}Po的α粒子能谱峰在区域Ⅰ和区域Ⅱ的计数分别为$N_{\mathrm{I},^{216}\mathrm{Po}}$和$N_{\mathrm{II},^{216}\mathrm{Po}}$，则^{218}Po和^{216}Po的α粒子能谱峰的重叠因子$\mu_{^{216}\mathrm{Po},^{218}\mathrm{Po}}$定义为：

$$\mu_{^{216}\mathrm{Po},^{218}\mathrm{Po}} = \frac{N_{\mathrm{I},^{216}\mathrm{Po}}}{N_{\mathrm{II},^{216}\mathrm{Po}}} \tag{2.3}$$

同理可定义$\mu_{^{214}\mathrm{Po},^{218}\mathrm{Po}}$、$\mu_{^{214}\mathrm{Po},^{216}\mathrm{Po}}$和$\mu_{^{212}\mathrm{Po},^{214}\mathrm{Po}}$。第$i$次测量期间由^{218}Po和^{216}Po释放的α粒子计数分别为$N_{^{218}\mathrm{Po},i}$和$N_{^{216}\mathrm{Po},i}$分别为：

$$N_{^{216}\mathrm{Po},i} = (1+\mu_{^{214}\mathrm{Po},^{216}\mathrm{Po}})\left[N_{\mathrm{II}} - \mu_{^{214}\mathrm{Po},^{216}\mathrm{Po}}(N_{\mathrm{III}} - \mu_{^{212}\mathrm{Po},^{214}\mathrm{Po}} N_{\mathrm{IV}})\right] \tag{2.4}$$

$$\begin{aligned} N_{^{218}\mathrm{Po},i} = {} & N_{\mathrm{I}} - \mu_{^{216}\mathrm{Po},^{218}\mathrm{Po}}\left[N_{\mathrm{II}} - \mu_{^{214}\mathrm{Po},^{216}\mathrm{Po}}(N_{\mathrm{III}} - \mu_{^{212}\mathrm{Po},^{214}\mathrm{Po}} N_{\mathrm{IV}})\right] - \\ & \mu_{^{214}\mathrm{Po},^{218}\mathrm{Po}}(N_{\mathrm{III}} - \mu_{^{212}\mathrm{Po},^{214}\mathrm{Po}} N_{\mathrm{IV}}) - \mu_{^{212}\mathrm{Bi},^{218}\mathrm{Po}}(1+\mu_{^{212}\mathrm{Po},^{214}\mathrm{Po}}) N_{\mathrm{IV}} \end{aligned} \tag{2.5}$$

式(2.5)中：$\mu_{^{212}\mathrm{Bi},^{218}\mathrm{Po}}$为ThC衰变释放的6.09 MeV和6.05 MeV的α粒子产生的计数与ThC′衰变释放的8.78 MeV α粒子产生的计数的比值。

^{216}Po的半衰期只有0.15 s，每次测量期间其产生的α粒子计数只与测量室内钍射气衰变产生的^{216}Po有关，不受前面测量残留的^{216}Po对当次测量的影响。因此：

$$\Delta N_{^{216}\mathrm{Po},i} = N_{^{216}\mathrm{Po},i} \tag{2.6}$$

但是，^{218}Po的半衰期为3.05 min，每次测量期间其产生的α粒子计数不仅与测量室内氡衰变产生的^{218}Po有关，而且受前面测量残留的^{218}Po对当次测量的影响。这种影响可以通过引入迭代修正因子予以消除。迭代修正因子与前一次或前二次^{218}Po的计数成正比。若前一次、前二次的迭代修正因子分别为α和β，则有：

$$\Delta N_{^{218}\mathrm{Po},i} = N_{^{218}\mathrm{Po},i} - \alpha N_{^{218}\mathrm{Po},i-1} - \beta N_{^{218}\mathrm{Po},i-2} \tag{2.7}$$

当测量周期大于20 min时，前二次测量残留的^{218}Po对当次测量的影响可以忽略不计。

由于测量室静电场对带正电荷的^{218}Po和^{216}Po的收集效率受温湿度影响，造成测量氡、钍射气浓度的刻度因子$K_{^{222}\mathrm{Rn}}$、$K_{^{220}\mathrm{Rn}}$也受温湿度的影响。若$K_{^{222}\mathrm{Rn},0}$、$K_{^{220}\mathrm{Rn},0}$分别为消除了温湿度影响的测量氡、钍射气浓度的刻度因子，$R_{^{222}\mathrm{Rn}}(T,\ \mathrm{RH})$、$R_{^{220}\mathrm{Rn}}(T,\ \mathrm{RH})$分别为环境温度是$T$(℃)和湿度是RH(%)时温湿度补偿因子，则有：

$$K_{^{222}\mathrm{Rn}} = K_{^{222}\mathrm{Rn},0} \cdot R_{^{222}\mathrm{Rn}}(T,\ \mathrm{RH}) \tag{2.8}$$

$$K_{^{220}\mathrm{Rn}} = K_{^{220}\mathrm{Rn},0} \cdot R_{^{220}\mathrm{Rn}}(T,\ \mathrm{RH}) \tag{2.9}$$

综上所述，基于静电收集和 α 能谱连续测量氡/钍射气浓度可以解决^{222}Rn、^{220}Rn 的有效甄别、衰变平衡所导致的时间延迟的消除、温湿度对静电收集法测氡灵敏度的影响和迭代修正等一系列问题。

2.2 快速跟随环境氡/钍射气浓度变化测量的实现方法

基于静电收集和 α 能谱连续测量氡/钍射气浓度的仪器普遍存在时间延迟现象，不适合变化氡浓度的快速跟随测量。该类型代表性仪器 RAD7，其说明书指出：基于 sniff 模式时仅仅关注半衰期为 3.1 min 的^{218}Po 衰变产生的高能 α 粒子的计数，能对变化的氡浓度快速响应。但在南华大学氡湖南省重点实验室的标准氡室对 RAD7 进行刻度时发现，当 RAD7 在使用大干燥管来干燥空气，需要 40 min 的延迟才能得到较准确的氡浓度；在使用小干燥管时，也需要 20 min 的延迟才能得到较准确的氡浓度。该响应速度对于快速连续追踪变化的氡浓度也是不够的。Dimova N 与 RAD7 制造商总裁 Dr. Derek 合作希望可以加快 RAD7 对^{222}Rn 浓度变化的响应，他们的结论是：提高 RAD7 泵的流率到3 L/min，可以加快 RAD7 对^{222}Rn 浓度变化的响应；但是由于^{218}Po 浓度与^{222}Rn 浓度达到平衡需要 15 min，该延迟无法消除[2]。

时间延迟主要是由测量室氡/钍射气浓度与被测环境氡/钍射气浓度达到动态平衡时的取样平衡和氡与^{218}Po 达到动态平衡时的衰变平衡所造成的。从上节介绍的氡/钍射气测量原理可知，基于测量期间测量室内氡/钍射气衰变产生的^{218}Po 和^{216}Po 释放的 α 粒子计数来测量环境氡/钍射气浓度，可以消除衰变平衡所造成的时间延迟。下面介绍取样平衡所造成的时间延迟的消除方法。

一般情况下，环境氡浓度变化是一个渐进过程，极少出现阶跃性变化，可以近似地将取样期间环境氡/钍射气浓度当作不变。当测量室体积为 V/L、采样流率为 Q（L/min）、采样期间环境氡或钍射气浓度为 C（Bq/m^3）时，某一时刻 t（min）测量室内氡浓度 C' 的变化率可表示为：

$$\frac{\mathrm{d}C'}{\mathrm{d}t} = \frac{Q}{V}(C - C') - \lambda C' \tag{2.10}$$

式(2.10)中：λ（min^{-1}）为氡或钍射气的衰变常数。

若采样开始时采样室内氡或钍射气的浓度为 C_0，则采样室内氡或钍射气的浓度随时间的变化为：

$$C'(t) = \frac{Q}{(Q + \lambda V)}C - \left(\frac{Q}{(Q + \lambda V)}C - C_0\right)\mathrm{e}^{-\left(\frac{Q}{V}+\lambda\right)t} \tag{2.11}$$

式(2.11)可以改写为：

$$C'(t) = \frac{Q}{(Q + \lambda V)}C\left(1 - \mathrm{e}^{-\left(\frac{Q}{V}+\lambda\right)t}\right) + C_0\mathrm{e}^{-\left(\frac{Q}{V}+\lambda\right)t} \tag{2.12}$$

由式(2.12)可知，对于氡的取样，当 $V=1$ L、$Q=2$ L/min 和 $C_0=0$ 时，若要求取样结束时 $C'/C>98\%$，则取样时间为 2 min 就可以满足要求。这说明，采用先取样再测量的连续测量方式，每次测量只需 2 min 采样时间就能建立测量室内氡/钍射气浓度与环境氡/钍射气浓度的动态平衡，基本消除了取样平衡所导致的时间延迟。

2.3 基于静电收集和 α 能谱连续测量氡/钍射气关键参数的确定方法

基于静电收集和 α 能谱连续测量氡/钍射气浓度的原理描述中，引入了氡/钍射气子体 α 粒子能谱峰重叠因子、氡连续测量时迭代修正因子、静电收集氡/钍射气测量灵敏度的温湿度补偿因子等关键参数。

2.3.1 氡/钍射气子体 α 粒子能谱峰重叠因子的确定方法[3]

高能 α 粒子由于自吸收作用（能量的损失）其能谱区和较低能量 α 粒子能谱区出现混合的现象称作能谱重叠，如图 2.3 所示。

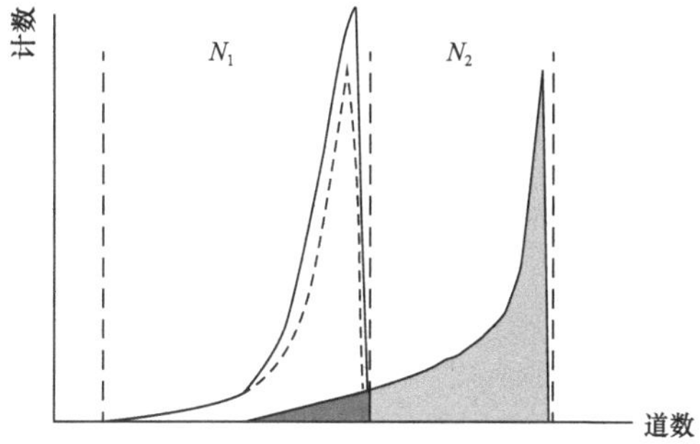

图 2.3 α 能谱重叠示意图

若图 2.3 表征的是^{218}Po 和^{216}Po 的 α 粒子能谱峰的重叠示意图，则^{218}Po 和^{216}Po 的 α 粒子能谱峰的重叠因子 $\mu_{^{216}Po,^{218}Po}$ 通可以过实验测定。具体测量方法是：

让纯钍射气（用高效过滤器滤除钍射气子体）进入测量室，先测量^{216}Po 的 α 粒子能谱，再求^{216}Po 的 α 粒子能谱峰在区域Ⅰ和区域Ⅱ的计数 $N_{\mathrm{I}}=N_{\mathrm{I},^{216}Po}$ 和 $N_{\mathrm{II}}=N_{\mathrm{II},^{216}Po}$，最后根据式(2.3)确定 $\mu_{^{216}Po,^{218}Po}$。

若测量过程中，ThC 衰变释放的 α 粒子产生的计数不可忽略，则有：

$$N_{\mathrm{I},^{216}Po}=N_{\mathrm{I}}-\mu_{^{212}Bi,^{218}Po}(1+\mu_{^{212}Po,^{214}Po})N_{\mathrm{IV},^{212}Po} \tag{2.13}$$

式(2.13)中：$\mu_{^{212}Bi,^{218}Po}=0.5625$ 为 ThC 衰变释放的 6.09 MeV 和 6.05 MeV 的 α 粒子产生的计数与 ThC′ 衰变释放的 8.78 MeV 的 α 粒子产生的计数的比值；

$N_{\mathrm{IV},^{212}Po}$ 为 ThC′ 在图 2.2 中区域Ⅳ产生的 α 计数；

$\mu_{^{212}Po,^{214}Po}$ 为 ThC′ 和 RaC′ 衰变释放的 α 粒子能谱峰的重叠因子，该因子确定 $\mu_{^{216}Po,^{218}Po}$ 相同的方法测定。

同理也可以测定 $\mu_{^{214}Po,^{218}Po}$ 和 $\mu_{^{214}Po,^{216}Po}$。具体测量方法是：

让纯氡（用高效过滤器滤除氡子体）进入测量室，先长周期（如选择 1 h）测量 α

粒子能谱一次，其次将测量室氡排空并关闭测量室静电收集电源，等待 30 min 再测^{214}Po的 α 粒子能谱峰在图 2.2 区域Ⅰ、区域Ⅱ和区域Ⅲ的计数 $N_{Ⅰ} = N_{Ⅰ,^{214}Po}$、$N_{Ⅱ} = N_{Ⅱ,^{214}Po}$ 和 $N_{Ⅲ} = N_{Ⅲ,^{214}Po}$，最后根据式(2.3)确定 $\mu_{^{214}Po,^{218}Po}$ 和 $\mu_{^{214}Po,^{216}Po}$。

2.3.2 氡连续测量时迭代修正因子的确定方法[4]

在 2.1 的原理描述中，当次测量静电收集在探测器表面的^{218}Po粒子半衰期是 3.05 min，直到下一次测量。甚至下二次测量采样结束时不可能完全衰变，残留的^{218}Po粒子必定会对下一次或再下一次（测量周期短如 10 min）测量^{218}Po衰变放出的 α 粒子计数产生贡献，从而影响下一次或再下一次氡浓度的准确测量。换句话说，当次测量会受到前一次或前二次测量残留在探测器表面的^{218}Po粒子的影响。苟全录等人针对他们研制的静电收集式氡析出率仪给出了一个残留氡子体对下次测量影响的修正系数，但其不具有普适性[5]。因此，氡连续测量时，必须建立迭代修正因子的通用确定方法，解决迭代影响问题。

1. 迭代修正因子的理论计算方法

设某次测量时收集室内氡浓度是 C_0 且温湿度恒定不变。测量期间收集室内氡气不断衰变成带正电的^{218}Po粒子，后者在静电场下不断地被收集在探测器表面，因而描述收集室内氡和收集到探测器表面上氡子体^{218}Po粒子活度变化的衰变方程分别为：

$$\frac{dC_0(t)}{dt} = -\lambda_0 C_0(t) \tag{2.14}$$

$$\frac{dC_1(t)}{dt} = \eta\lambda_1 C_0(t) - \lambda_1 C_1(t) \tag{2.15}$$

式(2.14)和式(2.15)中：$C_0(t)$ 和 $C_1(t)$ 分别是收集室内氡的浓度和收集到探测器表面的^{218}Po粒子浓度，Bq/m^3；λ_0、λ_1 分别是^{222}Rn和^{218}Po的衰变常数，s^{-1}；η 是^{218}Po的收集效率。

方程(2.14)和(2.15)的初始条件是：$t=0$ 时，$C_0(0) = C_0$，$C_1(0) = 0$。由于氡的半衰期为 3.823 d，每次测量期间可以认为氡浓度保持不变，即 $C_0(t) = C_0$，则式(2.15)的解为：

$$C_1(t) = C_0\eta(1 - e^{-\lambda_1 t}) \tag{2.16}$$

式(2.16)表述了收集到探测器表面的^{218}Po浓度随时间的变化规律。设测量周期为 T（s），取样时间为 t_W（s），测量时间为 $T-t_W$（s），则测量结束后，进入下一个测量周期前，探测器表面^{218}Po残留的活度 $A_1(T)$ 为：

$$A_1(T) = C_1(T)V = C_0\eta V(1 - e^{-\lambda_1(T-t_w)}) \tag{2.17}$$

进入下一测量周期的抽气取样时段，由于没有加静电场，^{218}Po不被收集。根据放射性衰变规律，t_w 时间后残留^{218}Po的活度为：

$$A_1(T + t_w) = A_1(T)e^{-\lambda_1 t_w} = C_0\eta V(1 - e^{-\lambda_1(T-t_w)})e^{-\lambda_1 t_w} \tag{2.18}$$

同理，在取样结束后的测量时段内残留^{218}Po活度变化为：

$$A'_1(t) = C_0\eta V(1 - e^{-\lambda_1(T-t_w)})\,e^{-\lambda_1 t_w}\,e^{-\lambda_1 t},\ t \in (T + t_w,\ 2T) \tag{2.19}$$

若以 $\Delta N(i)$ 表示在下一周期 $T + t_w$ 到 $2T$ 时间间隔内由上一周期残留 ^{218}Po 粒子发射 α 粒子的计数，E 表示探测效率，则有：

$$\Delta N(i) = \int_0^{T-t_w} C_0\eta VE(1 - e^{-\lambda_1(T-t_w)})\,e^{-\lambda_1 t_w}\,e^{-\lambda_1 t}\,dt \tag{2.20}$$

假设上一周期无残留氡子体的影响，则该周期从 t_w 到 $T - t_w$ 时间间隔内的积分计数为：

$$\Delta N'(i) = \int_0^{T-t_w} C_0\eta VE(1 - e^{-\lambda_1 t})\,dt \tag{2.21}$$

由式(2.20)与式(2.21)可以得到迭代修正因子 α 为：

$$\alpha = \frac{\Delta N(i)}{\Delta N'(i)} = \frac{(1 - e^{-\lambda_1(T-t_w)})\,e^{-\lambda_1 t_w}\int_0^{T-t_w} e^{-\lambda_1 t}\,dt}{\int_0^{T-t_w}(1 - e^{-\lambda_1 t})\,dt} \tag{2.22}$$

从式(2.22)可以看出，迭代修正因子仅与测量周期的设置即抽气取样时间和测量时间有关，而与仪器的收集效率，探测效率无关。

同理也可以得到迭代修正因子 β 的计算公式：

$$\beta = \frac{(1 - e^{-\lambda_1(T-t_w)})\,e^{-\lambda_1(T+t_w)}\int_0^{T-t_w} e^{-\lambda_1 t}\,dt}{\int_0^{T-t_w}(1 - e^{-\lambda_1 t})\,dt} \tag{2.23}$$

由式(2.22)和式(2.23)可以计算出静电收集连续测氡方法在任意测量周期和相应抽气时间下的迭代修正因子，来对残留氡子体进行修正。

当 $t_W = 300$ s，T 分别为 900 s、1 800 s 和 3 600 s，$\lambda_1 = 3.79\times10^{-3}\ s^{-1}$时，不同测量周期的迭代修正因子理论计算值如表 2.1 所示。从表 2.1 中可以看出，固定取样时间条件下，测量周期越长，迭代修正因子值越小。与此同时，当测量周期 $T > 15$ min 时，只考虑前一次修正就可以基本消除迭代影响。但是，如果测量周期较短（如 $t_W = 120$ s，T 为 300 s 等），就要考虑前二次甚至前三次的迭代影响了。

表 2.1 不同测量周期、相同取样时间迭代修正因子的理论计算值

周期/s	α 的理论计算值	β 的理论计算值
900	0.187 8	0.006 2
1 800	0.068 1	0.000 1
3 600	0.027 9	0

2. 迭代修正因子的实验测定方法

任意测量周期和相应取样时间下的迭代修正因子 α、β 也可以实验测定。

为了减少放射性的统计误差，方便建立稳定的高氡环境，实验在体积为 1 m^3 小氡室上进行，小氡室氡浓度大于 10 000 Bq/m³。实验过程中，温湿度分别稳定在 $T=(25\pm2)$ ℃，RH = $(65\pm5)\%$。

采用按照 2.1 描述的基于静电收集和 α 能谱的连续测氡方法研制的氡连续测量仪进行任意测量周期和相应取样时间下的迭代修正因子 α、β 的实验测定。具体测量步骤如下：

（1）将小氡室的氡浓度稳定在大于 10 000 Bq/m³ 范围内的某一预期水平，供测量取样用。小氡室的氡浓度由南华大学氡湖南省重点实验室自制的固体氡源建立，固体氡源的母体为 ^{226}Ra（半衰期 1 602 a），射气系数为 $(96\pm2)\%$（温度：10～45 ℃，相对湿度：1%～100%）且经过 30 多年检验非常稳定，如图 2.4 所示[6]。在小氡室放置一个活度大于 10 000 Bq 的扩散式固体氡源（见图2.4(a)）后，封闭小氡室；用流气式高活度固体氡源（见图2.4(b)）向小氡室充入预期活度的氡，快速建立稳定预期水平。

(a)

(b)

图 2.4　固体氡源

(a) 扩散式固体氡源；(b) 流气式高活度固体氡源

（2）打开连续测氡仪的电源开关，设置其取样时间和测量周期，排空其测量室里的氡，等待 3 h 后，不加收集电压的情况下，测量区域 I 的本底计数 $N_{\mathrm{I},b}$。

（3）将连续测氡仪的进气口与出气口用塑料管与小氡室连接好后，打开小氡室取样孔的阀门，打开连续测氡仪的电源开关，开始第一次测量，测得 ΔN。

（4）第一次测量从小氡室取样结束后，关闭小氡室取样孔阀门，塑料管断开与小氡室取样孔的连接，将连续测氡仪的进气口与出气口用塑料管与氡过滤装置相连接，以备第二次测量。

（5）第一次测量结束后，在第二次测量的取样阶段断开测量室静电场电源连接线，第二次测量计数阶段测量室不加电场，测得 $\Delta N'$。

（6）保持第二次测量状况不变，进行第三次测量，测得 $\Delta N''$。

（7）迭代修正因子 α、β 由下列两式分别求得：

$$\alpha = \frac{\Delta N - N_{\mathrm{I},b}}{\Delta N' - N_{\mathrm{I},b}} \tag{2.24}$$

$$\beta = \frac{\Delta N - N_{\mathrm{I},b}}{\Delta N'' - N_{\mathrm{I},b}} \tag{2.25}$$

重复上述步骤，可以测定任意测量周期和相应取样时间下的迭代修正因子 α、β。

2.3.3 静电收集氡/钍射气测量灵敏度的温湿度自动补偿方法[7]

测量室静电场对带正电荷的^{218}Po 和^{216}Po 的收集效率受温湿度影响，造成测量氡、钍射气浓度的刻度因子 $K_{222_{Rn}}$、$K_{220_{Rn}}$ 也受温湿度的影响。据式(2.8)和式(2.9)可知，由于 $K_{222_{Rn,0}}$、$K_{220_{Rn,0}}$ 分别为消除了温湿度影响的测量氡、钍射气浓度的刻度因子，它们可以通过刻度实验精确确定，只要能够自动确定任意温度 T 和湿度 RH 是的温湿度补偿因子 $R_{222_{Rn}}(T, \mathrm{RH})$、$R_{220_{Rn}}(T, \mathrm{RH})$，就能够自动得到温度为 T 和湿度为 RH 时的刻度因子 $K_{222_{Rn}}$ 和 $K_{220_{Rn}}$。

由式(2.8)和式(2.9)可知，任意温度 T 和湿度 RH 时的温湿度补偿因子 $R_{222_{Rn}}(T, \mathrm{RH})$、$R_{220_{Rn}}(T, \mathrm{RH})$ 定义为：

$$R_{222_{Rn}}(T, \mathrm{RH}) = \frac{K_{222_{Rn}}}{K_{222_{Rn,0}}} = \frac{\Delta N_{218_{Po,0}}}{\Delta N_{218_{Po}}} \tag{2.26}$$

$$R_{220_{Rn}}(T, \mathrm{RH}) = \frac{K_{220_{Rn}}}{K_{220_{Rn,0}}} = \frac{\Delta N_{216_{Po,0}}}{\Delta N_{216_{Po}}} \tag{2.27}$$

式(2.26)中 $\Delta N_{218_{Po,0}}$、$\Delta N_{218_{Po}}$ 分别为测量室里氡浓度和测量时间相同时，加干燥管消除了温湿度影响的由测量期间氡衰变产生的^{218}Po 的 α 粒子计数和不加干燥管由测量期间氡衰变产生的^{218}Po 的 α 粒子计数。式(2.27)中 $\Delta N_{216_{Po,0}}$、$\Delta N_{216_{Po}}$ 分别为测量室里钍射气浓度和测量时间相同时，加干燥管消除了温湿度影响的由测量期间钍射气衰变产生的^{216}Po 的 α 粒子计数和不加干燥管由测量期间钍射气衰变产生的^{218}Po 的 α 粒子计数。

研究表明，静电场对带正电荷的^{218}Po 和^{216}Po 的收集效率主要受到空气中含水率即绝对湿度 δ 的影响[8]。当测量室内温、湿度为 T 和 RH，对应温度 T 的饱和水汽压为 b 时，则有：

$$\delta = \mathrm{RH} \times b \tag{2.28}$$

测量室内温度 T 和湿度 RH 可用灵敏温、湿度传感器测量得，对应温度 T 的饱和水汽压为 b 通过查表 2.2 得到，再由式(2.28)可以计算得到测量室内的绝对湿度 δ。

表 2.2 不同温度下的饱和水汽压[9]

温度/℃	饱和水汽压	温度/℃	饱和水汽压	温度/℃	饱和水汽压	温度/℃	饱和水汽压
-20	0.77	1	4.93	22	19.83	70	233.7
-19	0.83	2	5.29	23	21.07	80	355.1
-18	0.94	3	5.69	24	22.38	100	760.0
-17	1.03	4	6.10	25	23.76		
-16	1.13	5	6.54	26	25.21		
-15	1.21	6	7.01	27	26.74		

续表

温度/℃	饱和水汽压	温度/℃	饱和水汽压	温度/℃	饱和水汽压	温度/℃	饱和水汽压
-14	1.36	7	7.51	28	28.35		
-13	1.40	8	8.05	29	30.01		
-12	1.63	9	8.61	30	31.82		
-11	1.78	10	9.21	31	32.70		
-10	1.05	11	9.84	32	35.66		
-9	2.13	12	10.52	33	37.73		
-8	2.32	13	11.23	34	39.9		
-7	2.53	14	11.99	35	42.18		
-6	2.76	15	12.79	36	44.56		
-5	3.01	16	13.64	37	47.07		
-4	3.28	17	14.53	38	49.69		
-3	3.57	18	15.48	39	52.44		
-2	3.88	19	16.48	40	55.32		
-1	4.22	20	17.54	50	92.5		
0	4.58	21	18.65	60	149.4		

$R_{222_{\mathrm{Rn}}}(T, \mathrm{RH})$ 和 $R_{220_{\mathrm{Rn}}}(T, \mathrm{RH})$ 与测量室内的绝对湿度 δ 的关系曲线可以通过实验测定。实验设计如图 2.5 所示。具体测量实验步骤如下：

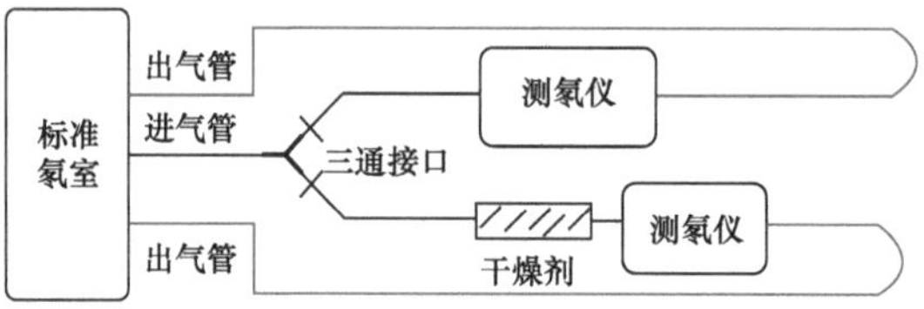

图 2.5 温湿度修正因子测量实验装置示意图

（1）将氡室调控到某一稳定状态 T、RH 和 C_{Rn}。

（2）将测氡仪刻度因子调为 1 并设定测量周期，然后接到带干燥管的测量回路，打开这一回路的三通阀门。

（3）让测氡仪完成一次测量，测量结果显示的氡浓度值即为 $\Delta N_{218_{\mathrm{Po}},0}$ 的值。

（4）关闭带干燥管的测量回路的三通阀门，将测氡仪接入不带干燥管的测量回路，并打开这一回路的三通阀门。

（5）让测氡仪再完成一次测量，测量结果显示的氡浓度值即为 $\Delta N_{218_{\mathrm{Po}}}$ 的值。

（6）由式(2.26)计算 $R_{222_{\mathrm{Rn}}}(T, \mathrm{RH})$ 即 $R_{222_{\mathrm{Rn}}}(\delta(T, \mathrm{RH}))$ 。

(7) 重复步骤(1)—(6)，直到得到完整的 $R_{222_{Rn}}(\delta)$ 关系曲线。

同理也可以得到 $R_{220_{Rn}}(\delta)$ 的关系曲线。

对于特定的静电收集灵敏测氡仪，只要测量得到了完整的 $R_{222_{Rn}}(\delta)$ 关系曲线和 $R_{220_{Rn}}(\delta)$ 的关系曲线，就可以根据测量室内测得的温湿度和 $R_{222_{Rn}}(\delta)$、$R_{220_{Rn}}(\delta)$ 的关系曲线自动确定 $R_{222_{Rn}}(T, \mathrm{RH})$ 和 $R_{220_{Rn}}(T, \mathrm{RH})$。

2.3.4 氡/钍射气连续测量刻度因子的自动确定方法[1]

由 2.1 可知，静电收集 α 能谱法测氡是在测量室与半导体探测器之间建立高压静电场，测量室内由 ^{222}Rn 衰变产生的带正电荷第一代子体 ^{218}Po 会在静电场的作用下被收集到半导体探测器表面，半导体探测器对 ^{218}Po 衰变产生的高能 α 粒子能量进行识别并计数，最后根据 α 粒子计数与氡浓度的关系（即刻度因子）确定氡浓度。

测量氡浓度时，采用抽气泵使含氡空气以一定的流量经高效过滤器后进入测量室，取样过程中测量室不加静电场，取样结束后即加静电场开始对测量期间测量室内由 ^{222}Rn 衰变产生的带正电荷 ^{218}Po 进行收集并对收集到探测器表面的 ^{218}Po 衰变释放的高能 α 粒子进行计数。静电收集 α 能谱法测 ^{222}Rn 浓度原理公式为：

$$C_{222_{Rn}} = K_{0,T} R \Delta N(T) \tag{2.29}$$

式(2.29)中：$C_{222_{Rn}}$ 为被测环境氡浓度（Bq/m^3）；R 表示温湿度修正因子；$\Delta N(T)$ 表示 ^{218}Po 衰变产生的 6.00 MeV α 粒子计数；$K_{0,T}$ 为消除了温湿度影响的刻度因子（Bqm^{-3}/单个计数）。

设氡 ^{222}Rn、^{218}Po 的衰变常量分别为 λ_R、λ_P，放射性活度分别为 A_R、A_P；在时刻 t，测量室内 ^{222}Rn、^{218}Po 的原子核数分别为 $N_R(t)$、$N_P(t)$；在 $t=0$ 时，只有 ^{222}Rn，即 $N_P(t)=0$，则有：

$$N_R(t) = N_R(0)e^{-\lambda_R t} \tag{2.30}$$

^{222}Rn 的放射性活度为：

$$A_R(t) = \lambda_R N_R(t) = \lambda_R N_R(0)e^{-\lambda_R t} \tag{2.31}$$

关于 ^{218}Po 单位时间核数目的变化 $\frac{dN_P(t)}{dt}$，一方面以速率 $\lambda_R N_R(t)$ 从 ^{222}Rn 中产生，另一方面又以速率 $\lambda_P N_P(t)$ 衰变为 ^{214}Bi，即：

$$\frac{dN_P(t)}{dt} = \lambda_R N_R(t) - \lambda_P N_P(t) \tag{2.32}$$

利用式(2.30)对式(2.32)微分方程求解得：

$$N_P(t) = \frac{\lambda_R}{\lambda_P - \lambda_R} N_R(0)(e^{-\lambda_R t} - e^{-\lambda_P t}) \tag{2.33}$$

由式(2.33)得 ^{218}Po 的放射性活度为：

$$A_P(t) = \lambda_P N_P(t) = \frac{\lambda_R \lambda_P}{\lambda_P - \lambda_R} N_R(0)(e^{-\lambda_R t} - e^{-\lambda_P t}) \tag{2.34}$$

从时刻 T_S — T 内 ^{218}Po 衰变的原子数 $\Delta N_P(T)$，由式(2.34)积分得：

$$\Delta N_{\mathrm{P}}(T)=\frac{\lambda_{\mathrm{R}}\lambda_{\mathrm{P}}}{\lambda_{\mathrm{P}}-\lambda_{\mathrm{R}}}N_{\mathrm{R}}(0)\left[\frac{1}{\lambda_{\mathrm{R}}}(1-\mathrm{e}^{-\lambda_{\mathrm{R}}T_{\mathrm{M}}})-\frac{1}{\lambda_{\mathrm{P}}}(1-\mathrm{e}^{-\lambda_{\mathrm{P}}T_{\mathrm{M}}})\right] \tag{2.35}$$

式(2.35)中：T 为测量周期；若取样时间为 T_{S}，测量时间为 $T_{\mathrm{M}}=T-T_{\mathrm{S}}$。

若测量室内温度为 T，湿度为 RH 时，带正电荷^{218}Po 离子的收集效率为 ε。当收集到探测器表面的^{218}Po 衰变释放的高能 α 粒子的探测效率为 η 时，则有：

$$\Delta N(T)=\varepsilon\eta\Delta N_{\mathrm{P}}(T) \tag{2.36}$$

式(2.29)可改写为：

$$C_{222\mathrm{Rn}}=K_{0,T}R\varepsilon\eta\Delta N_{\mathrm{P}}(T) \tag{2.37}$$

由式(2.37)可知，在测量室内的温湿度相同时，R、ε 和 η 也相同。因此有：

$$K_{0,T_x}=\frac{\Delta N_{\mathrm{P}}(T)}{\Delta N_{\mathrm{P}}(T_x)}K_{0,T} \tag{2.38}$$

式(2.38)中：K_{0,T_x} 表示测量周期 T_x 时消除了温湿度影响的刻度因子；$\Delta N_{\mathrm{P}}(T_x)$ 为测量期间测量室内由^{222}Rn 衰变产生的^{218}Po 被收集到探测器表面衰变释放的高能 α 粒子计数。

将式(2.35)代入式(2.38)得：

$$K_{0,T_x}=\frac{\frac{1}{\lambda_{\mathrm{R}}}(1-\mathrm{e}^{-\lambda_{\mathrm{R}}(T-T_{\mathrm{S}})}--\frac{1}{\lambda_{\mathrm{P}}}(1-\mathrm{e}^{-\lambda_{\mathrm{P}}(T-T_{\mathrm{S}})}}{\frac{1}{\lambda_{\mathrm{R}}}(1-\mathrm{e}^{-\lambda_{\mathrm{R}}(T_x-T_{\mathrm{S}})}--\frac{1}{\lambda_{\mathrm{P}}}(1-\mathrm{e}^{-\lambda_{\mathrm{P}}(T_x-T_{\mathrm{S}})}}K_{0,T} \tag{2.39}$$

式(2.39)表明，同台测氡仪的探测效率相同，温湿度对带正电荷^{218}Po 的收集效率也相同，其刻度因子仅与测量周期和取样时间有关。若测量周期为 60 min（3 600 s），取样时间为 5 min（300 s），测氡仪的刻度因子为 $K_{0,60}$（该因子可以通过实验获得）时，则测氡仪在任意测量周期 T_x 和相应抽气取样时间 5 min 下的刻度因子 K_{0,T_x} 通过式(2.39)计算确定，从而实现了测氡灵敏度的自动确定。当 $T_{\mathrm{S}}=300$ s 时，测量周期 T_x 为 15 min（900 s）、30 min（1 800 s）的刻度因子 $K_{0,15}$、$K_{0,30}$ 值分别为：

$$K_{0,15}=8.42\,K_{0,60} \tag{2.40}$$

$$K_{0,30}=2.46\,K_{0,60} \tag{2.41}$$

2.4 氡/钍射气子体 α 粒子能谱峰温漂的跟随方法

钝化离子注入平面硅（PIPS）探测器具有 α 粒子能量分辨高的优点，能很好地鉴别出释放 α 粒子的各种核素（如^{218}Po，^{214}Po 等），因此广泛应用于基于 α 能谱法的测氡仪器。实验证明，半导体探测器受温度影响很大，当测量环境温度发生变化，相同能量的 α 粒子经 PIPS 探测器检测后其输出信号幅度发生变化，从而不能准确甄别出 α 粒子能量，进而影响 α 粒子的甄别。因此，消除 PIPS 探测器温度漂移影响是非常有必要的。目前采用的方法是数字稳峰技术，但该方法较为复杂。基于 PIPS 探测器的温度特性研究了一种结构简单的消除 PIPS 探测器 α 能谱峰温度漂移影响的方法[10]。

2.4.1　PIPS 探测器能谱峰温度漂移机理

PIPS 探测器结构采用了 P-I-N 结构，其 V-I 特性可表达为：

$$I=I_s\left[\exp\left(\frac{qV}{kT}\right)-1\right] \tag{2.42}$$

式(2.42)中：I 为反向电流；I_s为反向饱和电流；V 为 PN 结的电压；q 为电荷量；k 为玻耳兹曼常数；T 为热力学温度。

PIPS 探测器在核探测技术应用中常采用的偏置电路如图 2.6 所示。探测器工作于外加反向电压时，只有少数载流子在反向电压作用下的漂移运动形成微弱的反向电流 I_R。反向电流很小，且几乎不随反向电压的增大而增大，但反向电流与本征载流子浓度的平方成正比，而本征载流子浓度是随着温度的升高而指数式增大，故反向电流将随温度而呈指数变化。

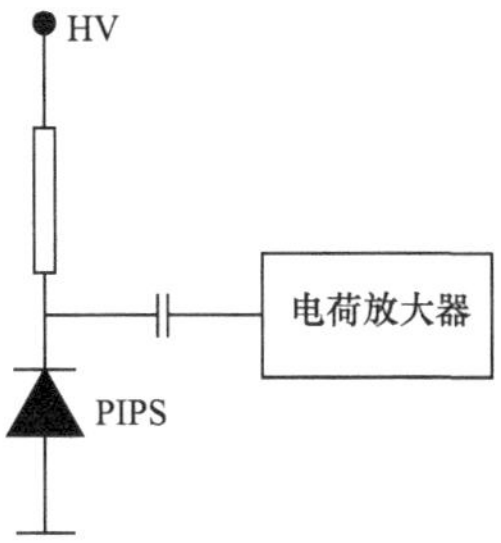

图 2.6　PIPS 探测器偏置电路

2.4.2　能谱峰与温度的关系

PIPS 探测器的能谱峰与温度之间的关系可以通过实验测定。实验在南华大学标准氡室进行，实验装置包括标准氡室、高低温实验箱，氡测量装置、多道幅度分析器和 PC 机，实验装置如图 2.7 所示。

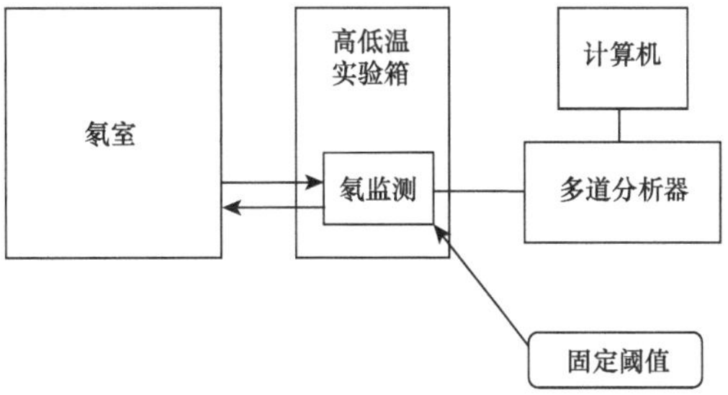

图 2.7　测量能谱峰与温度之间关系的实验装置示意图

当氡测量装置置于高低温实验箱，将环境温度分别调至 8.8 ℃、20.0 ℃、27.0 ℃、35.5 ℃温度点时，测量装置输出的能谱峰图如图 2.8 所示。通过比较 4 个温度下的能谱图不难发现，随着温度的升高，输出幅度不断降低，且^{218}Po和^{214}Po的能谱峰呈线性关系。实验测量的温度和与之对应的阈值能谱道数列于表 2. 3。对表 2. 3 的数据进行拟合得到的阈值能谱道数与温度之间的关系如图 2. 9 所示。

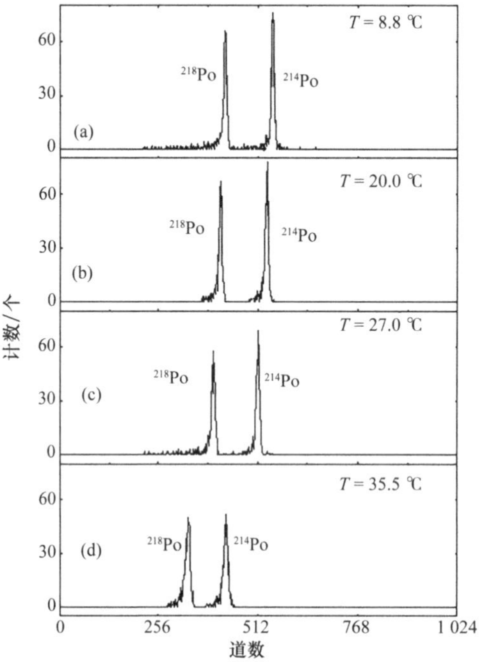

图 2. 8　测量装置 4 个不同温度点能谱峰图

表 2. 3　阈值能谱道数与温度关系

温度/℃	阈值能谱道数	温度/℃	阈值能谱道数
4. 6	475	27. 1	436
5. 0	474	29. 2	418
8. 8	470	29. 3	416
10. 9	472	29. 5	413
12. 1	466	29. 7	413
14. 8	464	30. 0	411
16. 0	463	30. 4	419
16. 9	462	30. 7	408
18. 6	460	31. 1	406
20. 0	459	31. 6	403
21. 3	455	32. 0	398
22. 4	453	32. 5	396

续表

温度/℃	阈值能谱道数	温度/℃	阈值能谱道数
22.6	441	33.1	392
23.3	451	33.6	387
24.0	449	34.2	381
24.7	447	34.9	374
25.3	445	35.5	367
25.4	441	36.2	355
25.7	444	37.0	340
26.1	442	37.8	326
26.4	440	38.8	301
26.6	439	39.7	274
26.8	438	40.7	241
26.9	437	41.7	208
27.0	436	42.6	193

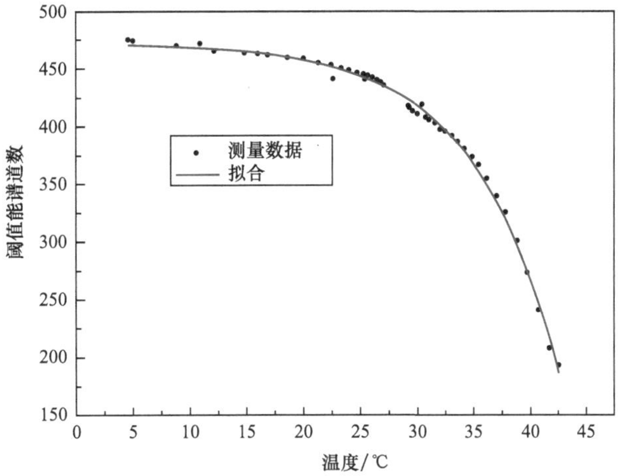

图 2.9 阈值能谱道数与温度的关系

当温度为 x（℃）时，阈值能谱道数 Y 可以按照式(2.43)获得：

$$Y = 434K \cdot \exp(-0.001\,121x) - 0.563\,7K \cdot \exp(0.142\,8x) \tag{2.43}$$

式(2.43)中：K 为不同能量粒子阈值比例系数，能量为 6.0 MeV 的 α 粒子，粒子阈值比例系数 K 为 1，粒子能量为 E 时，粒子阈值比例系数 K 为 $E/6.0$。

2.4.3 温漂的能谱峰的自动跟随方法

一种自动跟随 PIPS α 能谱峰温漂移的方法如图 2.10 所示。

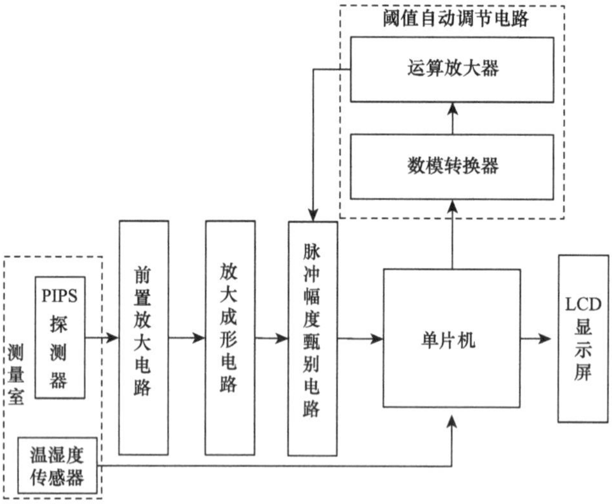

图 2.10　一种自动跟随 PIPS α 能谱峰温漂移的方法示意图

阈值自动调节电路是指脉冲幅度甄别电路中的阈值电平随温度变化而改变的电路。经过对实验数据的统计分析表明，在现有实验条件下，当温度为 0～40 ℃范围时，可以根据 α 能谱峰位与温度关系采用阈值跟随温度而自动调节。当温度升高时，其 PIPS 探测器输出信号的幅度变小，经前置放大器和放大成形电路后，其输出幅度随之变小；反之，当温度降低时，其输出幅度升高。例如在 20.0 ℃时峰位能谱道数是 415，其上阈值能谱道数设在 455，当温度变化到 35.5 ℃时，其峰位能谱道数是 333，其上阈值能谱道数需设在 367，如果其上阈值能谱道数仍设在 455，另外一个能量区的计数就会落到该能量计数区，从而影响该能量计数的准确测量。具体调节原理如图 2.11 所示，图中竖线表示当前光标所在位置即当前温度条件下阈值能谱道数。

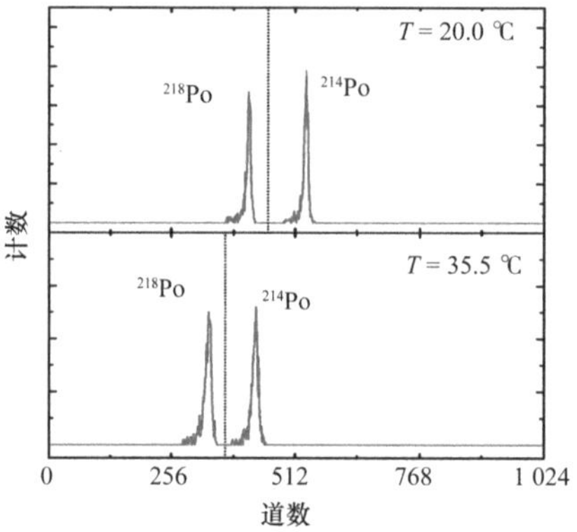

图 2.11　自动调节原理图

2.5　基于静电收集和 α 能谱连续测量氡/钍射气方法的应用

前面描述的基于静电收集和 α 能谱连续测量氡/钍射气的方法，解决了氡/钍射气子体 α 能谱峰重叠修正、取样平衡和衰变平衡导致的时间延迟消除、温湿度对测量灵敏度影响的自动补偿、任意测量周期和取样时间测量灵敏度（或刻度因子）的自动确定、连续测量的迭代修正和 PIPS α 能谱峰的温漂自动跟随等一系列关键技术问题，利用这些技术可以研发性能优异的氡/钍射气连续测量仪。下面介绍具有上述功能特点的 NRL 氡连续测量仪。

2.5.1　NRL 氡连续测量仪简介

1. NRL 连续测氡仪

NRL 连续测氡仪的工作原理如图 2.12 所示，其实物如图 2.13 所示。由图 2.12 可知：

（1）测量室内 PIPS 探头检测到 α 粒子产生的信号由前置放大器放大后，经主放电路放大和甄别形成电路成形后的信号与单片机相连。

（2）单片机与测量室内温湿度传感器相连。

（3）单片机通过 RS485 接口与 PC 机完成数据传送。

（4）键盘输入完成参数设置。

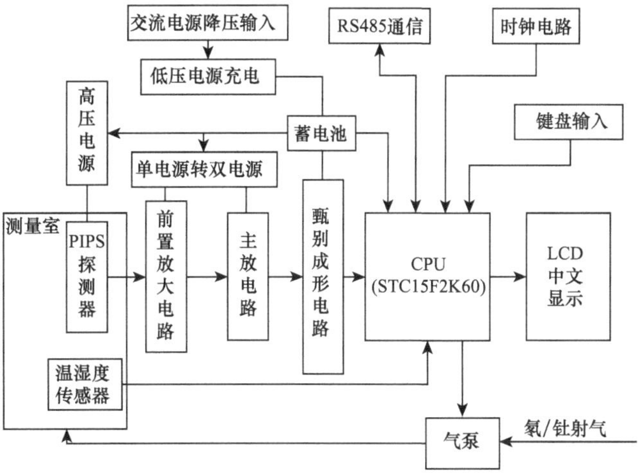

图 2.12　NRL 连续测氡仪工作原理框图

2. NRL-Ⅱ连续测氡仪的主要技术参数

（1）使用温、湿度范围：0~45 ℃，≤90%（40 ℃）。

（2）贮存温度：-40~60 ℃（液晶屏贮存温度为-20~60 ℃）。

（3）供电电源：AC220 V，50 Hz，耗电功率≤80 W，可长期连续通电运行。

（4）测量合成不确定度：≤20%（在氡浓度不低于 30 Bq/m^3 时）。

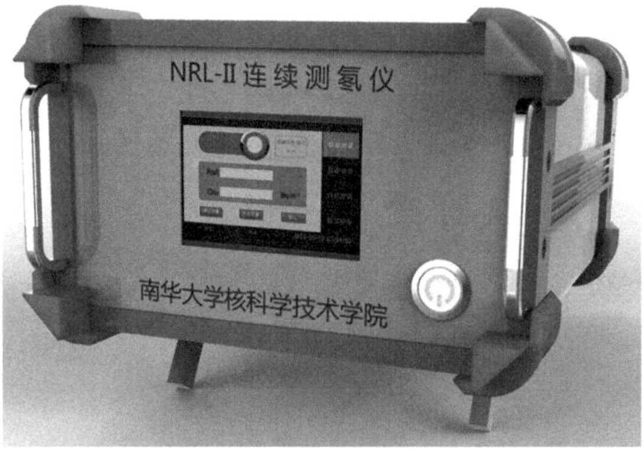

图 2.13　NRL-Ⅱ连续测氡仪

（5）测量范围：10~99 999 Bq/m^3。

（6）显示方式：11 厘米彩屏显示器。

（7）存储方式：FLASH 存储（可掉电保存 1 年的历史数据）。

（8）采样周期：任选，一般选 15/30/60 min。

（9）仪器尺寸：155 mm（高）、257 mm（宽）、330 mm（长）。

（10）仪器重量：≤5.0 kg。

该测氡仪能够快速响应环境氡浓度的变化，无需干燥管可满足长期无人值守的连续测量。

2.5.2　氡连续测量迭代修正因子的测量

根据 2.3.2 节第 1 部分介绍的迭代修正因子的实验测定方法进行氡连续测量迭代修正因子的测量。选择了 3 台 NRL 氡连续测量仪进行迭代因子的测量实验。每台仪器选择 15 min、30 min、60 min 三个测量周期，每个测量周期都重复进行了 3 次测量，3 次测量结果的平均值为每台仪器迭代修正因子值。三台仪器迭代修正因子的理论计算值与实验测量结果列于表 2.4。

表 2.4　3 台 NRL 氡连续测量仪迭代修正因子的理论值和实验测量值

周期/s	迭代修正因子 α 的理论计算值	迭代修正因子 α 的测量结果				
		仪器号	第 1 次	第 2 次	第 3 次	平均值
900	0.187 8	1	0.189 2	0.192 9	0.182 8	0.188 3±0.004 2
900	0.187 8	2	0.186 0	0.190 1	0.186 8	0.187 6±0.001 8
900	0.187 8	3	0.183 0	0.162 6	0.178 9	0.174 8±0.008 8
1 800	0.068 1	1	0.062 4	0.062 9	0.074 1	0.066 5±0.005 4
1 800	0.068 1	2	0.063 5	0.067 2	0.080 6	0.070 4±0.007 3

续表

周期/s	迭代修正因子 α 的理论计算值	迭代修正因子 α 的测量结果				
		仪器号	第 1 次	第 2 次	第 3 次	平均值
1 800	0. 068 1	3	0. 074 1	0. 069 7	0. 067 7	0. 070 5±0. 002 7
3 600	0. 027 9	1	0. 017 1	0. 046 1	0. 048 2	0. 037 1±0. 014 2
3 600	0. 027 9	2	0. 020 0	0. 042 3	0. 025 7	0. 029 3±0. 009 5
3 600	0. 027 9	3	0. 037 5	0. 028 5	0. 022 6	0. 029 5±0. 006 1

从表 2. 4 可以看出，迭代修正因子实验测量值与理论计算值符合的很好。3 台仪器在测量周期为 1 800 s 和 3 600 s 时的测得结果一致性相对较差，这主要是由放射性的统计涨落引起的。

从表 2. 4 还可以看出，在 900 s 和 1 800 s 测量周期内残留 ^{218}Po 粒子在下一测量周期内产生的计数分别占该周期计数的 18. 78% 和 6. 81%，对于由高到低快速变化氡浓度的实时连续测量其影响是显著的，很有必要对残留 ^{218}Po 的影响进行修正，来提高仪器连续测量的准确性。

图 2. 14 和图 2. 15 分别描述了连续测氡仪以 30 min 为周期测量，氡浓度不变情况下和氡浓度逐渐降低情况下有迭代修正和无迭代修正时氡浓度连续测量的结果。

由图 2. 14 可知，在氡浓度不变情况下，若连续测氡仪没有迭代修正功能，测量结果会高于真实氡浓度；若连续测氡仪有迭代修正功能，则测量结果与真实氡浓度一致。

由图 2. 15 可知，在氡浓度逐渐降低情况下，若连续测氡仪没有迭代修正功能，测量结果会总是高于真实氡浓度，不能快速响应环境氡浓度的变化；若连续测氡仪有迭代修正功能，则测量结果会与真实氡浓度一致。

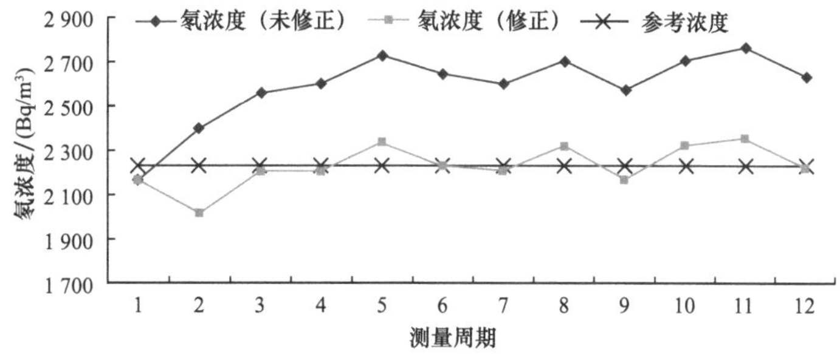

图 2. 14　氡浓度不变情况下迭代修正和无迭代修正连续测氡仪的测量结果

2. 5. 3　灵敏度温湿度影响修正因子和自动补偿效果的测量

NRL 氡连续测量仪灵敏度温湿度修正因子 $R(\delta)$ 和灵敏度温湿度影响自动补偿效果的测量是在标准氡室上进行的。南华大学氡室是国家授权进行氡和氡子体测量仪检定的标准氡室，主要由主体箱、状态参数调节箱、连接管道、氡源、氡及其子体参考水平测

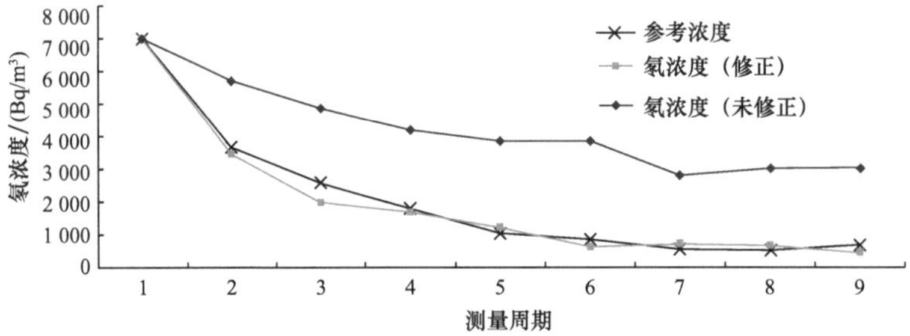

图 2.15　氡浓度逐渐降低情况下迭代修正和无迭代修正连续测氡仪的测量结果

量装置、气溶胶发生器及其粒子数和粒径分布测量装置等组成，总体积为 25 m^3。氡室的实物如图 2.16 所示，其主要技术参数与国外先进氡室技术参数对比列于表 2.5。

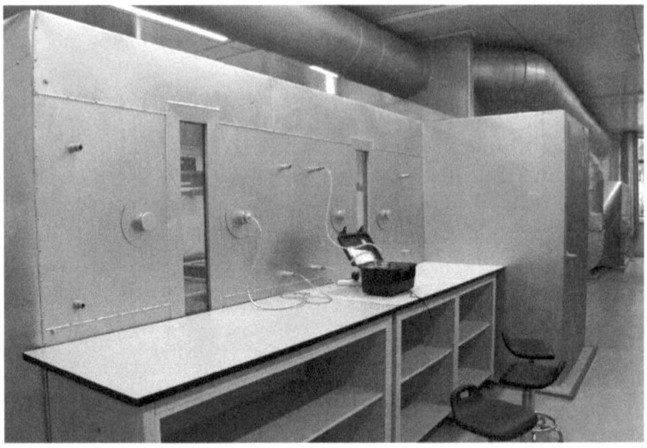

图 2.16　氡室的实物图

表 2.5　南华大学氡室与国外氡室在调控能力上的对比

参数	本氡室		国外氡室	
	控制范围	稳定性（均匀性）	控制范围	稳定性（均匀性）
氡浓度 Radon concentration	$(100\sim4\times10^4)$ Bq/m^3	±2%～±10% （±1.5%～±5%）	（180～37 000）Bq/m^3	±3% （37 000 Bq/m^3） ±2.5%
氡子体浓度 Radon daughters	<（0.02～5）WL	±2%～±10% （±3%～±5%）	<（0.02～6）WL	未见报道
气溶胶浓度 Aerosol concentration	$(10^3\sim10^5)$ cm^{-3}	±3%	$(10^3\sim10^5)$ cm^{-3}	未见报道
换气间隔 Air exchange	<（0.006～0.06）/min	±2%～±10%	<（0.004～0.05）/min	未见报道
温度 Temperature	（5～35）℃	±1 ℃（±0.8 ℃）	<（10～35）℃	±1 ℃
相对湿度 Relative humidity	±20%～±98%	±2 ℃（±2 ℃）	±20%～±90%	±2%～±5%

利用除湿机、加湿机和干燥管将氡室的相对湿度控制在 10%～95%之间变化，用加热器和空调将氡室的温度控制在 10～30 ℃之间，即氡室内环境的绝对湿度范围控制在 1.90～14.91 g/m^{3}之间。

1. 灵敏度温湿度修正因子 $R(\delta)$ 的测量

按照 2.3.3 描述的测量方法，测量得到的灵敏度温湿度修正因子 $R(\delta)$ 与绝对湿度 δ 的关系曲线如图 2.17 所示。

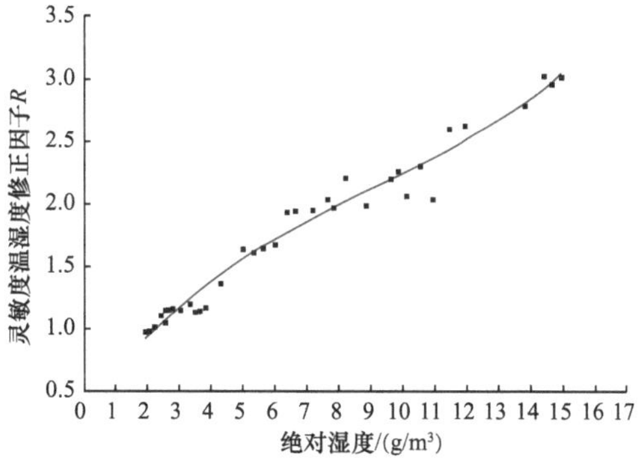

图 2.17　灵敏度温湿度修正因子 $R(\delta)$ 与绝对湿度的关系

从图 2.17 可以看出，在绝对湿度为 1.90～14.91 g/m^{3}之间，实验所得的灵敏度温湿度修正因子随着绝对湿度的升高而呈现近似线性增长。实验结果同时表明：综合考虑绝对湿度的情况下，在当绝对湿度小于 2.4 g/m^{3}时，NRL 连续测氡仪的收集效率趋近与一个常数，其灵敏度温湿度修正因子 $R(\delta < 2.4\ g/m^3)$ 为 1。

2. 灵敏度温湿度影响自动补偿效果的测量

将获得的灵敏度温湿度修正因子 $R(\delta)$ 与绝对湿度的关系、表 2.2 所列不同温度下的饱和水汽压通过软件输入 NRL 连续测氡仪的数据处理系统，根据仪器测量室内温、湿度测量结果，先计算绝对湿度 δ，再计算测氡仪灵敏度温湿度修正因子 $R(\delta)$，从而实现了静电收集测氡灵敏度温湿度影响的自动补偿，以及测氡仪不加干燥管进行氡浓度的可靠测量。

（1）NRL 连续测氡仪与 RAD7 连续测氡仪的对比测量

将氡室状态参数调节并稳定在相对湿度为（52±5）%，平均温度：（18±2）℃，参考氡浓度为（2 200±45）Bq/m^3（参考水平测量仪器 PQ2000 的测量结果）。将 NRL 型测氡仪、RAD7 连续测氡仪测量周期都设定为 30 min，并分别接到图 2.5 不带干燥管和带干燥管的回路。两台仪器同时开始测量。由于 RAD7 连续测氡仪不能快速响应，存在时间延迟现象，为了方便比较，两台仪器有效测量结果都从第三次算起。

它们的平行测量结果列于表 2.6。

表 2.6 温湿度恒定时 NRL 型测氡仪和 RAD7 连续测氡仪的比对测量结果

序号	氡浓度/(Bq/m³)	
	RAD7	NRL
1	2 430	2 184
2	2 570	2 247
3	2 360	2 015
4	2 420	2 411
5	2 350	2 243
6	2 310	2 366
7	2 520	2 220
8	2 310	2 184
9	2 170	2 304
10	2 350	2 120
11	2 180	2 009
12	2 220	2 241
13	2 220	2 265
平均值	2 339 ±124	2 216 ±118

从表 2.6 我们可以看到，在温度、相对湿度不改变的情况下，经过 8 h 的连续测量，NRL 型连续测氡仪测量的氡浓度与 RAD7 连续测氡仪测量的氡浓度在误差范围内一致。

在氡室氡浓度保持不变的情况下，调节氡室的温湿度，使氡室环境的绝对湿度在（8.07~12.46）g/m³ 范围之间变化，每一次测量对应不同温湿度。NRL 型测氡仪和 RAD7 连续测氡仪的平行测量结果列于表 2.7。

由表 2.7 可以看出，在温湿度变化引起绝对湿度在（8.07~12.46）g/m³ 范围之间变化时，NRL 型连续测氡仪的测量结果与 RAD7 的测量结果也是一致的。

表 2.7 温湿度变化时 NRL 型测氡仪和 RAD7 连续测氡仪的比对测量结果

序号	氡浓度/(Bq/m³)	
	RAD7	NRL
1	2 160	2 191
2	2 280	2 058
3	2 150	2 067
4	2 240	2 361

续表

序号	氡浓度/(Bq/m³)	
	RAD7	NRL
5	2 240	2 320
6	2 230	2 670
7	2 110	2 304
8	2 190	2 388
9	2 320	1 970
10	2 390	2 161
11	2 470	2 063
平均值	2 253±108	2 232±201

（2）NRL 连续测氡仪与 PQ2000 连续测氡仪的对比测量

PQ2000 连续测氡仪是氡室参考水平的定值仪器，将 NRL 连续测氡仪与 PQ2000 连续测氡仪进行对比测量以检验 NRL 连续测氡仪测氡灵敏度温湿度影响的自动补偿效果。调节氡室温度为 19 ℃，相对湿度为 50%。将 NRL 连续测氡仪接入图 2.5 无干燥管回路，分别进行 1 个低氡浓度点（500 Bq/m^3）、1 个高氡浓度点（3 000 Bq/m^3）温湿度对 NRL 连续测氡仪灵敏度的影响测试。

低浓度点条件下的测量结果如表 2.8 所示。

从表 2.8 可知，在氡室内温度为 19 ℃，相对湿度为 50% 时，NRL 连续测氡仪连续测量 10 次氡浓度的平均值为（511±38）Bq/m^3，PQ2000 连续测氡仪连续测量 10 次氡浓度的平均值为（536±42）Bq/m^3，它们测量结果的相对偏差为 4.7%，表明 NRL 连续测氡仪在低浓度、低湿度情况下，测氡灵敏度温湿度影响的自动补偿效果好。

表 2.8　NRL 型测氡仪和 PQ2000 连续测氡仪的比对测量结果

序号	氡浓度/(Bq/m³)	
	NRL	PQ2000
1	477	432
2	497	512
3	497	560
4	469	564
5	535	508
6	507	560
7	494	568

续表

序号	氡浓度/(Bq/m³)	
	NRL	PQ2000
8	583	544
9	487	548
10	565	560
平均值	511±38	536±42
相对标准偏差/%	7.40	7.85

保持氡室环境温度和湿度不变，调节氡室氡浓度为 3 000 Bq/m^3。高氡浓度条件下的测量结果如表 2.9 所示。

表 2.9　NRL 型测氡仪和 PQ2000 连续测氡仪的比对测量结果

序号	氡浓度/(Bq/m³)	
	NRL	PQ2000
1	3 120	3 168
2	3 102	3 120
3	3 068	3 200
4	2 939	3 216
5	3 030	3 248
6	3 147	3 184
7	3 085	3 152
8	2 922	2 944
9	2 955	2 944
10	2 934	3 040
平均值	3 030±86	3 121±109
相对标准偏差/%	2.83	3.50

由表 2.9 中可知，在较高氡浓度时，NRL 连续测氡仪连续测量 10 次氡浓度的平均值为（3 030±86）Bq/m^3，而 PQ2000 平均氡浓度是（3 121±109）Bq/m^3，它们测量结果的相对偏差为 2.9%，表明 NRL 连续测氡仪在高浓度、低湿度情况下，测氡灵敏度温湿度影响的自动补偿效果好。

保持氡室温度 19 ℃和氡浓度为 3 000 Bq/m^{3}不变，将湿度调至 90%。两台仪器的测量结果列于表 2.10。

表 2.10 NRL 型测氡仪和 PQ2000 连续测氡仪的比对测量结果

序号	氡浓度/(Bq/m^3)	
	NRL	PQ2000
1	3 224	3 168
2	3 052	3 184
3	3 220	3 152
4	3 206	3 136
5	3 204	3 088
6	3 075	3 216
7	3 138	3 088
8	3 175	3 212
9	3 089	3 248
10	3 031	3 165
平均值	3 141±74	3 166±53
相对标准偏差/%	2.36	1.66

由表 2.10 可知，在高湿度情况下，NRL 连续测氡仪连续测量 10 次氡浓度的平均值为（3 141±74）Bq/m^3，而 PQ2000 测量的平均氡浓度是（3 166±53）Bq/m^3，两者之间的相对偏差为 0.80%，表明 NRL 连续测氡仪在高浓度、高湿度情况下，测氡灵敏度温湿度影响的自动补偿效果好。

通过恒温变湿实验的测量表明，无论氡室环境湿度高低，NRL 连续测氡仪测量的氡浓度相对氡室参考水平定值仪器 PQ2000 测量的氡浓度的偏差在 5% 以内。因此，得出如下结论：

1）NRL 连续测氡仪能够准确测量氡浓度，且在不同的浓度点，其测量的结果准确，具有很好的线性。

2）NRL 连续测氡仪在不同温度条件下，测量结果准确，表明了其温湿度对测氡灵敏度影响的自动补偿方法成功解决了温湿对静电收集灵敏度的响应，摆脱了静电收集法测氡要带干燥管的不方便。

2.5.4 不同测量周期刻度因子的测量

NRL 连续测氡仪不同测量周期刻度因子的刻度实验是采用 3 台 NRL 连续测氡仪在标准氡室同时进行的，如图 2.18 所示。为减少放射性的统计误差影响，使氡室氡浓度控制在 2 000~2 500 Bq/m^3范围内；为了保证温湿度修正因子 R 不变，温、湿度分别稳定在(20±2)℃、(45±5)%。用 a 号测量仪将 Φ30 mm 更换为 Φ20 mm 的探测器，使得探测效率 η 有所区别，b 号测量仪将测量室的体积由原来 950 mL 更换为 785 mL，使得静电收集效率有所改变。

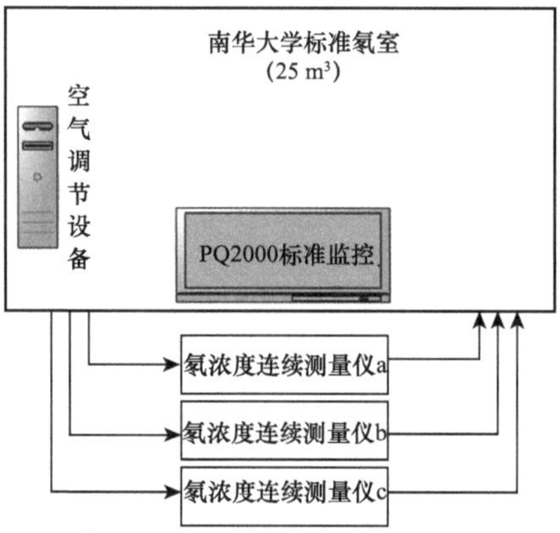

图 2.18　刻度实验示意图

分别对 3 台仪器在周期为 60 min（3 600 s）的情况下进行 3 次测量，以 PQ2000 测量的氡浓度的平均值作为氡室标准浓度，对 3 次测量的结果求平均再依据式(2.1)得到每台仪器测量周期为 60 min（3 600 s）的刻度因子，测量结果分别为 $K_{60,a}$ = 1.62 Bq · m^{-3} · $counts^{-1}$、$K_{60,b}$ = 2.01 Bq · m^{-3} · $counts^{-1}$ 和 $K_{60,c}$ = 1.57 Bq · m^{-3} · $counts^{-1}$。将 $K_{60,a}$、$K_{60,b}$、$K_{60,c}$ 代入式(2.37)得 K_{15}、K_{30} 的理论计算值。3 台仪器在测量周期为 15 min (900 s)、30 min（1 800 s）时，对应刻度因子的测量结果列于表 2.11 所示。为了便于比较，将刻度因子的理论计算值也列在表中。

表 2.11　3 台 NRL 连续测氡仪刻度因子的理论计算值与实验测量值

T/s	仪器编号	K_x 理论计算值	K_x 实验测量值（Bq · m^{-3} · $counts^{-1}$）				
			第 1 次	第 2 次	第 3 次	平均值	误差/%
900	a	13.63	14.35	14.08	13.69	14.04	3.00
900	b	16.92	17.47	17.85	17.02	17.44	3.07
900	c	13.22	14.08	13.16	13.79	13.67	3.40
1 800	a	3.99	4.01	3.9	4.13	4.01	0.50
1 800	b	4.94	5.11	5.08	4.89	5.03	1.82
1 800	c	3.86	3.82	3.85	3.97	3.88	0.51

表 2.11 测量结果显示，其实验测量值与理论值符合较好，说明实验结果是可靠的。3 台仪器在周期为 900 s 的测量结果比 1 800 s 的测量结果偏差大，实验测量值与理论值有显著差异。引起误差的主要原因为高压模块从开启到达到稳定电场需要一定时间，通过高压电表测量高压电源达到稳定时间约为 10 s，将测量时间 $T_{M,60}$ 和 $T_{M,x}$ 分别都减去 10 s 后再代入式(2.39)得到 K_{15} = 8.60 K_{60}，K_{30} = 2.47 K_{60}，再将各台测量仪 $K_{60,a}$、

$K_{60,b}$、$K_{60,c}$ 代入后的刻度因子修正值与实验测得的刻度因子列于表 2.12。

表 2.12 3 台 NRL 连续测氡仪理论修正刻度因子与实验刻度因子比较

T/s	仪器编号	K_x 理论修正值	K_x 实验测量结果				
			第 1 次	第 2 次	第 3 次	平均值	误差/%
900	a	13.93	14.35	14.08	13.69	14.04	0.79
900	b	17.28	17.47	17.85	17.02	17.44	0.92
900	c	13.50	14.08	13.16	13.79	13.67	1.25
1 800	a	4.00	4.01	3.9	4.13	4.01	0.25
1 800	b	4.97	5.11	5.08	4.89	5.03	1.20
1 800	c	3.88	3.82	3.85	3.97	3.88	0.00

由表 2.12 可知，理论计算修正值与实验值符合得非常好，但是 b 号测量仪在修正后的结果误差比 a 号和 c 号测量仪偏大，由于 b 号测量仪的 60 min 测量周期体积偏小造成误差偏大；在长时间的测量中，收集腔室内气体的温、湿度达不到恒定不变，其微小变化会对 ^{218}Po 收集效率产生影响，引起结果的波动；放射性统计涨落。

2.5.5 PIPS α 能谱峰温漂自动跟随效果的测量

NRL 连续测氡仪采用了 2.4 描述的方法，具备了 α 粒子能谱峰温漂自动跟随的功能。为了检验测氡仪 α 能谱峰温漂自动跟随的效果，利用氡室、高低温调控箱和 NRL 连续测氡仪构建了实验测量系统，如图 2.19 所示。

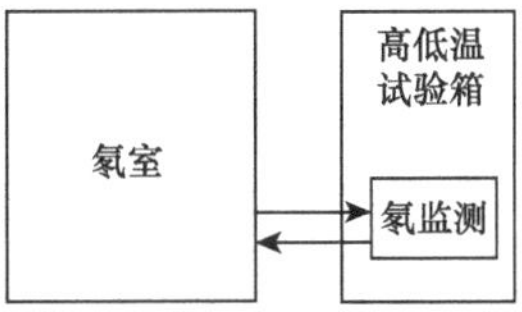

图 2.19 NRL 连续测氡仪 α 能谱峰温漂自动跟随效果的测量系统示意图

测量时，氡室氡浓度稳定在不小于 2 000 Bq/m^3，测氡仪测量周期设置为 30 min。温度在小范围内变化时的测量结果分别列于表 2.13 和表 2.14。

表 2.13 不加 α 能谱峰温漂自动跟随功能的 NRL 连续测氡仪与 PQ2000 测量氡浓度的结果

时间	温度/℃	氡浓度/(Bq/m^3)		相对偏差/%
		PQ2000	NRL	
22:20	20.2	2 070	2 522	21.84
23:20	19.1	2 230	2 663	19.42

续表

时间	温度/℃	氡浓度/(Bq/m³)		相对偏差/%
		PQ2000	NRL	
00:20	18.7	2 250	2 581	14.71
01:20	17.3	2 090	2 092	0.10
02:20	16.1	2 060	2 050	-0.49
03:20	16.9	2 210	2 214	0.18
04:20	17.7	2 212	2 243	1.40
05:20	18.3	2 040	2 233	9.46
06:20	19.1	2 090	2 319	10.96
07:20	19.5	2 280	2 587	13.47
平均值		2 153	2 331	8.26

表 2.14 加 α 能谱峰温漂自动跟随功能的 NRL 连续测氡仪与 PQ2000 测量氡浓度的结果

时间	温度/℃	氡浓度/(Bq/m³)		相对偏差/%
		PQ2000	NRL	
9:10	23.8	1 944	1 952	-0.41
10:10	25.2	1 952	1 960	-0.41
11:10	28.5	1 960	1 971	-0.56
12:10	31.9	1 912	1 935	-1.20
13:10	33.6	2 048	2 011	1.81
14:10	35.3	1 888	1 903	-0.79
15:10	34.1	2 008	1 987	1.05
16:10	33.4	2 032	2 018	0.69
17:20	32.1	2 032	1 996	1.77
18:20	31.0	1 912	1 958	-2.41
平均值		1 968	1 969	-0.05

从表 2.13 可以看出，在 16.1~20.2 ℃偏低环境温度较小变化范围内测量时，不加 α 能谱峰温漂自动跟随功能的 NRL 连续测氡仪的测量结果与参考值的偏差较大，最大达到了 21.84%。

从表 2.14 可以看出，在 23.8~35.3 ℃较高环境温度较大变化范围内测量时，加 α 能谱峰温漂自动跟随功能的 NRL 连续测氡仪的测量结果与参考值的偏差较小，最大偏差仅为 2.41%。

氡室氡浓度稳定在不小于 2 000 Bq/m³，测氡仪测量周期设置为 60 min。温度在 0~

45 ℃范围内变化时的测量结果分别列于表 2.15 和表 2.16。

表 2.15 不加 α 能谱峰温漂自动跟随功能的 NRL 连续测氡仪与 PQ2000 测量氡浓度的结果

温度/℃	PQ2000/(Bq/m³) (25 ℃)	温度无自动调节的装置/ (Bq/m³)	相对偏差/%
4.8	2 070	1 973	-4.67
10.8	2 230	2 157	-3.29
14.8	2 250	2 215	-1.54
20.1	2 060	2 081	1.02
24.7	2 210	2 258	2.18
30.4	2 212	2 564	15.91
34.9	2 040	3 934	92.83
39.6	2 090	4 066	94.54
44.5	2 280	4 517	98.13
平均值	2 160	2 862	32.52

表 2.16 加 α 能谱峰温漂自动跟随功能的 NRL 连续测氡仪与 PQ2000 测量氡浓度的结果

温度/℃	PQ2000/(Bq/m³) (25 ℃)	有温度自动调节的装置/ (Bq/m³)	相对偏差/%
5.2	1 944	1 933	-0.56
10.1	1 952	1 944	-0.41
14.9	1 960	1 949	-0.56
19.8	2 048	2 085	1.80
24.9	1 888	1 873	-0.79
30.2	2 008	2 031	1.15
34.8	2 032	2 046	0.69
40.1	2 032	2 066	1.67
44.9	1 912	1 870	-2.20
平均值	1 975	1 997	1.19

从表 2.15 可以看出，在 4.8~44.5 ℃温度范围内，不加 α 能谱峰温漂自动跟随功能的 NRL 连续测氡仪的测量结果与参考值的偏差随温度的升高而增大，最大超过了 98%。

从表 2.16 可以看出，在 5.2~44.9 ℃温度范围内，加 α 能谱峰温漂自动跟随功能的 NRL 连续测氡仪的测量结果与参考值的偏差几乎不随温度的升高而变化。

因此，消除 PIPS α 能谱峰温度漂移对测量结果可靠性影响的阈值自动跟随效果很好。

2.5.6 NRL 连续测氡仪响应时间的测试

测氡仪响应时间的测试可以利用变化的氡浓度来进行测量。通过调节南华大学标准氡室氡浓度的变化，来比较 NRL 连续测氡仪与 PQ2000 连续测氡仪的时间响应情况，测量结果如图 2.20 所示。

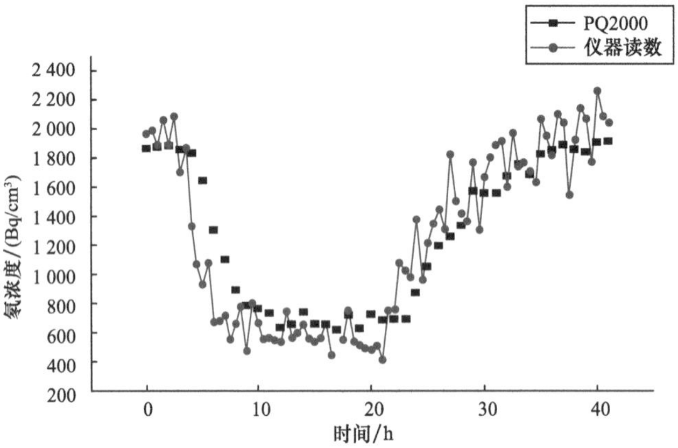

图 2.20 NRL 连续测氡仪和 PQ2000 连续测氡仪响应时间的测试结果

NRL 连续测氡仪的响应速度明显快于 PQ2000。在氡浓度下降的过程中，NRL 连续测氡仪早 2 h 开始下降，比 PQ2000 早 4 h 达到低浓度值，更能实时反映氡浓度变化趋势。

2.6 小结

研究建立了静电收集灵敏氡/钍射气浓度连续测量方法。介绍了方法的测量原理，方法关键参数的理论或实验确定方法，并对方法原理、参数确定方法进行了验证。解决了氡/钍射气子体 α 能谱峰重叠修正、取样平衡和衰变平衡导致的时间延迟消除、温湿度对测量灵敏度影响的自动补偿、任意测量周期和取样时间测量灵敏度（或刻度因子）的自动确定、连续测量的迭代修正和 PIPS α 能谱峰的温漂自动跟随等一系列关键技术问题。上述研究为研发氡/钍射气连续测量、氡析出率测量的仪器奠定了基础。

参考文献

[1] 蔡军，夏晓彬，肖德涛，等. 一种基于静电收集法的氡和钍射气连续测量装置及方法：201510666644.9[P]. 2015-10-15.

[2] Dimova N, Burnett W C, Lane-Smith D. Improved automated analysis of radon (^{222}Rn) and thoron (^{220}Rn) in natural waters.[J]. Environmental Science & Technology, 2009, 43(22):8599-8603.

[3] 吴喜军, 肖德涛, 李志强,等. 一种氡子体测量仪 α 能谱峰重叠修正因子的准确刻度方法:201610248794.2[P]. 2016-04-20.

[4] 何正忠, 肖德涛, 赵桂芝,等. 连续测氡方法迭代修正因子的理论计算与实验测定[J]. 原子能科学技术, 2013, 47(6):4.

[5] 苟全录, 张智慧. 静电收集式氡析出率仪的计算公式讨论[J]. 原子能科学技术, 1998, 32(5):7.

[6] 李朝明, 杨志坚, 褚金学,等. RN-FD 型固体氡气源的稳定性及应用分析[J]. 震灾防御技术, 2018, 13(1):11.

[7] 肖德涛, 单健, 周青芝,等. 静电收集测氡探测效率的温湿度自动补偿方法:201210162586.2[P]. 2012-05-23.

[8] 徐爱英, 马少辉, 胡芸莎,等. 含水率与电压对静电分离装置效率的影响[J]. 农机化研究, 2018, 40(1):5.

[9] 范仲元. 水和水蒸气势力性质图表[M]. 北京:中国电力出版社, 1996.

[10] 肖德涛, 李志强, 赵桂芝,等. 一种自动消除 PIPS α 能谱峰温度漂移的方法及装置:201410208477.9[P]. 2014-05-16.

第 3 章

介质表面氡析出率的测量方法

氡（^{222}Rn）是一种可预防、也可控制的环境因素，而环境氡污染治理中寻找源项的关键是氡析出率的可靠测量。国标《民用建筑工程室内环境污染控制规范》GB 50325—2020，更是严格地规定了建筑材料表面和土壤表面氡析出率的限量。

介质表面氡析出率测量采用局部静态法即在被测介质表面扣一个集氡罩，测量集氡罩中的氡浓度随时间的变化规律确定氡析出率。目前，常用的氡析出率测量方法主要有：活性炭-γ 能谱法[1-2]和基于静电收集和 α 能谱测量的灵敏氡析出率测量方法[3-4]。前者虽然消除了泄漏与反扩散影响，但测量过程中易改变介质表面状况、取样时间较长、且只适合氡析出率稳定的介质表面测量；后者（如德国 ERS-2-s 等）存在温湿度影响和泄漏与反扩散影响等[5]。本章介绍一种适合各种介质表面氡析出率就地可靠测量的方法。

3.1 介质表面氡析出的机理[6]

氡在常温下是单原子气体，靠原子热运动和对流作用而发生迁移运动。但是处于固体晶格内的氡的运动能力却很有限，在它们迁移出晶粒之前可能已衰变成固态的子体核素了，只有在接近固体表面处的镭衰变产生的一部分氡能够从固体中释放出来。矿石、土壤和建筑材料等介质就是由大小不等的固体颗粒构成的，在这些固体颗粒之间分布着气体孔隙。设在介质 m 中的一个小体积元 dV 内的气体空间为 dV_g（如图 3.1 所示），则 dV_g 与 dV 的比值称作指定点介质的孔隙度 ε：

$$\varepsilon = dV_g/dV \tag{3.1}$$

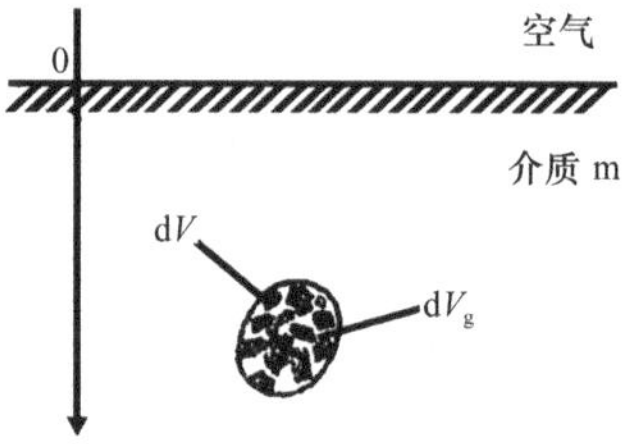

图 3.1 介质中的气体孔隙示意图

它是在介质 m 中指定点处气体孔隙所占的体积分数。

进入孔隙中的氡是可转移的氡。设体积元 dV 内氡活度的产生率为 $d\dot{A}$，dV 内产生的氡进入气体孔隙的速率为 $d\dot{A}_g$，则称 $d\dot{A}_g$ 与 $d\dot{A}$ 的比值为空间指定点介质的射气系数 β：

$$\beta = \mathrm{d}\dot{A}_{\mathrm{g}}/\mathrm{d}\dot{A} \tag{3.2}$$

在气体体积元 $\mathrm{d}V_{\mathrm{g}}$内的氡将与其周围气体空间中的氡进行交换。设在给定时刻 $\mathrm{d}V_{\mathrm{g}}$内的氡活度为 $\mathrm{d}A_{\mathrm{g}}$；则称：

$$E = \mathrm{d}A_{\mathrm{g}}/\mathrm{d}V_{\mathrm{g}} \tag{3.3}$$

为介质气体中的氡浓度。而

$$C_{\mathrm{b}} = \mathrm{d}A_{\mathrm{g}}/\mathrm{d}V = \varepsilon C \tag{3.4}$$

则称作体浓度。

如果指定空间的氡浓度存在着梯度，则氡原子不规则的热运动将引起氡浓度的宏观迁移传输运动。根据费克第一扩散定律，氡扩散迁移的通量密度 J_1为

$$J_1 = -D_{\mathrm{m}}\nabla C\ [\mathrm{Bq}/(\mathrm{m}^2\cdot\mathrm{s})] \tag{3.5}$$

式中：D_{m}是空间指定点介质的体扩散系数（m^2/s）。

因为氡的迁移运动（不包括射气运动）是由介质孔隙气体引起的，所以 D_{m}是由气体扩散系数 D_{g}和孔隙度 ε 所决定的：

$$D_{\mathrm{m}} = D_{\mathrm{g}}\varepsilon \tag{3.6}$$

除了扩散迁移运动之外，空间的压力不平衡也会引起氡浓度的传输运动—渗流。由达西定律可以给出气体的渗流速度如下：

$$q = -\frac{k}{\mu}\nabla P\ (\mathrm{m/s}) \tag{3.7}$$

式(3.7)中：q 是气体的渗流速度，m/s；k 是指定点介质的渗透率，m^2；μ 是介质中气体的黏滞系数，Pa·s；P 是介质内的扰动压力（Pa）。

由渗数引起的氡传输的通量密度 J_2为：

$$J_2 = qC = -\frac{k}{\mu}\nabla PC\ [\mathrm{Bq}/(\mathrm{m}^2\cdot\mathrm{s})] \tag{3.8}$$

考虑到射气、衰变、扩散和渗流等作用对氡浓度的影响，在介质气体中氡浓度的普遍传输方程可以表示为：

$$\frac{\partial}{\partial t}(\varepsilon C) = \nabla(D_{\mathrm{m}}\nabla C) - \nabla(qC) + \varepsilon(S - \lambda C) \tag{3.9}$$

式(3.9)中：S 是介质中氡的射气的产生率，$\mathrm{Bq}/(\mathrm{m}^3\cdot\mathrm{s})$；$\lambda$ 是氡的放射性衰变常数，s^{-1}；其他符号同前。

在与空气接触的半无限大均匀介质中（如图 3.1），氡浓度的空间分布只随 x 和 t 而改变，这时方程(3.9)变为：

$$\varepsilon\frac{\partial}{\partial t}C = D_{\mathrm{m}}\nabla^2 C - \frac{\partial}{\partial x}(qC) + \varepsilon(S - \lambda C) \tag{3.10}$$

在介质以上的空气压力均匀因而没有对流的条件下，空气中的氡浓度 C_{a}可以用如下扩散方程描述：

$$\frac{\partial}{\partial t}C_{\mathrm{a}} = D_a\nabla^2 C_{\mathrm{a}} - \lambda C_{\mathrm{a}} \tag{3.11}$$

在介质和空气交界面上的氡浓度和通量密度必须连续，因此有如下边界条件：

$$C = C_a(x = 0) \tag{3.12}$$

$$J = J_a(x = 0) \tag{3.13}$$

式(3.13)中：J 和 J_a是介质和空气交界面处两侧氡的通量密度。

在介质一侧的氡的通量密度：

$$J = J_1 + J_2 = -D_m \frac{\partial C}{\partial x} - \frac{K}{\mu} \cdot \frac{\partial P}{\partial x} \cdot C \tag{3.14}$$

在空气一侧的氡的通量密度：

$$J_\alpha = -D_\alpha \frac{\partial C_\alpha}{\partial x} \tag{3.15}$$

由式(3.14)给出的介质和空气交界面处氡的通量密度称作氡析出率，它是单位面积介质表面在单位时间内向空气中释放的氡活度。

当介质外空间的氡浓度为 C_0 时，则一维介质中稳定状态下的氡浓度分布为：

$$C = \frac{S}{\lambda} - \left(\frac{S}{\lambda} - C_0\right) \exp - \frac{\sqrt{V^{2+4\lambda\varepsilon D_m}}}{2D_m} x \tag{3.16}$$

稳定状态下一维介质表面的氡析出率为：

$$J = \frac{1}{2}\left(\sqrt{q^{2+4\lambda\varepsilon D_m}} - q\right)\left(\frac{S}{\lambda} - C_0\right) - C_0 q \tag{3.17}$$

由式(3.17)可知，介质表面外空间氡浓度的上升，必然导致氡析出率的下降，渗流速度是影响氡析出的主要因素，环境大气的变化对渗流速度有着显著的影响。

给定介质中的氡析出率与介质中的镭的浓度成正比，比例系数 R，kg/(m^2 · s) 称作相对氡析出率：

$$R = J/C_{Ra} \tag{3.18}$$

式中：C_{Ra}是介质中的镭浓度，Bq/kg。

3.2 介质表面氡析出率的测量原理

介质表面氡析出率的测量常采用局部静态方法。该方法假定：将集氡罩扣在被测介质表面一定时间 t 内，集氡罩内的氡浓度是近似线性增长的。故有：

$$\frac{\mathrm{d}C(t)}{\mathrm{d}t} = \frac{JS}{V} - \lambda C(t) \tag{3.19}$$

式(3.19)中：$C(t)$ 为集氡罩内积累 t 时刻的氡浓度，Bq/m^3；J 为待测介质表面的氡析出率，Bq/（m^2 · s）；S 为集氡罩的底面积，m^2；V 为集氡罩的体积，m^3；λ 为氡的衰变常数，2.1×10^{-6} s^{-1}；t 为集氡的时间，s。

若初始时刻集氡罩的氡浓度可以忽略即为 0，则有：

$$C(t) = \frac{JS}{V\lambda}(1 - e^{-\lambda t}) \tag{3.20}$$

通常集氡罩内氡浓度近似线性增长的时间是较短的，$(1-e^{-\lambda t})$ 近似为 λt，则有：

$$J \approx \frac{VC(t)}{St} \tag{3.21}$$

但是，由式(3.17)可知，当集氡罩扣在待测介质表面上后，随着集氡罩内氡浓度的增加，介质表面的氡析出率会减小，该现象是由泄漏与反扩散引起的。在考虑泄漏与反扩散、环境氡的影响后，集氡罩内氡浓度随时间的变化可用式(3.22)描述[3-4]。

$$\frac{dC(t)}{dt} = \frac{JS}{V} - \lambda C(t) - RC(t) \tag{3.22}$$

式(3.22)中：R 为氡的泄漏和反扩散率，s^{-1}。

令：$\lambda_e = \lambda + R$，且 $t=0$ 时刻，集氡罩内氡的浓度为 C_0，式(3.22)的解为：

$$C(t) = \frac{JS}{V\lambda_e}(1 - e^{-\lambda_e t}) + C_0 e^{-\lambda_e t} \tag{3.23}$$

则有：

$$J = \frac{\lambda_e V[C(t) - C_0 e^{-\lambda_e t}]}{S(1 - e^{-\lambda_e t})} \tag{3.24}$$

由式(3.24)可知，由于不同介质氡的泄漏与反扩散率 R 不同，导致 R 或 λ_e 是未知的。因此，仅测量集氡罩内 t 时刻的氡浓度是无法得到介质表面氡析出率的，必须建立能够消除泄漏与反扩散的测量氡析出率方法。

3.3 介质表面氡析出率的测量方法

采用局部静态法就地可靠测量介质表面氡析出率必须解决两个关键问题：一是在不改变介质表面状况条件下，测量集氡罩内氡浓度随时间的变化规律；二是要消除泄漏与反扩散对氡析出率测量结果的影响。

3.3.1 集氡罩内某一时刻氡浓度的测量方法

在不改变析出介质表面状况的情况下，测量集氡罩内氡浓度随时间的变化规律，必须选择合适的测氡方法。第2章介绍的不加干燥管的连续测氡方法，其测量过程不仅不会影响介质表面状况，而且能够快速响应环境氡浓度变化，故它非常适合测量集氡罩内氡浓度随时间的变化规律。

集氡罩内氡浓度随时间变化，只有将某一时刻的氡浓度固定下来，才能够对其进行测量。采用双室（即集氡罩和测氡仪测量小室）法（如图3.2所示）可以实现这一目标。

由图3.2可知，集氡罩、测量小室和取样循环回路组成了一个集氡室（总体积为 V）。

取样泵抽取环境中含氡空气 ΔT 时间以确保测氡仪测量小室内氡浓度与环境氡浓度达到平衡，此时测量小室内的氡浓度即为初始时刻 $t=0$ 时集氡室内的氡浓度 C_0。将一体积为 ΔV 的密闭测量小室通过2根管内容积为 ΔV_1 的硅胶管与体积为 $V-(\Delta V+\Delta V_1)$、底

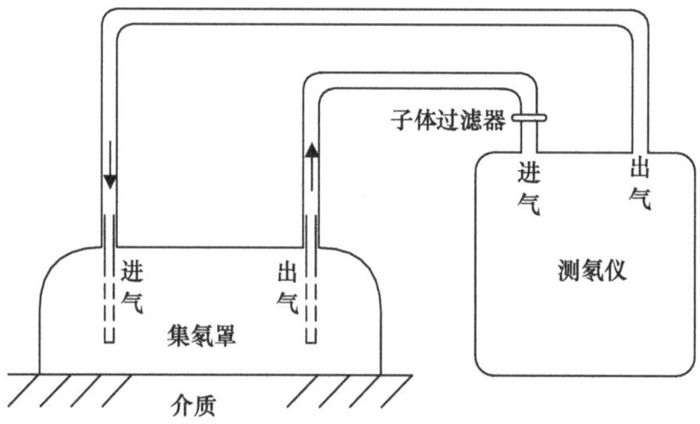

图 3.2 双室法测量集氡罩内某一时刻氡浓度的示意图

面积为 S 的集氡罩连接形成一个封闭回路，再将集氡罩扣在氡析出率为 J 的被测介质表面上。集氡罩累积一定时间 $t-\Delta T$，用取样泵将集氡罩与测量小室内的氡混合 ΔT 时间后，关闭抽气泵并开始测量小室的氡浓度 $T-\Delta T$ min，此氡浓度即为 T 时刻集氡室的氡浓度，从而实现了将 t 时刻集氡室内的氡浓度固定下来进行测量。此时测量小室内的氡浓度乘以一个体积修正系数 σ 即为 t 时刻集氡罩的氡浓度 $C(t)$。σ 可以由下式求得：

$$\sigma = \frac{V}{V-(\Delta V+\Delta V_1)} \tag{3.25}$$

若以 T（大于 10 min）为周期反复测量，即可测得一系列等时间间隔点的集氡罩内氡浓度数据 $C_i(iT)$，从而测量得到集氡罩内氡浓度随时间的变化规律。

3.3.2 泄漏与反扩散的消除方法

由式(3.2)可知，因特定介质的泄漏与反扩散系数未知，导致 $\lambda_e(\lambda_e=\lambda+R)$ 也是未知的，仅根据集氡罩内某一时刻的氡浓度测量结果是无法得到氡析出率测量结果的。文献[3]提出了一种同时测量介质表面氡析出率和 λ_e 的方法即等时间间隔方法。该方法测量等时间间隔点集氡室内氡浓度，建立相邻两个间隔点集氡室内氡浓度 C_{n-1} 和 C_n 之间的关系，利用最小二乘法计算即可得到待测介质表面氡析出率 J 和 λ_e 的值。

等时间间隔方法的测量过程示意图如图 3.3 所示。

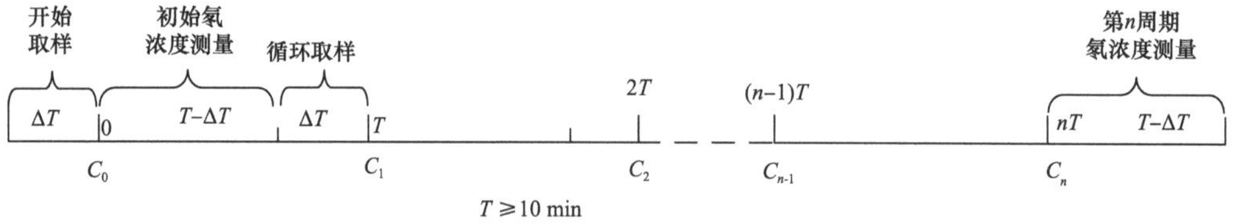

图 3.3 等时间间隔测量示意图（$T>10$ min）

当集氡罩扣在测量介质表面一定时间 $T-\Delta T$ min 后，开启抽气泵用一小流率将集氡罩与测量小室内的氡混合 ΔT min，使两者的氡浓度达到平衡即相同，关闭抽气泵并开始测量氡浓度 $T-\Delta T$ min，此氡浓度即为 T 时刻集氡室的氡浓度，从而实现了将 T 时刻集氡室内的氡浓度固定下来进行测量。接着再以 T 为一个周期反复测量，如此即可测得一组等时间间隔的集氡室内氡浓度。

以 T 为测量周期进行连续测量，则相邻两次测量集氡室中氡浓度 C_n、C_{n+1} 的变化关系如下：

$$C_{n+1} = \frac{JS}{V\lambda_e}(1 - e^{-\lambda_e T}) + C_n e^{-\lambda_e T} \tag{3.26}$$

令 $a = \frac{JS}{\lambda_e}(1 - e^{-\lambda_e T})$，$b = e^{-\lambda_e T}$，则有：

$$C_{n+1} = a + b\,C_n \tag{3.27}$$

通过连续多次测量（通常大于6次），提高测量精度，采用最小二乘法和线性拟合来计算 a、b，最后反推出 λ_e 和 J。

3.3.3 氡析出率单次测量的计算方法

氡析出率测量的数据采集和数据处理采用的微处理器仅能完成代数运算，不能直接进行线性拟合处理。为实现介质表面氡析出率的自动测量，需将线性拟合转换为代数运算，根据 n 个数据线性拟合 $y = a + bx$，依据最小二乘法的偏差平方和最小原则[7]，则：

$$R^2(a,\ b) = \sum_{i=1}^{n} [y_i - f(x_i,\ a_1,\ a_2,\ \cdots,\ a_n)]^2 = 0 \tag{3.28}$$

令：$C_{i+1} = y_i$、$C_i = x_i$。由式(3.28)解式(3.27)中的 a、b，则：

$$a = \frac{\sum_{i=1}^{n} C_{i+1}\left(\sum_{i=1}^{n} C_i^{\,2}\right) - \sum_{i=1}^{n} C_i\left(\sum_{i=1}^{n} C_i C_{i+1}\right)}{n\sum_{i=1}^{n} C_i^{\,2} - \left(\sum_{i=1}^{n} C_i\right)^2} \tag{3.29}$$

$$b = \frac{n\left(\sum_{i=1}^{n} C_i C_{i+1}\right) - \sum_{i=1}^{n} C_i\left(\sum_{i=1}^{n} C_{i+1}\right)}{n\sum_{i=1}^{n} C_i^{\,2} - \left(\sum_{i=1}^{n} C_i\right)^2} \tag{3.30}$$

$$J = -\frac{V\dfrac{\sum_{i=1}^{n} C_{i+1}\left(\sum_{i=1}^{n} C_i^{\,2}\right) - \sum_{i=1}^{n} C_i\left(\sum_{i=1}^{n} C_i C_{i+1}\right)}{n\sum_{i=1}^{n} C_i^{\,2} - \left(\sum_{i=1}^{n} C_i\right)^2}\ln\dfrac{n\left(\sum_{i=1}^{n} C_i C_{i+1}\right) - \sum_{i=1}^{n} C_i\left(\sum_{i=1}^{n} C_{i+1}\right)}{n\sum_{i=1}^{n} C_i^{\,2} - \left(\sum_{i=1}^{n} C_i\right)^2}}{TS\left(1 - \dfrac{n\left(\sum_{i=1}^{n} C_i C_{i+1}\right) - \sum_{i=1}^{n} C_i\left(\sum_{i=1}^{n} C_{i+1}\right)}{n\sum_{i=1}^{n} C_i^{\,2} - \left(\sum_{i=1}^{n} C_i\right)^2}\right)} \tag{3.31}$$

得到 b 值后，可以由 $b = e^{-\lambda_e T}$ 计算出 λ_e 值。

式(3.31)算法可由测量仪的微处理器完成。氡析出率计算程序设计流程如图3.4所示。

在连续测量集氡室内一组等时间间隔点的氡浓度值后，将测量的氡浓度代入式

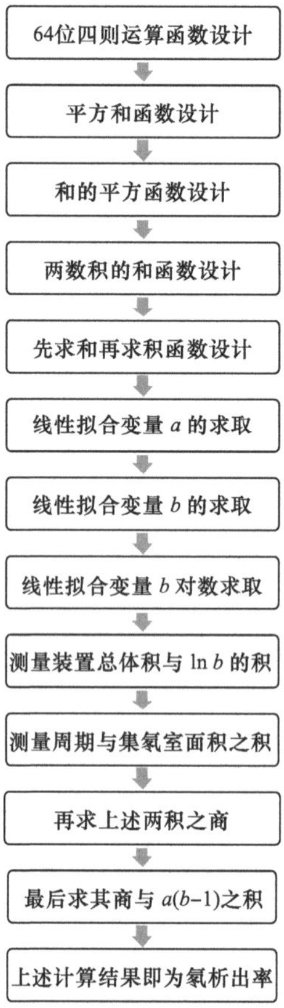

图 3.4　氡析出率计算程序设计流程图

(3.31)，即可实现自动计算出氡析出率的值。采用最小二乘法来进行氡析出率计算，通过将线性拟合转换为代数运算，使单片机微处理器来求解氡析出率测量结果。当氡浓度较高如达到上万 Bq/m^3时，若采用最小二乘法线性拟合获得 a、b 的值，其数值较易超出 32 位整型数据，需采用 64 位乘法来进行计算。具体设计如下：计算数据类型 int 的长度只有 16 位，需要计算一个 64×64 位的表达式，可以用 4 个 int 型数据来表示一个 64 位的数据，然后进行乘法运算，最后把数据又换转成 4 个整型数表示。

3.3.4　氡析出率连续测量的方法

介质表面氡析出率与环境温湿度和大气压密切相关，会随气候气象参数的变化而发生变化。为了解特定介质在某段时间内的氡析出规律和代表性氡析出率的大小，必须建立氡析出率连续测量的方法。

现有的开环式连续测量氡析出率的方法[8]，不能快速响应氡析出率的变化，存在严重的延时效应，难以实现以氡为示踪核素的地震预报等的快速响应需求。因此，有必要研究一种连续测量介质表面氡析出率的方法。氡析出率连续测量的原理如图 3.5 所示。

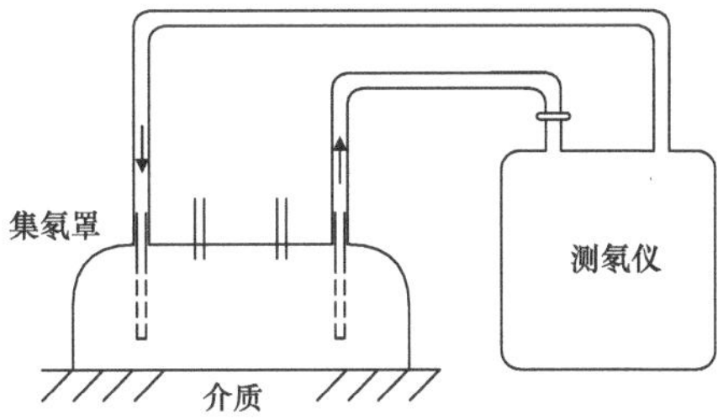

图 3.5 氡析出率连续测量的原理图

当被测介质的特性不发生变化时，连续测量介质表面氡析出率的方法，包括以下步骤：

步骤 1：测量初始氡浓度 C_0；

开启取样泵用 0.1～12 L/min 的流率取样被测环境（是介质表面的外部环境）中含氡空气，取样时间为 ΔT，此时测量室内的氡浓度即为初始时刻 $t=0$ 时集氡罩的初始氡浓度 C_0。

步骤 2：测量等效衰变常量 λ_e；

对于特定的介质，λ_e是不随时间变化的即为常数。当介质表面的氡析出率在一段时间内几乎不变时，可以通过氡析出率单次测量的方法确定 λ_e：

$$\lambda_e = -\frac{\ln b}{T} \tag{3.32}$$

式(3.32)中：b 由式(3.30)求得。

步骤 3：氡析出率连续测量。

集氡罩扣在介质表面后，其内的氡浓度因累积而逐渐增高，直至达到动态平衡状态。以时间 $\frac{\ln 100}{\lambda_e}$ 作为氡累积过程和氡动态平衡过程的分界点，当 $t > \frac{\ln 100}{\lambda_e}$ 时，可以认为集氡罩内氡浓度到达动态平衡状态。当集氡罩内氡浓度处于动态平衡状态后，任意时刻的氡析出率可以直接由此时刻集氡罩内的氡浓度确定，即：

$$J = \frac{C_n V \lambda_e}{S} \tag{3.33}$$

式(3.33)中：C_n为集氡罩内氡浓度处于动态平衡状态后第 n 次测量的氡浓度。

3.4 介质表面氡析出率测量方法的应用

3.3 节描述的介质表面氡析出率测量的方法，解决了局部静态法就地可靠测量介质表面氡析出率面里的集氡罩内某时刻氡浓度可靠测量、泄漏与反扩散的消除、特定介质氡析出率连续测量等关键技术问题，利用这些技术可以研发性能优异的便携式氡析出率测量仪。下面介绍具有上述功能特点的 NRE 氡析出率测量仪。

3.4.1 NRE 氡析出率测量仪简介

NRE 氡析出率测量仪的工作原理如图 3.6 所示，其实物如图 3.7 所示。由图 3.6 可知：集氡罩与抽气泵和与测量小室相连构成一个集氡室；衰变产生的第一代子体^{218}Po 带正电荷会在静电场的作用下吸附到半导体探测器表面，当^{218}Po 进一步衰变时，半导体探测器对其衰变产生的高能 α 粒子能量转换为电荷信号，经前置放大器和主放大器实现信号放大，再经甄别成形和幅度信号处理后，送入单片机测量。

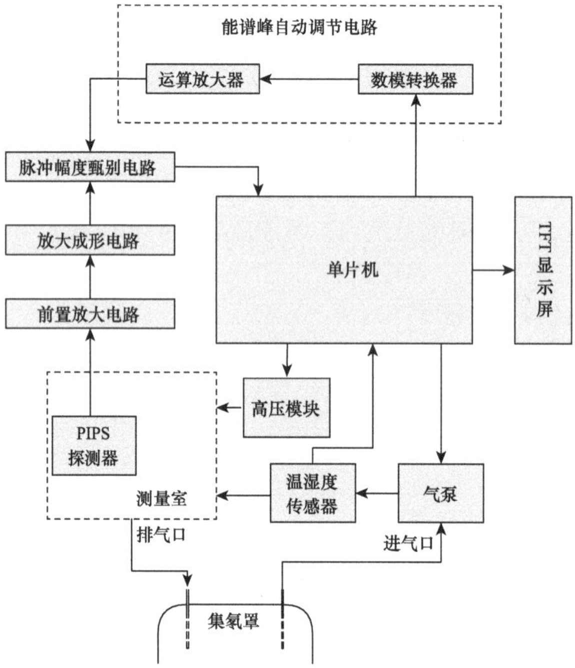

图 3.6　NRE 氡析出率测量仪工作原理框图

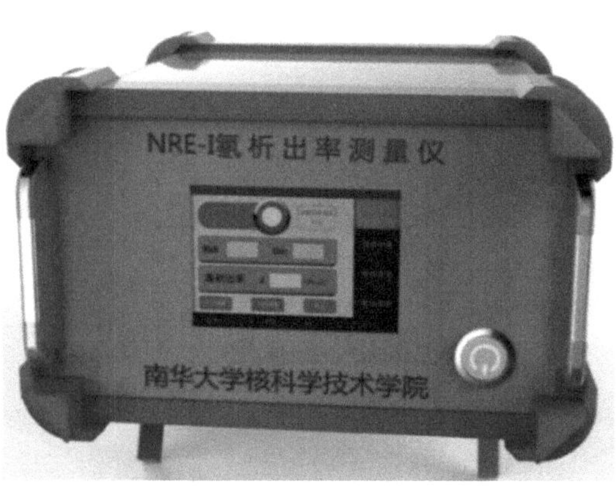

图 3.7　NRE-Ⅱ氡析出率测量仪

NRE-Ⅱ氡析出率测量仪的主要技术参数如下：

1. 使用温、湿度范围：0~45 ℃，≤90%(40 ℃)；
2. 贮存温度：-40~+60 ℃（液晶屏贮存温度为-20~+60 ℃)；
3. 供电电源：220 VAC，50 Hz，耗电功率≤80 W，可长期连续通电运行；
4. 测量合成不确定度：≤20%（在氡浓度不低于 30 Bq/m^3时)；
5. 测量范围：(0.1~99 999) $mBq/(m^2 \cdot s)$；
6. 显示方式：11 cm 彩屏显示器；
7. 存储方式：FLASH 存储（可掉电保存 1 年的历史数据)；
8. 采样周期：任选，一般选 15/30/60 min；
9. 仪器尺寸：155 mm（高）×257 mm（宽）×330 mm（深)；
10. 仪器重量：≤5.0 kg（不包括集氡罩的重量)。

该仪既可以单次就地快速测量介质表面的氡析出率，又可以连续测量特定介质表面的氡析出率。

3.4.2 氡析出率测量与集氡罩边沿密封的关系

为了检验 NRE-Ⅱ氡析出率测量仪消除泄漏和反扩散对测量结果影响的效果，基于南华大学氡析出率标准参考装置（1 号)，开展了集氡罩与待测介质表面不同密封程度的实验研究。

南华大学 1 号氡析出率标准参考装置如图 3.8 所示。该装置提供了稳定的氡析出率，其氡析出率的参考值是用闪烁室等时间间隔法和活性炭盒 γ 能谱法共同测定的，大小为（1.48±0.05）$Bq \cdot m^{-3} \cdot S^{-1}$[9-11]。

图 3.8 氡析出率标准参考装置

NRE-Ⅱ氡析出率测量仪的集氡罩扣在装置表面上（如图 3.9 所示)，采用 3 种密封程度测量装置表面的氡析出率。第 1 种用橡皮泥等密封材料密封来模拟集氡罩与待测介质表面密封较好的情况，如图 3.10（a）图所示；第 2 种不用橡皮泥等密封材料密封来模拟集氡罩与待测介质表面密封一般情况，如图 3.10（b）图所示；第 3 种模拟密封性差情况即在第 2

种模拟情况的基础上在集氡罩的侧面开 4 个圆孔，如图 3.10（c）图所示。

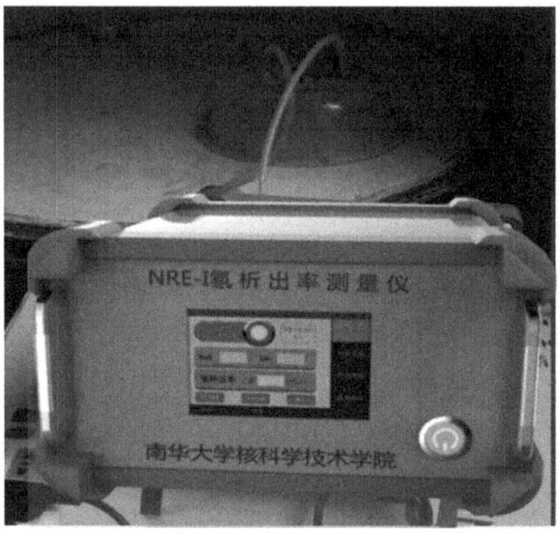

图 3.9　采用 NRE-Ⅱ氡析出率测量仪进行标准参考装置表面氡析出率测量

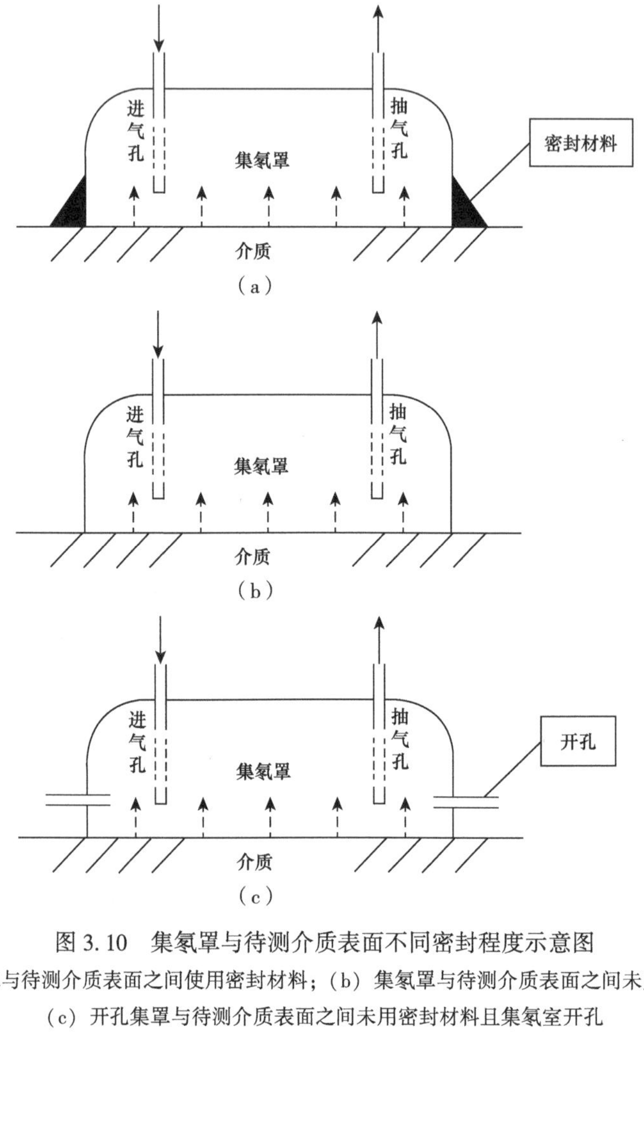

图 3.10　集氡罩与待测介质表面不同密封程度示意图

（a）集氡罩与待测介质表面之间使用密封材料；（b）集氡罩与待测介质表面之间未用密封材料；（c）开孔集罩与待测介质表面之间未用密封材料且集氡室开孔

测量实验所采用集氡罩、氡析出率测量仪的测量小室和硅胶管的总体积 V 共为 0.005 7 m^3，集氡罩的底面积 S 为 0.066 m^2，测量周期为 15 min。测量具体过程如下：

1. 氡析出率测量仪的主要参数的测定

根据前述可知，氡析出率测量实际上是根据一组等时间间隔点氡浓度测量结果计算得到氡析出率。所以，氡析出率测量仪的刻度因子、谱重叠修正因子、灵敏度温湿度自动补偿因子、迭代修正因子等主要参数都要按照第 2 章介绍的方法确定。

2. 仪器连接

将氡析出率测量仪的测量小腔与集氡罩通过硅胶管连成一个回路。

3. 氡析出率测量仪的参数设置

测量周期为 $T=15$ min，抽气时间 5 min，连续测量测量次数为 7 次。

4. 不同密封程度时氡析出率标准参考装置析出介质表面氡析出率参考值的测量

（1）密封情况好的测量。将集氡罩扣在氡析出率标准参考装置析出介质表面上，用橡皮泥快速密封集氡罩与介质表面接触缝隙，并同时开启氡析出率测量开关进行测量：

1）当集氡罩收集 10 min 后，取样泵将集氡罩与氡析出率测量仪的测量小室内混合 5 min，使得 T 时刻氡析出率测量仪的测量小室内的氡浓度与集氡罩的氡浓度均为 C_1；

2）关闭取样泵并同时开始测量 T 时刻的氡浓度，测量时间为 $T \to T+10$ min；

3）当集氡罩集氡到 $T+10$ min 时，停止测量并开启取样泵将集氡罩与氡析出率测量仪的测量小室内混合 5 min，使得 $2T$ 时刻氡析出率测量仪的测量小室内的氡浓度与集氡罩的氡浓度均为 C_2；

4）关闭取样泵并同时开始测量 $2T$ 时刻的氡浓度，测量时间为 $2T \to 2T+10$ min；

5）重复 2)~4）连续测量 7 次即可测得一组等时间间隔点集氡罩内氡浓度 $C_1, \cdots, C_7$；

6）采用最小二乘算法计算得到氡析出率的测量值。

（2）密封情况一般的测量。将集氡罩扣在氡析出率标准参考装置析出介质表面上，集氡罩与介质表面接触缝隙不采取任何密封措施，直接进行氡析出率的测量。

（3）密封情况差的测量。将打了孔的集氡罩扣在氡析出率标准参考装置析出介质表面上，集氡罩与介质表面接触缝隙不采取任何密封措施，直接进行氡析出率的测量。

在 3 种不同密封程度的情况下，NRE-Ⅱ氡析出率测量仪测量的装置表面氡析出率分别列于表 3.1~表 3.3。

由表 3.1~表 3.3 所列测量结果可知：3 种不同密封情况所测量氡析出率的值相差均小于 5%，均与参考值符合得较好。3 种不同密封程度的测量结果随着测量次数增加，多次拟合测量值与实验参考值越接近，经过 90 min 的累积时间所测量结果相对偏差都在 5% 以内。

表 3.1~表 3.3 中，同一测量实验中泄漏和反扩散率 R 相差不大，表明同一次测量结果是可靠的；不同密封程度测量实验中泄漏和反扩散率 R 相差大，然而氡析出率测量结果却相差很小，表明本章介绍的氡析出率测量方法能够完全消除泄漏与反扩散的影响，

适合各种介质表面的氡析出率的就地可靠测量，解决了现场氡析出率测量时集氡罩与待测介质表面密封受限的困惑。

表 3.1　集氡罩与装置析出表面密封好的情况下氡析出率测量结果

累积时间/min	氡浓度/(Bq/m³)	a	b	R/s^{-1}	J/[Bq/(m^2 · s)]	相对偏差/%
0	219	—	—	—	—	—
15	14 381	—	—	—	—	—
30	25 638	14 206. 92	0. 794 873	2.550×10^{-4}	1. 47	0. 7
45	33 300	14 428. 13	0. 746 423	3.249×10^{-4}	1. 59	7. 4
60	39 919	14 306. 54	0. 761 672	3.024×10^{-4}	1. 56	5. 4
75	44 395	14 367. 99	0. 756 172	3.105×10^{-4}	1. 58	6. 7
90	48 742	14 225. 74	0. 766 670	2.952×10^{-4}	1. 55	4. 7
105	53 405	13 918. 65	0. 785 837	2.678×10^{-4}	1. 50	1. 4

表 3.2　集氡罩与装置析出表面密封一般的情况下氡析出率测量结果

累积时间/min	氡浓度/(Bq/m³)	a	b	R/s^{-1}	J/[Bq/(m^2 · s)]	相对偏差/%
0	244	—	—	—	—	—
15	13 988	—	—	—	—	—
30	22 480	13 837. 23	0. 617 869	5.350×10^{-4}	1. 67	12. 8
45	28 684	13 679. 88	0. 656 797	4.671×10^{-4}	1. 6	8. 1
60	32 059	13 768. 99	0. 644 305	4.884×10^{-4}	1. 63	10. 1
75	35 364	13 604. 03	0. 662 406	4.576×10^{-4}	1. 59	7. 4
90	38 761	13 304. 49	0. 688 975	4.139×10^{-4}	1. 52	2. 7
105	41 691	13 010. 35	0. 710 773	3.793×10^{-4}	1. 47	0. 7

表 3.3　集氡罩与装置析出表面密封差的情况下氡析出率测量结果

累积时间/min	氡浓度/(Bq/m³)	a	b	R/s^{-1}	J/[Bq/(m^2 · s)]	相对偏差/%
0	225	—	—	—	—	—
15	8 229	—	—	—	—	—
30	11 059	8 148. 446	0. 353 573	1.155×10^{-3}	1. 25	15. 5

续表

累积时间/min	氡浓度/(Bq/m³)	a	b	R/s^{-1}	J/[Bq/(m² · s)]	相对偏差/%
45	10 186	8 403.868	0.218 438	1.690×10^{-3}	1.56	5.4
60	10 742	8 400.517	0.222 698	1.668×10^{-3}	1.55	4.7
75	11 166	8 377.604	0.234 761	1.610×10^{-3}	1.52	2.7
90	11 240	8 358.703	0.241 629	1.578×10^{-3}	1.50	1.3
105	11 931	8 299.854	0.261 81	1.489×10^{-3}	1.45	2.0

3.4.3 氡析出率的连续测量

正如3.3.4节所述，特定介质表面的氡析出率随气候气象参数的变化而变化。NRE-Ⅱ氡析出率测量仪具有连续测量特定介质表面氡析出率的功能。采用该氡析出率测量仪分别在实验室析出率标准参考装置上和某铀尾矿库现场开展了氡析出率连续测量实验。

实验室测量实验是图3.8所示装置上进行的。该装置氡析出率参考值为 $J=1.48$ Bq/(m² · s)，短期稳定性小于5%。测量方法采用3.3.4节介绍的方法。NRE-Ⅱ氡析出率测量仪采用密封好的方式进行测量，先测量得到 λ_e，待集氡罩内氡浓度到达动态平衡状态后，开始连续测量，测量结果列于表3.4。

表3.4 氡析出率标准参考装置上的连续测量结果

序号	测量日期(年-月-日)	测量时间(时:分:秒)	集氡室氡浓度/(Bq/m³)	氡析出率/[Bq/(m² · s)]
1	2015-01-19	22:44:54	7 908	1.48
2	2015-01-19	22:59:54	7 884	1.50
3	2015-01-19	23:14:54	8 250	1.50
4	2015-01-19	23:29:54	8 069	1.51
5	2015-01-19	23:44:53	8 303	1.51
6	2015-01-19	23:59:53	7 705	1.40
7	2015-01-20	00:14:54	9 154	1.67
8	2015-01-20	00:29:54	8 297	1.51
9	2015-01-20	00:44:54	8 245	1.50
10	2015-01-20	00:59:54	8 729	1.59
11	2015-01-20	01:14:54	7 949	1.45
12	2015-01-20	01:29:53	8 382	1.53

续表

序号	测量日期（年-月-日）	测量时间（时:分:秒）	集氡室氡浓度/（Bq/m^3）	氡析出率/［$Bq/(m^2 \cdot s)$］
13	2015-01-20	01:44:54	7 978	1.45
14	2015-01-20	01:59:54	8 239	1.50
15	2015-01-20	02:14:54	7 915	1.44
16	2015-01-20	02:29:54	7 969	1.45
17	2015-01-20	02:44:54	8 513	1.55
18	2015-01-20	02:59:53	8 124	1.48
19	2015-01-20	03:14:54	8 283	1.51
20	2015-01-20	03:29:54	7 856	1.43
21	2015-01-20	03:44:54	8 038	1.46
22	2015-01-20	03:59:54	8 864	1.62
23	2015-01-20	04:14:54	8 343	1.52
24	2015-01-20	04:29:54	7 535	1.37
25	2015-01-20	04:44:54	8 304	1.51
26	2015-01-20	04:59:54	8 764	1.60
27	2015-01-20	05:14:54	7 916	1.44
28	2015-01-20	05:29:54	8 236	1.50
29	2015-01-20	05:44:54	8 565	1.56
30	2015-01-20	05:59:54	8 330	1.52

由表 3.4 可知，从 2015 年 1 月 19 日 22:44:54 开始第一次测量，连续测量了 30 次（间隔周期为 $T=10$ min）。1 号装置表面氡析出率测量结果的平均值为（1.502 ± 0.063）$Bq/(m^2 \cdot s)$，其测量期间的稳定性为 4.2%，与参考值的偏差小于 1.5%。测量结果与采用闪烁室等时间间隔法和活性炭盒 γ 能谱法测量的结果一致。

现场测量实验是在某铀尾矿库滩面进行的，如图 3.11 所示。测量方法采用 3.3.4 介绍的方法。NRE-Ⅱ氡析出率测量仪采用密封好的方式进行测量，先测量得到 λ_e，待集氡罩内氡浓度到达动态平衡状态后，开始连续测量。将测量周期设定为 1 h（其中取样时间为 5 min，测量时间为 55 min），连续 24 h 监测结果列于表 3.5。

图 3.11 某铀尾矿库滩面现场氡析出率连续测量

表 3.5 某尾矿库滩面氡析出率的连续测量结果

测量日期	测量时间	氡析出率/[Bq/(m²·s)]
2015-05-12	11:44:25	1.53
2015-05-12	12:44:25	1.68
2015-05-12	13:44:25	1.76
2015-05-12	14:44:25	1.69
2015-05-12	15:44:25	1.85
2015-05-12	16:44:25	1.79
2015-05-12	17:44:25	2.01
2015-05-12	18:44:25	1.81
2015-05-12	19:44:25	1.83
2015-05-12	20:44:25	1.68
2015-05-12	21:44:25	1.65
2015-05-12	22:44:25	1.68
2015-05-12	23:44:25	1.61
2015-05-13	00:44:25	1.51
2015-05-13	01:44:25	1.55
2015-05-13	02:44:25	1.64
2015-05-13	03:44:25	1.44
2015-05-13	04:44:25	1.53
2015-05-13	05:44:25	1.45
2015-05-13	06:44:25	1.39

续表

测量日期	测量时间	氡析出率/[Bq/(m² · s)]
2015-05-13	07:44:25	1.54
2015-05-13	08:44:25	1.59
2015-05-13	09:44:25	1.44
2015-05-13	10:44:25	1.62
平均		1.64±0.15

由表 3.5 可知，2015 年 5 月 12 日 11:44:25 到 5 月 13 日 10:44:25 铀尾矿滩面氡析出率随时间发生明显变化，从中午开始表面氡析出率明显开始升高，19 时开始氡析出率逐渐降低，如图 3.12 所示。

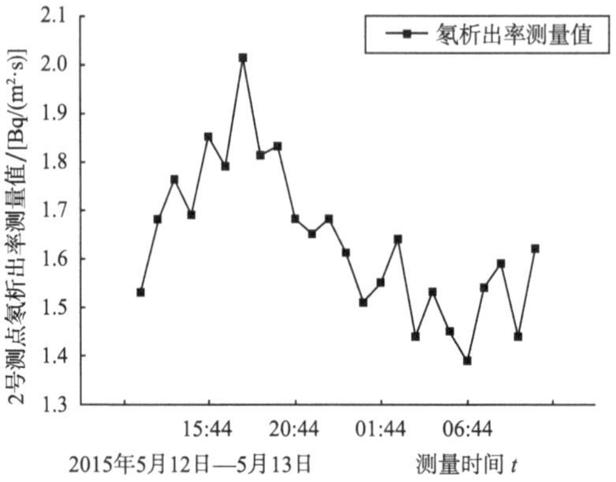

图 3.12 某铀尾矿库滩面氡析出率的变化规律

3.4.4 氡析出率标准参考装置参考水平的快速定值方法及其不确定度分析

NRE-Ⅱ氡析出率测量仪不仅能够自动补偿测量灵敏度温湿度的影响，测量过程不会改变介质表面状况，而且能够消除泄漏与反扩散的影响，快速可靠测量各种类型介质表面的氡析出率。因此，该仪器可以优选为氡析出率参考标准装置参考水平的快速定值仪器。

1. 氡析出率参考标准装置参考水平的快速定值

南华大学氡实验室建立了一套氡析出率参考装置，分别为一个模拟土壤尾矿砂氡析出率装置（称为“1 号装置”）、两个模拟建材矿石氡析出率装置（称为“2 号装置”和“3 号装置”）。采用闪烁室等时间间隔法和活性炭盒 γ 能谱法测量它们氡析出率的参考值分别是：1 号装置的氡析出率参考值为（1.48±0.05）Bq/(m^2 · s)，2 号装置的氡析出率参考值为（2.60±0.08）Bq/(m^2 · s)，3 号装置的氡析出率参考值为（0.39±0.02）Bq/(m^2 · s)。用 NRE-Ⅱ氡析出率测量仪测量三种装置的氡析出率的结果列于表 3.6~表 3.8。

表 3.6　1 号氡析出率标准测量装置的测量结果

累积时间/min	氡浓度/(Bq/m³)	氡析出率/[Bq/(m²·s)]	测量偏差/%
0	282	—	—
15	14 704	—	—
30	25 312	1.61	8.8
45	32 714	1.63	10.1
60	39 198	1.58	6.8
75	44 190	1.56	5.4
90	47 074	1.58	6.8
105	54 873	1.44	-2.7
120	55 214	1.51	2.0
135	56 798	1.52	2.7

表 3.7　2 号氡析出率标准测量装置的测量结果

累积时间/min	氡浓度/(Bq/m³)	氡析出率/[Bq/(m²·s)]	测量偏差/%
0	206	—	—
15	25 228	—	—
30	48 167	2.51	-3.5
45	65 664	2.67	3.0
60	83 782	2.56	-1.5
75	94 841	2.7	3.8
90	108 507	2.63	1.2
105	120 648	2.58	-0.8
120	127 064	2.65	1.9
135	133 591	2.67	2.7

表 3.8　3 号氡析出率标准测量装置的测量结果

累积时间/min	氡浓度/(Bq/m³)	氡析出率/[Bq/(m²·s)]	测量偏差/%
0	206	—	—
15	2 687	—	—
30	4 112	0.32	-17.9
45	3 849	0.44	12.8
60	4 546	0.40	2.6

续表

累积时间/min	氡浓度/(Bq/m³)	氡析出率/[Bq/(m²·s)]	测量偏差/%
75	4 486	0.40	2.6
90	4 585	0.40	2.6
105	4 884	0.38	-2.6
120	4 613	0.40	2.6
135	4 733	0.39	0

从表 3.6~表 3.8 的测量结果可以看出，采用 NRE-Ⅱ氡析出率测量仪作为氡析出率标准参考装置参考水平的定值仪器，可以在 120 min 内完成定值，且定值的偏差小于 5%。表明该仪器能够快速、可靠地测量氡析出标准参考装置的参考水平。

2. 氡析出率标准参考装置参考水平快速测量方法的不确定度分析

NRE-Ⅱ氡析出率测量仪作为氡析出率标准参考装置参考水平的定值仪器，其定值结果仅与其他方法的定值结果以“相对偏差”分析定值质量，不能完全满足国际交流的需要。因此，需引入不确定度的概念，结合不确定度原理，分析量化了的实验结果，完善目前测量氡析出率快速测量结果的可信程度，为世界各国氡析出率进行的测量及其所得到的结果可以进行相互比对，取得相互承认或共识奠定基础。随着测量不确定度理论的发展，将氡析出率测量的数据处理与不确定度评定相结合，成为提高测量结果的科学性、准确性的主要方向。为了确保快速测量方法的准确性、可靠性和溯源性，结合氡析出率快速测量不确定度原理，对氡析出率快速测量方法引入的不确定度进行逐一分析和评定，对氡析出率快速测量方法的测量结果的可靠性提出了新的评价方法[12]。

（1）不确定度分析模型的建立

1）氡析出率快速测量方法模型

根据 IAEA 333 号技术丛书《铀尾矿氡析出测量与计算》（1992）中给出了氡析出率测量最常用的积累法（又称局部静态法），即在待测介质表面扣一集氡罩，周边用不透气材料密封，用 2 根硅胶管将集氡罩与 NRE-Ⅱ氡析出率测量仪的测量小室连接后就可以进行测量。

氡析出率快速可靠测量方法的模型如 3.3.2 节和 3.3.3 节所述。测量方法采用等时间间隔连续测量，相邻两次测量的集氡罩中氡浓度之间的关系参看式(3.26)和式(3.27)，即 $C_{n+1} = \dfrac{JS}{\lambda_e}(1 - e^{-\lambda_e T}) + C_n e^{-\lambda_e T} = a + b\,C_n$。通过不少于 6 次测量提高测量精度，用最小二乘法线性拟合得到截距 a、斜率 b 后求出氡析出率 J。

2）不确定度的来源及其传递

氡析出率快速测量结果计算公式见式(3.31)，影响测量结果的因素有测量仪检定标准装置即标准氡室给出的氡浓度标称值的不确定度等，其不确定度来源有线性拟合常量 a 和 b、集氡室体积 V、测量周期 T、集氡罩底面积 S、测量次数 n 等。

由于分量 a、b、T、V、S 互不相关，氡析出率 J 的测量结果合成标准不确定度：

$$u_c^2(J)=\left(\frac{\partial J}{\partial a}\right)^2u^2(a)+\left(\frac{\partial J}{\partial b}\right)^2u^2(b)+\left(\frac{\partial J}{\partial V}\right)^2u^2(V)+\left(\frac{\partial J}{\partial T}\right)^2u^2(T)+\left(\frac{\partial J}{\partial S}\right)^2u^2(S)$$
$$=\left(\frac{\partial J}{\partial a}\right)^2u^2(a)+\left(\frac{\partial J}{\partial b}\right)^2u^2(b)+\left(\frac{\partial J}{\partial V}\right)^2u^2(V)+\left(\frac{\partial J}{\partial T}\right)^2u^2(T)+\left(\frac{\partial J}{\partial S}\right)^2u^2(S)$$
$$=u_a^2(J)+u_b^2(J)+u_V^2(J)+u_T^2(J)+u_S^2(J) \tag{3.34}$$

各分量的传递系数如下：

$$\frac{\partial J}{\partial a}=\frac{V\ln b}{[(1-b)TS]}=\frac{J}{a} \tag{3.35}$$

$$\frac{\partial J}{\partial b}=\frac{aV}{[b(1-b)TS]}+\frac{aVb\ln b}{[(1-b)^2TS]}=\frac{J}{b\ln b}+\frac{bJ}{(1-b)} \tag{3.36}$$

$$\frac{\partial J}{\partial V}=\frac{a\ln b}{[(1-b)TS]}=\frac{J}{V} \tag{3.37}$$

$$\frac{\partial J}{\partial T}=-\frac{aV\ln b}{[T^2(1-b)S]}=-\frac{J}{T} \tag{3.38}$$

$$\frac{\partial J}{\partial S}=-\frac{aV\ln b}{[S^2(1-b)T]}=-\frac{J}{S} \tag{3.39}$$

（2）不确定度来源分析及各分量的量化

线性拟合参数 a、b 的不确定度分析

1）线性拟合参数 a、b 的 A 类不确定度

氡析出率标准装置的氡析出率 J 由实验测量相邻周期氡浓度数据 C_{n+1} 和 C_n 数据关系，用最小二乘法拟合的直线得到，表征拟合参数的标准不确定。在数值计算过程中不确定度分量的评定中，氡析出率采用回归直线预测的斜率值及不确定度分量合成。

式(3.27)中截距 a 和斜率 b 的 A 类标准不确定度分量如式(3.40)和式(3.41)所示。

$$u_A(a)=s(a)=s\sqrt{\frac{\sum_{i=1}^{n}{C_n}^2}{n\,S_{C_nC_n}}} \tag{3.40}$$

$$u_A(b)=s(b)=s\sqrt{\frac{1}{S_{C_nC_n}}} \tag{3.41}$$

其中：$S_{C_nC_n}=\sum_{i=1}^{n}(C_i-\overline{C_i})^2$；

$S_{C_{n+1}C_{n+1}}=\sum_{i=1}^{n}(C_{i+1}-\overline{C_{i+1}})^2$；

$S_{C_nC_{n+1}}=\sum_{i=1}^{n}(C_i-\overline{C_i})(C_{i+1}-\overline{C_{i+1}})$。

其测量标准差为：

$$s=\sqrt{\frac{S_{C_{i+1}C_{i+1}}-\frac{{S_{C_iC_{i+1}}}^2}{S_{C_iC_i}}}{n-2}} \tag{3.42}$$

2）线性拟合参数 a、b 的 B 类不确定度

测量数据 C_{n+1} 和 C_n 具有相同 B 类不确定度 $u_B(c_n)$、$u_B(c_{n+1})$，由于 C_{n+1} 及 C_n 的测量数据序列各测量值之间存在相关性，按照求和法进行合成，可得斜率 b 的 B 类总不确定度：

$$u_B(b) = \sqrt{u_B{}^2(C_n) + u_B{}^2(C_{n+1})} \tag{3.43}$$

其中：$u_B(C_n)$ 和 $u_B(C_{n+1})$ 具有相同的不确定度。

南华大学标准氡室相对不确定度 $u_B(C_n) = u_B(C_{n+1}) = 2.9\%$，则斜率 b 的 B 类总不确定度 $u_B(b) = \sqrt{2}\, u_B(C_{n+1})b = 0.041b$。

由于实验数据的分布符合均匀分布，且数据分布上下限比值趋于无穷大，截距 a 的 $u_B(a) \approx 0$。

截距 a 和斜率 b 的合成标准不确定度为：

$$u_c(a) = u_A(a) \tag{3.44}$$

$$u_c(b) = \sqrt{u_A(b)^2 + u_B(b)^2} \tag{3.45}$$

（3）收集总体积 V 的标准不确定度

1）重复性测量引入的标准不确定度分量 $u_A(V)$

采用 A 类方法评定，与重复性有关的合成标准不确定度均包含其中。对收集总体积进行 5 次重复性测定，所得结果如下：5 712 mL、5 735 mL、5 731 mL、5 720 mL、5 727 mL，平均值（5 725±8.2）mL。收集总体积的重复测量数据的实验标准差为：

$$S = \sqrt{\frac{\sum_{i=1}^{n}(V_i - \bar{V})^2}{n(n-1)}} = 1.526\ \text{mL} \tag{3.46}$$

则：

$$u_A(V) = \sqrt{s} = 1.24\ \text{mL}\ 。 \tag{3.47}$$

2）取样总体积引入的标准不确定度分量 $u_B(V)$

根据 JJF 1059.1—2012《测量不确定度评定与表示》的规定，用 1 000 mL 的量筒进行测量收集总体积，其量筒的最大允许误差 1 mL，以三角分布估算量筒校准引入的相对不确定度。量筒校准的标位偏差：

$$u(V_1) = \frac{1}{\sqrt{6}} = 0.408\ 2\ \text{mL} \tag{3.48}$$

收集总体积 V 的标准不确定度：

$$u_c(V) = \sqrt{u_A(V)^2 + u_B(V)^2} = 1.30 \times 10^{-6}\ \text{m}^{-3} \tag{3.49}$$

（4）测量周期 T 的标准不确定

1）重复性测量引入的标准不确定度分量 $u_A(T)$

对于氡析出率快速测量装置量，快速测量氡析出率时其测量周期 T=15 min，重复性测量周期选择 T=900 s 进行 10 次测量，所得数据：

900.41，901.33，900.87，901.80，901.32，901.76，901.35，901.52，901.43，

901.32 s，因此平均值为：901.3 s。测量周期重复测量数据的实验标准差为：$S = \sqrt{\frac{\sum_{i=1}^{n}(T_i - \bar{T})^2}{n(n-1)}} = 0.055$，则：

$$u_A(T) = \sqrt{s} = 0.24\ \text{s} \tag{3.50}$$

2）时间检定秒表引入的标准不确定度分量 $u_B(T)$

根据 JJG 601—2003 时间检定仪的规程，秒表检定仪的准确度在 1×10^{-7} s，$u_B(T) = 1\times10^{-7}/\sqrt{3} = 6.7\times10^{-8}$ s 因此可忽略不计。

测量周期 T 的标准不确定：

$$u_c(T) = u_A(T) = 0.24\ \text{s} \tag{3.51}$$

（5）集氡室底面积 S 的标准不确定

1）重复性测定引入的标准不确定度分量 $u_A(S)$

集氡室的底部直径 d 的重复性测量进行 5 次测量，所得数据：291.5，291.0，292.0，292.0，291.5 mm，因此平均值为：291.6 mm。其直径重复测量数据的实验标准差为：

$$S = \sqrt{\frac{\sum_{i=1}^{n}(d_i - \bar{d})^2}{n(n-1)}} = 0.187 \tag{3.52}$$

则：

$$u_A(d) = \sqrt{s} = 0.43\ \text{mm} \tag{3.53}$$

2）集氡室底面积 S 引入的标准不确定度分量 $u_B(S)$

集氡室底面积 S 的计算模型参考 JJF 1059.1—2012《测量不确定度评定与表示》的规定，采用 $S = \pi\left(\frac{d}{2}\right)^2 = 0.25\pi d^2$ 计算模型，S 的标准不确定度：

$$u(S) = 0.25\pi u(d) \tag{3.54}$$

直径 d 用米尺测量，其最大允许误差是 1 mm，即 $u_B(d) = 1$ mm 。

底部直径 d 的标准不确定度：

$$u(d) = \sqrt{u_A(d)^2 + u_B(d)^2} = 1.09\ \text{mm} \tag{3.55}$$

集氡室底面积的标准不确定度：

$$u_c(S) = 0.25\pi u(d) = 0.855\ \text{mm}^2 = 8.55\times10^{-7}\ \text{m}^2 \tag{3.56}$$

3. 不确定度评定结果

南华大学氡实验室建立了 1 套氡析出率标准装置，采用快速测量的结果见表 3.9~表 3.11，现将表 3.9~表 3.11 的结果进行不确定度评定，1-3 号标准装置上的快速测量的不确定度评定结果如表 3.9~表 3.11 所示。

表 3.9　1 号标准装置不确定评定结果

各分量参数	不确定度传播系数	各分量标准不确定度	不确定度评定结果
$a = 1.17 \times 10^4$	$\frac{\partial J}{\partial a} = 1.30 \times 10^{-4}$	$u_c(a) = 6.16 \times 10^2$	合成标准不确定度
$b = 8.10 \times 10^{-1}$	$\frac{\partial J}{\partial b} = -2.43$	$u_c(b) = 3.77 \times 10^{-2}$	$u_c(J) = 0.12$ Bq/($m^2 \cdot s$)
$V = 5.73 \times 10^{-3}\ m^3$	$\frac{\partial J}{\partial V} = 2.67 \times 10^2$	$u_c(V) = 1.30 \times 10^{-6}\ m^{-3}$	相对合成标准不确定度
$T = 9.00 \times 10^2$ s	$\frac{\partial J}{\partial T} = -1.69 \times 10^{-3}$	$u_c(T) = 0.24$ s	$u_c = \frac{u(J)}{J} = 8.00\%$
$S = 6.67 \times 10^{-2}\ m^2$	$\frac{\partial J}{\partial S} = -2.3 \times 10$	$u_c(S) = 8.55 \times 10^{-7}\ m^2$	

表 3.10 结果表明，1 号氡析出率标准装置的结果 $J = (1.52 \pm 0.12)$ Bq/($m^2 \cdot s$) 其相对不确定度 8.00%。

表 3.10　2 号标准装置不确定评定结果

各分量参数	不确定度传播系数	各分量标准不确定度	不确定度评定结果
$a = 2.58 \times 10^4$	$\frac{\partial J}{\partial a} = 1.04 \times 10^{-4}$	$u_c(a) = 1.28 \times 10^3$	合成标准不确定度
$b = 8.54 \times 10^{-1}$	$\frac{\partial J}{\partial b} = -4.20$	$u_c(b) = 3.81 \times 10^{-2}$	$u_c(J) = 0.21$ Bq/($m^2 \cdot s$)
$V = 5.73 \times 10^{-3}\ m^3$	$\frac{\partial J}{\partial V} = 4.68 \times 10^2$	$u_c(V) = 1.3 \times 10^{-6}\ m^{-3}$	相对合成标准不确定度
$T = 9.00 \times 10^2$ s	$\frac{\partial J}{\partial T} = -2.97 \times 10^{-3}$	$u_c(T) = 0.24\ s$	$u_c = \frac{u(J)}{J} = 7.79\%$
$S = 6.67 \times 10^{-2}\ m^2$	$\frac{\partial J}{\partial S} = -4.05 \times 10$	$u_c(S) = 8.55 \times 10^{-7}\ m^2$	

表 3.11 结果表明，2 号氡析出率标准装置的结果 $J = (2.67 \pm 0.21)$ Bq/($m^2 \cdot s$) 其相对不确定度 7.79%。

表 3.11　3 号标准装置不确定评定

各分量参数	不确定度传播系数	各分量标准不确定度	不确定度评定结果
$a = 3.52 \times 10^3$	$\frac{\partial J}{\partial a} = 1.04 \times 10^{-4}$	$u_c(a) = 2.93 \times 10^2$	合成标准不确定度

续表

各分量参数	不确定度传播系数	各分量标准不确定度	不确定度评定结果
$b = 7.60 \times 10^{-1}$	$\frac{\partial J}{\partial b} = -6.19 \times 10^{-1}$	$u_c(b) = 4.43 \times 10^{-2}$	$u_c(J) = 0.04$ Bq/($m^2 \cdot s$)
$V = 5.73 \times 10^{-3}$ m^3	$\frac{\partial J}{\partial V} = 6.67 \times 10$	$u_c(V) = 1.3 \times 10^{-6}$ m^{-3}	相对合成标准不确定度
$T = 9.00 \times 10^2$ s	$\frac{\partial J}{\partial T} = -4.22 \times 10^{-4}$	$u_c(T) = 0.24$ s	$u_c = \frac{u(J)}{J} = 11.03\%$
$S = 6.67 \times 10^{-2}$ m^2	$\frac{\partial J}{\partial S} = -5.76$	$u_c(S) = 8.55 \times 10^{-7}$ m^2	

表3.12结果表明，3号氡析出率标准装置的结果$J = (0.38 \pm 0.04)$ Bq/($m^2 \cdot s$) 其相对不确定度11.03%。

表3.9~表3.11的结果显示，在氡析出率为0.39~2.62 Bq/($m^2 \cdot s$) 的标准装置上采用快速测量方法对氡析出率标准装置进行测量，其结果的标准不确定均比标准装置提供的不确定度要大，由于放射性测量存在统计涨落，在样本含量较小，测量时间短的情况下，快速测量方法的测量结果与比氡析出率标准装置测量结果的不确定度大，符合放射性测的概率统计。但3个标准装置上测量的相对不确定度均在12%以内，且随着氡析出率的增大，其不确定度降低，服从正态分布。

3.5　小结

本章描述了基于静电收集和α能谱建立的一种氡析出率快速测量方法。该方法先采用双室法（即集氡罩和测氡仪测量小室）和快速跟随环境氡浓度变化、长期无人值守的灵敏连续测氡方法，在不改变析出介质表面状况的情况下，测量集氡罩内氡浓度随时间的变化规律；再采用等时间间隔方法，建立相邻两个间隔点集氡罩内氡浓度 C_{n-1} 和 C_n 之间的关系，消除泄漏与反扩散及环境氡水平对氡析出率可靠测量的干扰；最后采用最小二乘法并将线性拟合转化为代数运算，直接计算得到氡析出率。基于研究的方法研制了便携式氡析出率测量仪，并在南华大学研制的氡析出率标准装置上进行了仪器的性能测试。研究结果表明，研究的快速测量方法能够可靠测量各种不同介质表面的氡析出率，即可单次测量，也可实现连续测量。测量结果不确定度分析结果表明，该方法既可以为常规氡的源项评价和铀矿山退役监测等领域的应用提供技术支持，还可以发展成为氡析出率标准装置参考水平快速定值的标准方法。

参考文献

[1] 肖高平，肖德涛，吕丽丹，等.氡析出率测量的活性炭采样装置研究[J].核电子学与探测

技术,2015,35(11):1119-1123.
[2] 付锦.用 γ 能谱测量确定铀尾矿氡析出率的可行性[J].铀矿地质,2003(3):167-173.
[3] 苟全录,张智慧.静电收集式氡析出率仪的计算公式讨论[J].原子能科学技术,1998(5):37-43.
[4] 李志强,肖德涛,赵桂芝,等.便携式氡析出率自动测量仪研究[J].原子能科学技术,2016,50(2):357-362.
[5] 张叶,张雄杰,杨亚新,等.基于 ERS2S 测氡仪的氡析出率准确测量研究[J].核电子学与探测技术,2015,35(2)150-153.
[6] 张智慧. 空气中氡及其子体的测量方法[M].北京:原子能出版社, 1994:2-5.
[7] Markwardt C B. Non-linear least squares fitting in IDL with MPFIT[J]. arXiv preprint arXiv:0902.2850, 2009.
[8] Tan Y, Xiao D, Yuan H, et al. Revision for measuring radon exhalation rate in open loop [J]. Journal of Instrumentation, 2013, 8(1): T01004.
[9] 李先杰,丘寿康,刘纯魁.氡析出率测量仪的检定装置[J].辐射防护,2008(4):197-201.
[10] 刘小松,丘寿康.一种较准确而快速测量氡析出率的方法[J].辐射防护,2007(3):156-162.
[11] 李志强,肖德涛,赵桂芝,等.泄漏和反扩散对氡析出率测量的影响研究[J].核电子学与探测技术,2015,35(12):1255-1258.
[12] 李志强,肖德涛,赵桂芝,等.氡析出率快速测量的不确定度评定[J].核技术,2017,40(4):5-10.

第 4 章

土壤潜势氡浓度的测量方法

土壤氡浓度随土壤深度的加深而逐渐增大，最终达到最大值并趋于稳定，我们将这个潜在的最大氡浓度定义为土壤潜势氡浓度[1]。与室内氡水平直接相关的正是土壤潜势氡浓度，因为房屋地基的混凝土覆盖到土壤表面后会形成氡的扩散垒，使浅层土壤氡浓度也近似达到潜势氡浓度水平。达到土壤潜势氡浓度水平的土壤深度与土壤类型有关，大多在 2~3 m，甚至接近 4 m。因此，用直接测量法测量土壤潜势氡浓度需要钻孔深度达 4 m 以上，测量难度大，难以实现工程应用。目前，我国建筑工程土壤氡的测量主要依据《民用建筑工程室内环境污染控制规范》（GB 50325—2020），其中土壤氡浓度测量深度统一建议为 0. 5~0. 8 m，为浅层土壤氡浓度，该土壤深度测量的氡浓度对于各类土壤来说都处于一急剧变化区内，并且对于除黏土外的其他类型土壤均远低于土壤潜势氡浓度，不能很好地评价土壤氡的潜在危害。

研究土壤潜势氡浓度的测量方法，可以为快速准确地发现氡异常区域提供有效方法，为建筑工程选址、是否进行防氡设计及国家主管部门制定更为科学的室内氡控制规程提供技术支撑，具有重大的科学意义和实用价值。

4. 1　土壤氡浓度随深度的变化规律[2]

4. 1. 1　土壤氡浓度随深度变化的计算模型

对于土壤氡浓度随深度变化的计算模型，主要考虑土壤的分布类型为均匀分布及层状分布，根据《中国土壤氡概况》将土壤分为黏土、亚黏土、亚砂土、黏土质砂土、砂土、坡积粗碎屑物等六类，并建立模型。

对于土壤氡的运移机理主要考虑扩散，建立一维扩散方程为：

$$\frac{\mathrm{d}C}{\mathrm{d}t} = D_{\mathrm{e}} \frac{\mathrm{d}^2 C}{\mathrm{d}x^2} - \lambda C + \frac{C_{\mathrm{Ra}} \rho \alpha \lambda}{\eta} \tag{4.1}$$

其边界条件为：$C(0) = C_0$；$C(\inf)$ 有限。

$$\left. \frac{\mathrm{d}C}{\mathrm{d}x} \right|_{x=\infty} = 0 \tag{4.2}$$

式中：λ 为氡的衰变常数，$2.1\times10^{-6}\ \mathrm{s}^{-1}$；$C$ 为土壤氡浓度，$\mathrm{Bq/m^3}$；t 为时间，s；D_{e} 为土壤氡有效扩散系数，$\mathrm{m^2/s}$；x 为土壤深度，m；C_{Ra} 为土壤镭含量，Bq/kg；ρ 为土壤密度，

kg/m^3；α 为土壤射气系数；η 为土壤孔隙度。

计算模型中参数取值如表 4.1，采用《中国土壤氡概况》中的经验值，其中六种土壤类型是按照高等学校使用教材《水文地质学基础》中的划分。

表 4.1　各类型土壤物理特性参数取值表

土壤类型	射气系数/%	有效扩散系数/(10^{-6} m^2/s)	土壤孔隙度/%	土壤密度/(kg/m^3)	颗粒粒径/mm
黏土	15	2.00	50	1 360	0.005~0.02
亚黏土	21	6.67	45	1 360	0.02~0.05
亚砂土	32	9.30	43	1 450	0.05~0.25
黏土质砂土	30	9.76	41	1 450	0.25~0.5
砂土	25	14.38	39	1 450	0.5~2
坡积粗碎屑物	12	18.92	37	1 500	>2

采用有限差分法进行模拟计算。假定：(1) 土壤为同质多孔介质；(2) 只考虑土壤中氡的扩散迁移，对渗流不予涉及（渗流产生的原因是介质内外存在压差，比较复杂）；(3) 氡扩散到空气中即均匀分布。针对土壤的分层特征，对土壤进行分层研究，主要研究均匀分布（一层）和层状分布（两层）。一般来说，当土壤深度大于 5 m 时，土壤氡浓度就不再随深度加深而增加了，而是趋于饱和，即为土壤氡饱和浓度。鉴于此，在垂直方向分为 60 个等距区域，每个区域为 10 cm（主要考虑计算方便及最终结果的准确性）。

有限差分法的核心是相邻两区域间的氡浓度梯度用差分表示：

$$G_{i,j} = \frac{C_j - C_i}{\Delta} \tag{4.3}$$

式中：C_i和 C_j分别表示相邻区域的氡浓度；Δ 为相邻两区域间中心距离（即为0.1 m）。

C_1接近地表环境氡浓度，取 10 Bq/m^3[3,4]。根据气体扩散定律及每一区域氡的衰变和产生，主要考虑土壤氡稳态分布，建立方程组：

$$C_1 = 10,\ (i = 1) \tag{4.4}$$

$$0 = D_e G_{i,i+1} - D_e G_{i-1,i} - \lambda C + \frac{C_{Ra}\rho\alpha\lambda}{\eta},\ (i = 2,3,\cdots,59) \tag{4.5}$$

$$0 = \frac{C_{Ra}\rho\alpha\lambda}{\eta} - D_e G_{59,60} - \lambda C,\ (i = 60) \tag{4.6}$$

对该方程组进行分析，为六十元方程组。其系数为大型稀疏矩阵，采用 MATLAB 中的大型稀疏矩阵技术对其进行求解。

4.1.2　均匀土壤中氡浓度随深度的变化

采用上述方法进行求解，其中各类土壤的镭含量均相同，取为 30 Bq/kg（该数据来自 UNSCEAR 2000 年报告），结果如图 4.1 所示。

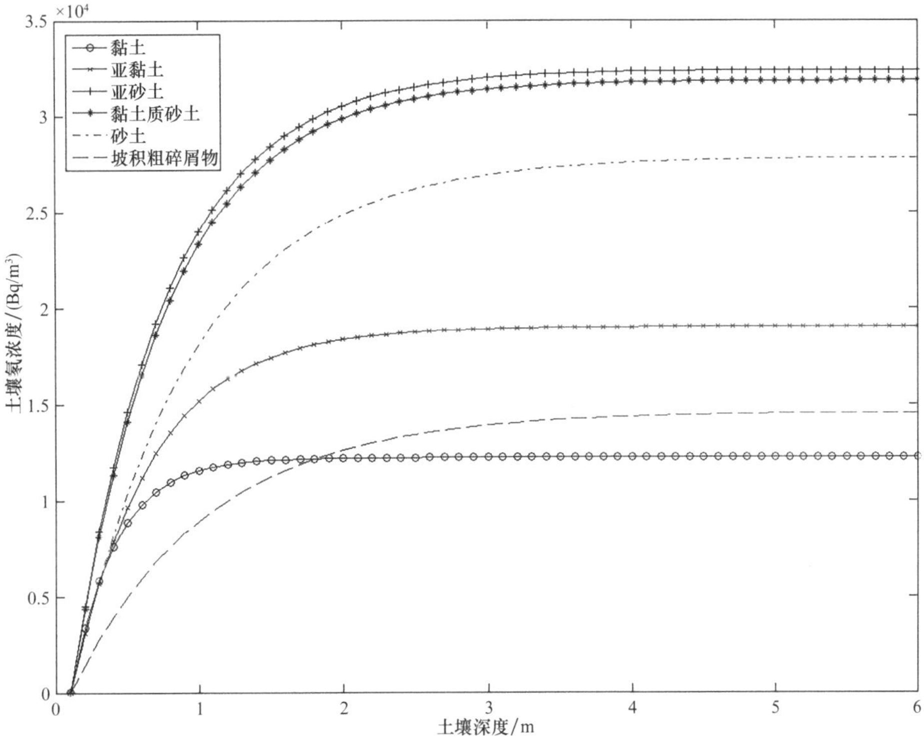

图 4.1　均匀土壤中氡浓度随深度的变化

从图 4.1 中可以看出，土壤氡浓度随土壤深度的加深而逐渐增大，最终趋于一饱和浓度值。这与文献中土壤氡浓度随深度变化规律相符[5]。在相同深度下，亚砂土、黏土质砂土等砂土类土壤中氡浓度高于亚黏土、坡积粗碎屑物等土壤。分析其中原因，对于不同的土壤类型，其射气系数越大、扩散系数越小、孔隙度越小、密度越大，土壤氡浓度在相同条件下水平越高。并且砂土类土壤中氡浓度高于黏土类土壤中氡浓度，这与土壤相关特性参数有直接关系。通过模拟结果，分别可以知道各种土壤的饱和浓度，根据该浓度，可以确定最佳取样深度。具体测量过程中，可以根据土壤类型，选择合理的取样深度。

同时可以看出，现行测量标准中的取样深度对于各类土壤来说，均处于急剧变化区内，并不能很好地说明问题；亚砂土与黏土质砂土的土壤氡析出率相同，黏土与亚黏土的土壤氡析出率相同。

4.1.3 层状土壤中氡浓度随深度的变化

对于层状土壤中氡的分布来说，主要将土壤考虑为黏土和砂土的组合，即“上黏下砂”“上砂下黏”两种典型情况。综合考虑各土壤参数，最终选择黏土质砂土和亚黏土，并按照上述方法进行模拟计算，结果如图 4.2 所示。

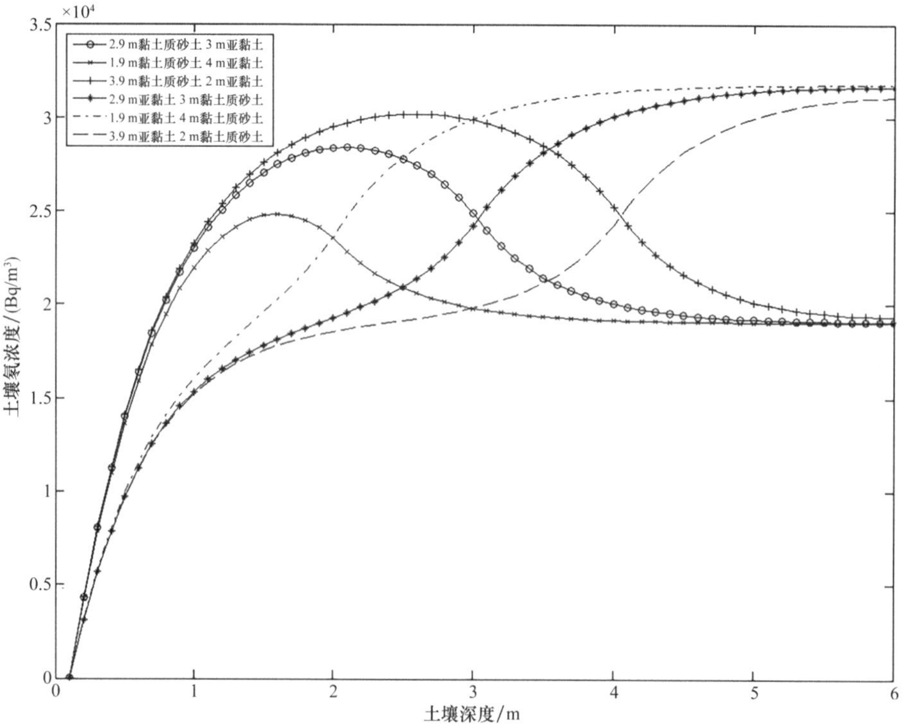

图 4.2 层状土壤中氡浓度随深度的变化

从图 4.2 中可以看出，对于“上砂下黏”型层状土壤，其氡浓度呈现先增加后减小的趋势，而最终趋于一稳定浓度，分层特征比较明显；而对于“上黏下砂”型层状土壤，其氡浓度随着土壤深度的加深而逐渐增大。对于“上砂下黏”型层状土壤在氡测量时，应该考虑到其最大氡浓度与稳定氡浓度的不同所造成的测量结果的差异，应该结合具体测量对象的特点而进行相应测量。

可以看出，砂土类土壤要比黏土类土壤的氡析出能力更强，这主要是因为砂土类土壤中的氡扩散能力更强；同一类型层状土壤的结构差异所致的土壤氡析出能力变化不大。

说明：后续的计算均是针对“上黏下砂”典型层状土壤而进行的，并且方法与上文相同。

4.1.4 土壤氡浓度随深度变化的影响因素

1. 土壤镭

氡为镭的放射性子体，故土壤镭含量水平及分布特征肯定会影响土壤氡分布情况。

因此，进行相应模拟计算，结果如图 4.3 所示。

其中，正常土壤镭含量为 30 Bq/kg，高水平镭含量为 60 Bq/kg（主要是为了突出土壤镭含量对土壤氡分布的重要影响）。

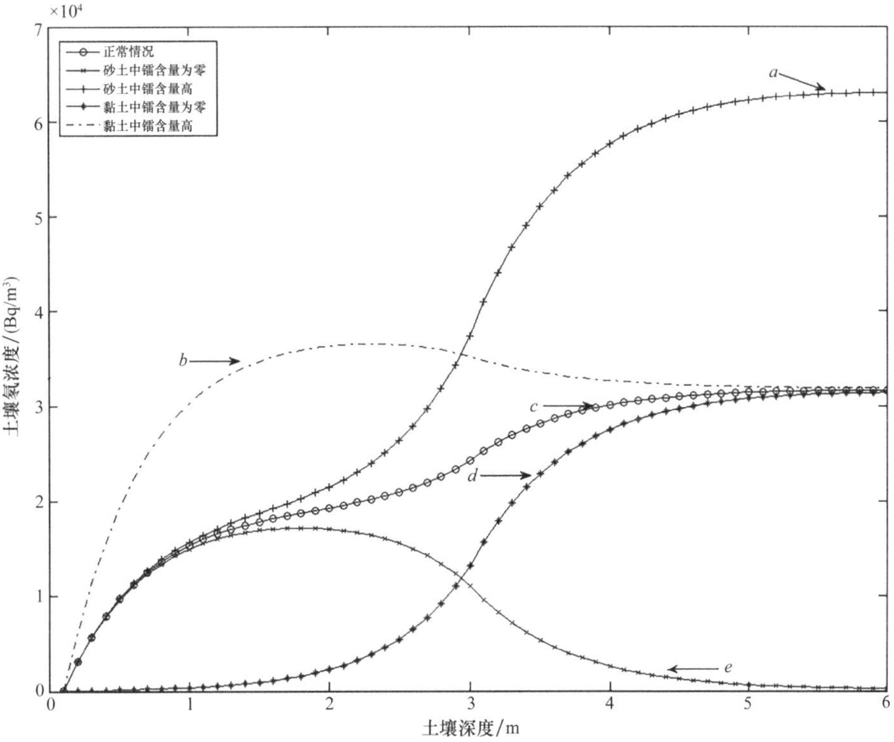

图 4.3　土壤镭含量对土壤氡分布影响曲线

从图 4.3 中可以看出，氡浓度基本上随深度增加而增加，但是其增加速度与氡源体，即局部富集的镭的含量有直接关系。这与文献中氡异常相关研究结论相符[6]。当氡源体较浅时，氡浓度增加较快（如 b 曲线）；当氡源体较深时，氡浓度增加较慢，但是越接近氡源体，增加速度越快（如 a 及 d 曲线）。当氡浓度随深度变化规律不明显，或者说非典型的分布情况下，一般与镭的分散分布有关系（如 e 曲线）。

图中还可以看出，深层土壤镭含量的变化对土壤氡析出影响不大，而浅层土壤镭含量的增加将明显的提升土壤氡析出到空气中的能力，主要是因为土壤氡与空气氡两者浓度梯度被明显的增大。

2. 土壤孔隙度

土壤孔隙度等土壤参数对土壤氡分布也有影响。因此，也进行了相应模拟，具体结果如图 4.4 所示。

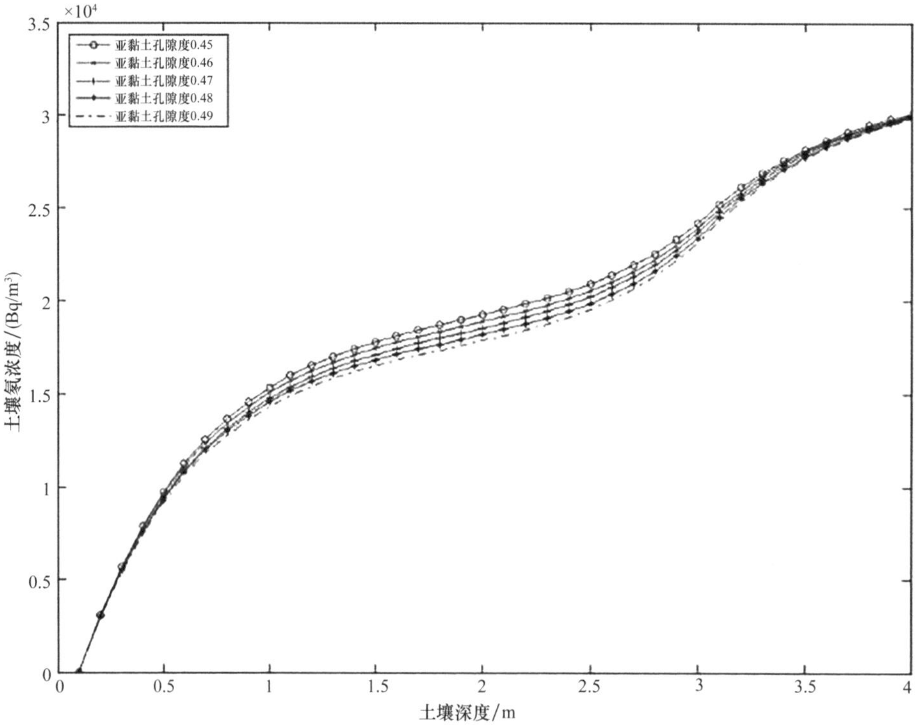

图 4. 4　土壤孔隙度对土壤氡分布影响曲线

从图 4. 4 中可以看出，随着土壤孔隙度的加大，土壤氡浓度有减小现象，但是上层土壤孔隙度的变化对下层土壤氡浓度分布影响不大。并且可以看出，上层土壤孔隙度的细小变化对土壤氡析出的影响不大。

3. 对流作用

上文主要考虑氡运移机制为扩散，但是随着对土壤氡运移的研究的深入，发现对流对于土壤氡运移来说是不可忽视的，而且是氡向上运移的主要形式。在考虑对流后，氡运移方程变为：

$$\frac{\mathrm{d}C}{\mathrm{d}t} = D_{\mathrm{e}} \frac{\mathrm{d}^2 C}{\mathrm{d}x^2} - v \frac{\mathrm{d}C}{\mathrm{d}x} - \lambda C + \frac{C_{\mathrm{Ra}} \rho \alpha \lambda}{\eta} \tag{4.7}$$

因此，对流作用对土壤氡浓度及其分布的影响也进行了相应类似的模拟计算，结果如图 4. 5所示。

从图 4. 5 中可以看出，考虑对流后，因氡运移作用加强，导致土壤氡浓度水平有所下降。但是土壤氡浓度仍然随深度加深而增加。并且可以看出，在考虑对流作用后，随着土壤深度的加深，土壤氡浓度相比而言降低得更快，主要是土壤中压力是随深度的加深而逐渐增大所致。

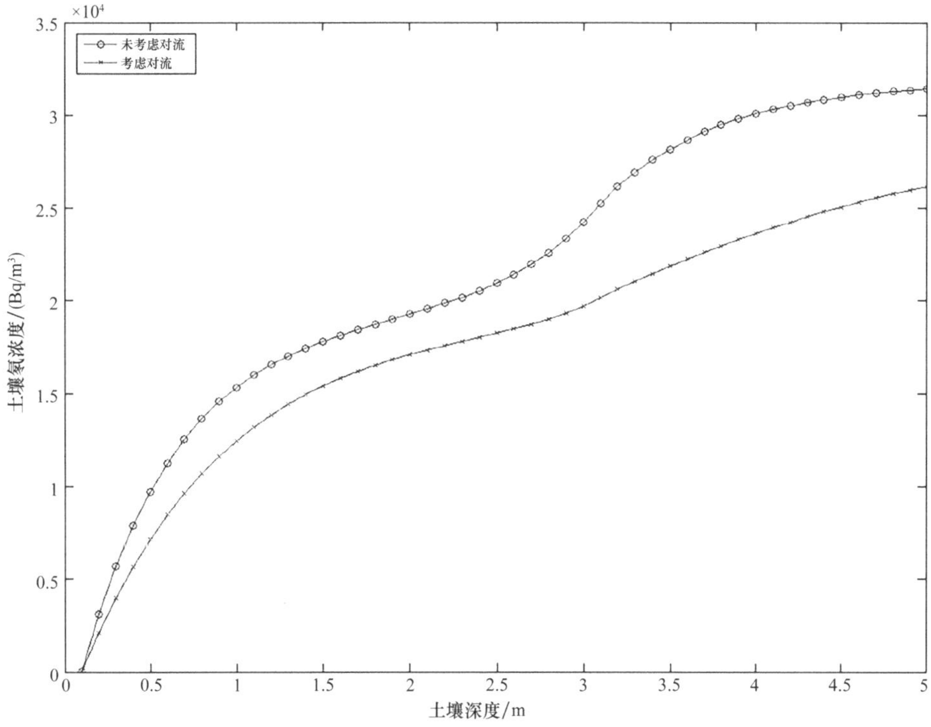

图 4.5　对流对土壤氡分布影响曲线

4.2　测量土壤潜势氡浓度的双源法[7]

4.2.1　双源法理论模型的建立

1. 双源法理论模型建立的基础条件

在土壤单层均匀分布的情况下，把土壤看成半无穷大均匀介质，那么土壤中氡的垂直分布可采用一维方程计算，且均匀土壤中铀含量为一定值，即土壤潜势氡浓度为一定值。所以土壤潜势氡浓度、土壤浅层氡浓度、土壤表面氡析出率这三者之间必定存在一个确定的关系。土壤氡的运移形式主要有扩散作用和对流作用，由于对流作用的动力是气压梯度，氡由气压高的区域向气压低的区域运动，在土壤中则表现为土壤内部与外界空气的气压差，而该气压差与外界环境的气压、气温、风速等多种瞬时变量有关，分析起来比较困难，且通常情况下土壤内部与外界环境的气压并无明显差异，所以在这里可以忽略对流作用对土壤氡运移的影响。在只考虑氡扩散作用的情况下，深入分析土壤氡运移规律，我们可以得到土壤潜势氡浓度、土壤浅层氡浓度和土壤表面氡析出率三者之间的确定关系，从而建立起由土壤浅层氡浓度和土壤表面氡析出率两个源项来快速确定土壤潜势氡浓度的双源法理论模型。

2. 双源法理论模型的推导

假设半无穷大均匀土壤可以分成无限个厚度为 dx 的薄层，那么距离地表 x 处的 dx 层中单位时间内氡含量的变化由以下几个因素引起（如图 4.6 所示）：

（1）通过 dx 层下表面的氡流量 Q 与通过上表面的氡流量 Q-dQ 之差；

（2）dx 层中由于氡自身衰变而引起的氡含量的减少；

（3）dx 层中由于镭衰变而引起的氡含量的增加。

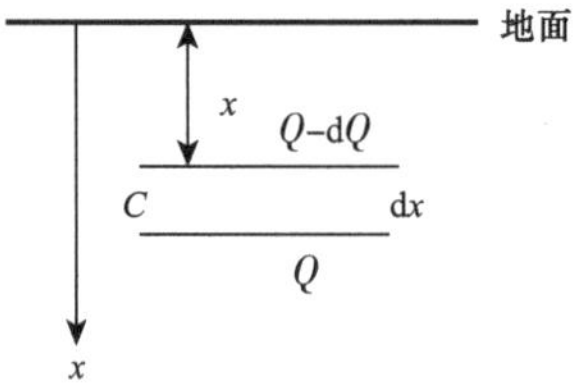

图 4.6　半无穷大均匀土壤中氡的运移分布

那么，单位时间内 dx 层中氡含量的变化可由式(4.8)表示：

$$\frac{\mathrm{d}}{\mathrm{d}t}(C^* \cdot S \cdot \mathrm{d}x) = Q - (Q - \mathrm{d}Q) - \lambda C^* \cdot S \cdot \mathrm{d}x + A \cdot S \cdot \mathrm{d}x \tag{4.8}$$

式中：C^* 为土壤中氡的体浓度，Bq/m^3；S 为 dx 层的面积，m^2；Q，（Q-dQ）为分别通过 dx 层下表面和上表面的氡流量，Bq/s；A 为单位体积土壤中氡的产生率，Bq/(m^3 · s)。

值得注意的是 C^* 为土壤中氡的体浓度，指的是整个土壤体积中的氡浓度。实际上，氡是积聚在土壤孔隙中的，我们测量的土壤氡浓度 C 是土壤孔隙中的氡浓度，则土壤氡浓度与土壤中氡的体浓度之间的关系为：

$$C^* = C \cdot \eta \tag{4.9}$$

将式(4.9)代入到式(4.8)中，有：

$$\frac{\mathrm{d}}{\mathrm{d}t}(\eta \cdot C \cdot S \cdot \mathrm{d}x) = Q - (Q - \mathrm{d}Q) - \lambda \cdot \eta \cdot C \cdot S \cdot \mathrm{d}x + A \cdot S \cdot \mathrm{d}x \tag{4.10}$$

式(4.10)可简化为：

$$\eta \cdot S \cdot \mathrm{d}x \cdot \frac{\mathrm{d}C}{\mathrm{d}t} = \mathrm{d}Q - \lambda \cdot \eta \cdot C \cdot S \cdot \mathrm{d}x + A \cdot S \cdot \mathrm{d}x \tag{4.11}$$

在稳定条件下，由于 dx 层中的氡含量不随时间变化而变化，所以式(4.11)左边为 0，那么式(4.11)可以简化为：

$$\mathrm{d}Q - \lambda \cdot \eta \cdot C \cdot S \cdot \mathrm{d}x + A \cdot S \cdot \mathrm{d}x = 0 \tag{4.12}$$

在只考虑土壤氡扩散运移的情况下，Q 可表示为：

$$Q = D_{\mathrm{e}} \cdot \frac{\mathrm{d}C^*}{\mathrm{d}x} \cdot S \tag{4.13}$$

式中：D_{e}为氡在土壤中的有效扩散系数，m^2/s。

将式(4.9)代入到式(4.13)中，可以得到：

$$Q = \eta \cdot D_e \cdot \frac{dC}{dx} \cdot S \tag{4.14}$$

从而有：

$$dQ = \eta \cdot D_e \cdot \frac{d^2C}{dx^2} \cdot S \cdot dx \tag{4.15}$$

把式(4.15)代入到式(4.12)中，就可以得到一维稳定状态下，氡在土壤中分布与运移的微分方程，如式(4.16)所示：

$$D_e \frac{d^2C}{dx^2} - \lambda C + \frac{A}{\eta} = 0 \tag{4.16}$$

给出式(4.16)的边界条件，$C|x=0=C_0$，$C|x=\infty$有界，在此边界条件下对其进行求解，可得：

$$C = \frac{A}{\lambda\eta} - \left(\frac{A}{\lambda\eta} - C_0\right)\exp\left(-\sqrt{\frac{\lambda}{D_e}} \cdot x\right) \tag{4.17}$$

此时，由于只考虑了土壤中氡的扩散作用，土壤表面氡析出率E，Bq/(m^2·s) 可表示为：

$$E = \eta D_e \left.\frac{dC}{dx}\right|_{x=0} \tag{4.18}$$

将式(4.17)代入到式(4.18)中，可得：

$$E = \left(\frac{A}{\lambda\eta} - C_0\right)\sqrt{\lambda\eta^2 D_e} \tag{4.19}$$

由于C_0通常很低，相比$\frac{A}{\lambda\eta}$可以忽略，式(4.19)可以变化为：

$$D_e = \frac{E^2\lambda}{A^2} \tag{4.20}$$

将式(4.20)代入到式(4.17)中，可得：

$$C = \frac{A}{\lambda\eta} - \frac{A}{\lambda\eta}\exp\left(-\frac{A}{E} \cdot x\right) \tag{4.21}$$

这样就建立了一个x m深处的土壤浅层氡浓度C和土壤表面氡析出率E之间的关系，我们还需找到它们与土壤潜势氡浓度之间的关系。用C_P来表示土壤潜势氡浓度，显然有：

$$C_P = C\Big|_{x\to\infty} = \frac{A}{\lambda\eta} \tag{4.22}$$

联合式(4.21)和式(4.22)，就可以得到双源法理论模型如下：

$$C_P = C\Big/\left[1 - \exp\left(-\frac{\lambda C_P \eta}{E} \cdot x\right)\right] \tag{4.23}$$

式(4.23)是一个超越方程，可以利用mathematica软件对其进行求解。

从式(4. 23)可以看出，双源法理论模型中除了深 x m 处的土壤浅层氡浓度 C 和土壤表面氡析出率 E 外，还包含土壤孔隙度 η 这个参数，该参数取表 4. 1 所示经验值，知道了某地的土壤类型，也就知道了该种土壤的孔隙度。六种不同土壤类型的孔隙度相差并不大，如果这些孔隙度值对双源法理论模型的计算没有太大影响的话，孔隙度这个参数完全可以用固定的实数代替。孔隙度还可以通过实地采样测量得到。

4. 2. 2 双源法理论模型的实验验证

1. 实验装置

实验是在深圳市建筑科学研究院的土囤装置完成的。土囤直径为 1. 96 m，高度 1. 66 m，内部均匀填充土壤，填充深度为 1. 50 m。土囤不同高度架设有供仪器测量、温湿度信号线连接的取样管道。上层取样点在土壤 0. 6 m 深度处，下层取样点在土壤 1. 2 m 深度处，每层取样点都布有三个取样口，分别距土囤罐壁 0. 2 m、0. 6 m 和 1. 0 m。另外，土囤配备有四块扇形的混凝土盖板，盖板覆盖在土囤表面后，中间会空余一块正方形的空地。空地用来放置混凝土建筑物模型，从而就可以模拟建筑物地基土壤与建筑物之间的关系。土囤整体结构如图 4. 7 所示，土囤实物如图 4. 8 所示。

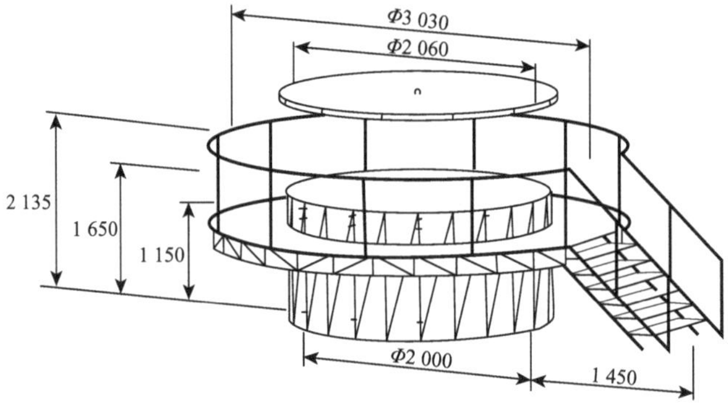

图 4. 7 土囤结构示意图

土囤填充的土壤粒径大于 0. 25 mm，且在 0. 5～2 mm 粒径范围内的土壤颗粒所占的比重最大。由表 4. 1 可知，土囤填充的土壤类型为砂土，其土壤孔隙度为 0. 39。

通过土囤装置，可以测得土壤潜势氡浓度实测值、土壤浅层氡浓度和土壤表面氡析出率，借助双源法理论模型利用土壤浅层氡浓度和土壤表面氡析出率可以计算出土壤潜势氡浓度的双源法测量值，将其与土壤潜势氡浓度实测值进行对比分析，从而达到验证双源法理论模型的目的。

(a) (b)

(c) (d)

图 4.8 土囤实物图

(a) 土囤整体；(b) 土囤上表面；(c) 土囤取样口；(d) 土囤专用吊车

2. 土壤潜势氡浓度的直接测量

由于土囤土层厚度只有 1.5 m，最深处的取样点也仅位于 1.2 m 深度处，直接在此深度测量的氡浓度是达不到土壤潜势氡浓度的。因此，直接测量土壤潜势氡浓度采取的办法是将土囤表面进行密封处理，使土囤表面形成一个氡的扩散垒，氡在土囤内部不断积聚，经过足够长时间后土囤各个深度的氡浓度都会非常接近潜势氡浓度水平。

密封方法：用四块扇形混凝土盖板对土囤表面进行封盖，未封盖到的部分打上水泥，水泥上方再涂抹密封胶，所有缝隙处也均涂抹密封胶。最后的密封效果如图 4.9 所示。

图 4.9 土囤密封效果图

对土囤上（0.6 m 深）、下（1.2 m 深）两层取样点的 6 个取样口进行测量，每个取样口测量 5 个周期，由于平衡关系，取后三个周期的平均值作为对应取样口的氡浓度值。每层取样点的氡浓度是对该层三个取样口（距壁 0.2 m、距壁 0.6 m、距壁 1 m）的氡浓度值求平均得到。每测完一个取样口的氡浓度后，为了保证下次测量的准确性，测氡仪都会放置在室外环境空气中净化 20~30 min。土囤密封 3 d 之后开始进行测量，测量仪器连接如图 4.10 所示，测量结果如表 4.2 所示。

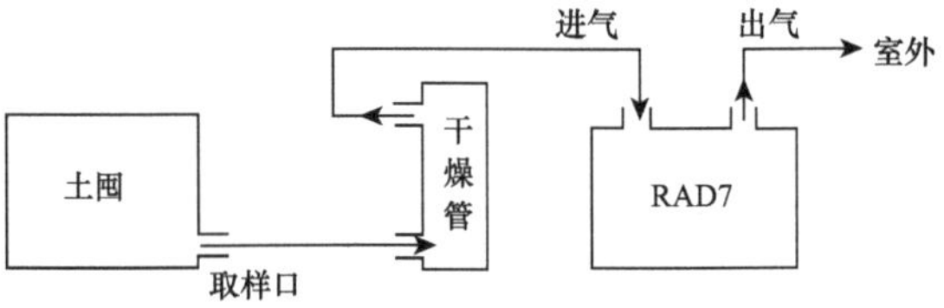

图 4.10　土囤氡浓度测量示意图

表 4.2　土囤密封后各取样层氡浓度

测量时间	氡浓度/(Bq/m³)	
	上层（0.6 m 深）	下层（1.2 m 深）
2012-11-13	95 055	97 321
2012-11-14	92 744	95 285
2012-11-15	91 644	97 650
2012-11-16	91 374	94 051
2012-11-19	91 901	97 146
2012-11-20	92 736	96 862
2012-11-21	91 786	95 161
平均值	92 463±1 258	96 211±1 368

由表 4.2 可以看出，土囤各层土壤的氡浓度已达到动态平衡，0.6 m 深土壤氡浓度稳定在 92 000 Bq/m^3 左右，1.2 m 深土壤氡浓度稳定在 96 000 Bq/m^3 左右。两层氡浓度存在 4 000 Bq/m^3 左右的差别，并没有完全达到一致，这是因为土囤密封程度不够，有部分氡从土囤表面泄漏析出到了环境中。这也导致了我们所测的土囤土壤潜势氡浓度与真实值相比会有一定程度上的偏小。总体来说，土囤上下两层土壤氡浓度值比较接近，且不再有增大的趋势，与理论情况符合得较好，取 1.2 m 深土壤氡浓度的平均值为土壤潜势氡浓度实测值：

$$C_P（实）= 96\ 211\ Bq/m^3$$

3. 土壤潜势氡浓度的双源法测量

（1）土壤浅层氡浓度的测量

测量土壤浅层氡浓度，先将土囤解封，即让土壤表面完全裸露，让土囤内部积聚的氡向外释放，等待土囤土壤氡浓度达到一个新的平衡。土囤被解封后的直观图如图 4. 11 所示。

图 4. 11　土囤被解封后的直观图

解封一天后开始测量，测量仪器、测量参数、测量方法均与前一过程测量土壤潜势氡浓度相同。土囤解封后各层浓度随时间的变化如图 4. 12 所示，可见土囤各层氡浓度在土囤解封之后均迅速下降，并经过 9 d 左右趋于稳定，达到新的平衡。取后 5 个时间点的氡浓度平均值作为土囤各层氡浓度实测值，结果见表 4. 3。

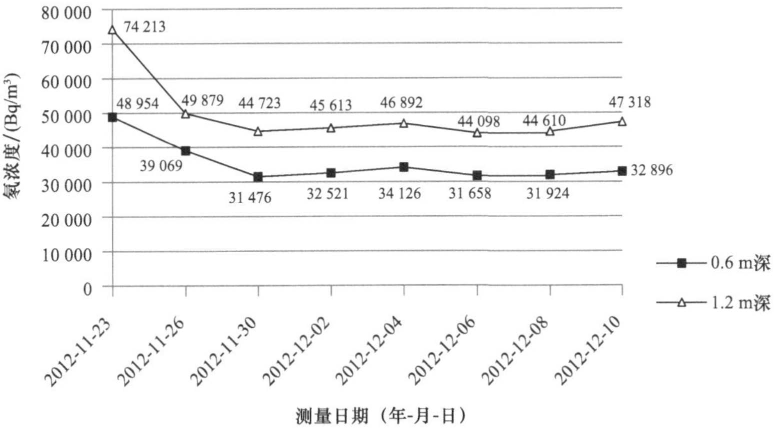

图 4. 12　土囤解封后各层浓度随时间变化曲线

表 4. 3　土壤浅层氡浓度水平

土层深度/m	氡浓度值/(Bq/m^3)
0. 6	32 625±970
1. 2	45 706±1 396

由表4.3可以看出，土囤解封状态下土壤氡浓度呈现分层现象，1.2 m深度氡浓度明显高于0.6 m深氡浓度，这与土壤氡浓度随土壤深度的加深而增大的理论模拟结果相符。与土囤密封状态测得的氡浓度相比，解封状态下0.6 m深的土壤氡浓度小了60 000 Bq/m^{3}之多，1.2 m深的土壤氡浓度也小了50 000 Bq/m^{3}之多。从这里可以看出，我们平时所测的土壤浅层氡浓度远远达不到潜势氡浓度水平，用土壤浅层氡浓度来评价室内氡水平是不可靠的。

（2）土壤表面析出率测量

测量土壤表面氡析出率采用等时间间隔测量法累积测量，将集氡罩扣在土壤表面，边缘就地用土进行一定程度的密封，再用测氡仪监测记录集氡罩内氡浓度的变化，即每隔相同的时间对集氡罩内的氡浓度进行测量确定等效衰变常数 λ_e 并计算出氡析出率 E。具体测量原理及方法见第3章。

在土囤表面选择3个点进行测量，3个点位于土囤表面同一轴线上，分别距侧壁0.2 m、0.6 m、1.0 m，依次编号1、2、3。测量周期设定为10 min，测量次数 $n=12$，计算得到三个点的等效衰变常数 λ_e 及11个周期的氡析出率值。本次测量所采用的RAD7测氡仪刻度系数为0.92；采用的集氡罩的体积为0.004 8 m^3，底面积为0.036 m^2。测量仪器连接如图4.13所示。

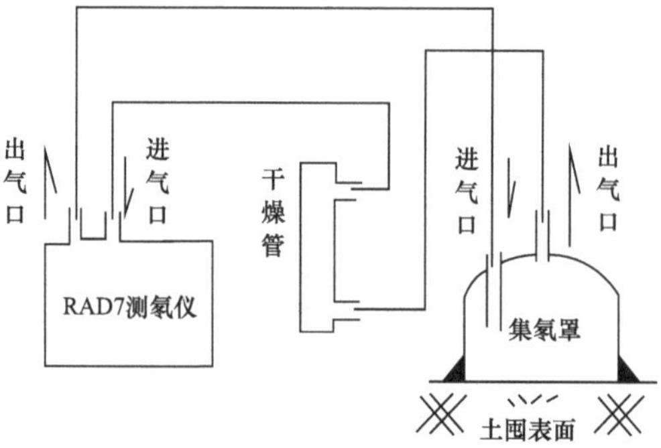

（a）

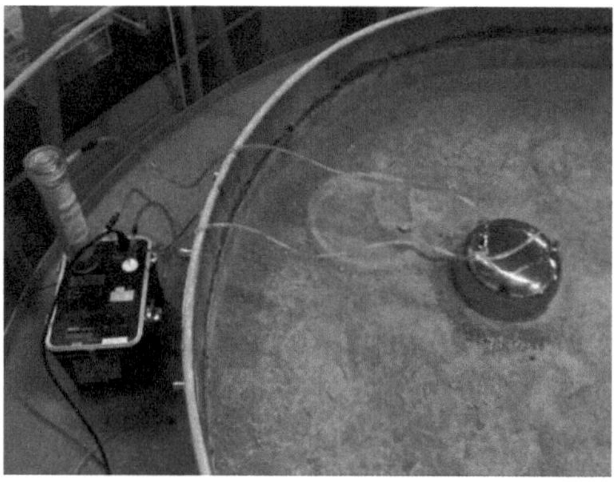

（b）

图4.13 氡析出率测量仪器连接图

（a）氡析出率测量示意图；（b）氡析出率测量实物图

3 个点测量结果如表 4.4 所示。

表 4.4　3 个测量点氡析出率的测量结果

n	1 号点		2 号点		3 号点	
	λ_e/s^{-1}	$E/[Bq/(m^2 \cdot s)]$	λ_e/s^{-1}	$E/[Bq/(m^2 \cdot s)]$	λ_e/s^{-1}	$E/[Bq/(m^2 \cdot s)]$
1	1.64×10^{-4}		1.60×10^{-4}		1.67×10^{-4}	
2		0.183		0.114		0.207
3		0.125		0.141		0.151
4		0.124		0.109		0.118
5		0.130		0.117		0.124
6		0.125		0.142		0.121
7		0.131		0.140		0.109
8		0.126		0.146		0.128
9		0.126		0.119		0.134
10		0.137		0.137		0.117
11		0.123		0.135		0.123
12		0.127		0.140		0.138
平均值		0.133		0.131		0.134
标准偏差		0.017		0.013		0.027

从表 4.4 可以看出，3 个测点的土壤氡析出率值标准偏差分别为 0.017、0.013、0.027，3 号测点稍大，这是由于集氡罩密封效果不理想，且土壤表面氡析出率测量易受外界环境因素影响导致。3 个测点的等效衰变常数有一定的差别，说明 3 个测点在测量时集氡罩内氡的泄漏和反扩散程度不同。但是最终计算得到的氡析出率平均值差别很小，这在一定程度上说明了利用等时间间隔测量法累积测量土壤表面氡析出率的可靠性，同时也说明土囤整个表面的氡析出率比较均匀。取 3 个测点的氡析出率平均值作为土囤土壤表面氡析出率，结果如表 4.5 所示。

表 4.5　土囤表面氡析出率

测量点位	氡析出率/$[Bq/(m^2 \cdot s)]$
1	0.133
2	0.131
3	0.134
平均值	0.133±0.002

（3）土壤潜势氡浓度的双源法与直接测量法测量结果的比较

将所测得的土壤浅层氡浓度、土壤表面氡析出率以及表 4.1 中砂土的孔隙度代入到式(4.23)中，利用 mathematica 软件解超越方程可以得到土壤潜势氡浓度的双源法测量值，将其与实测值进行比较，结果如表 4.6 所示。

表 4.6　土壤潜势氡浓度双源法测量值与实测值的比较

X/m	C/(Bq/m^3)	E/[Bq/(m^2·s)]	C_P(实)/(Bq/m^3)	C_P(双)/(Bq/m^3)	相对偏差/%
0.6	32 625	0.133	96 211	103 037	7.09
1.2	45 706			92 387	-3.97

注：x 为土层深度，C 为土壤 x m 深度处的氡浓度，E 为土壤表面氡析出率，C_P(实)为土壤潜势氡浓度实测值，C_P(双)为土壤潜势氡浓度双源法测量值，相对偏差=(双源法测量值-实测值)/实测值。

由表 4.6 可以看出，将 0.6 m 和 1.2 m 两个深度的土壤氡浓度代入到双源法理论模型中得到的土壤潜势氡浓度双源法测量值与实测值之间的相对偏差均在±10%以内，两者符合得较好，证明了双源法理论模型的可靠性。

在实验测量土壤潜势氡浓度的过程中，由于土囤密封程度不够，土壤潜势氡浓度实测值会有所偏低，那么利用理论模型得到的土壤潜势氡浓度双源法测量值应当要比实测值大。但是由表 4.6 可以发现，将 0.6 m 深土壤氡浓度代入到理论模型中得到的土壤潜势氡浓度双源法测量值比实测值大，将 1.2 m 深土壤氡浓度代入到理论模型中得到的双源法测量值却比实测值小，这是由于代入到模型中的土壤浅层氡浓度值偏小所导致。相对土壤潜势氡浓度实测值的偏低程度而言，0.6 m 深土壤氡浓度的偏小量少，比较接近真实值，从而土壤潜势氡浓度双源法测量值大于实测值；1.2 m 深土壤氡浓度的偏小量较多，从而导致了土壤潜势氡浓度双源法测量值小于实测值。

造成土壤浅层氡浓度偏小的最主要的原因是土囤装置自身条件的限制。由土壤潜势氡浓度和土壤浅层氡浓度的测量结果可知，土囤裸露时 1.2 m 深处氡浓度为 45 706 Bq/m^3，而土壤潜势氡浓度实测值为 96 211 Bq/m^3，是裸露时 1.2 m 深处氡浓度的两倍之多。由于土囤填充土壤只有 1.5 m 深，土囤裸露时，土囤最底部氡浓度不可能达到潜势氡浓度水平，所以土囤填充的土壤深度达不到双源法理论模型对半无穷大均匀土壤的要求。因此，土囤 0.6 m 和 1.2 m 深的土壤氡缺少了一部分来自它们下方土壤产生的氡的贡献，从而导致了土囤土壤浅层氡浓度偏小。而 0.6 m 深土壤氡所缺少的来自其下方土壤产生的氡的贡献相比于 1.2 m 深土壤氡的要少，所以 0.6 m 深土壤氡浓度的偏小量少，更接近于真实值，1.2 m 深土壤氡浓度的偏小量更多。由此可知，土囤并不能完全模拟半无穷大均匀土壤，相比于同状态下的半无穷大均匀土壤，土囤各层氡浓度都会有所偏小，对这个问题可以采取计算的方法进行修正。

4.2.3　土囤测量结果的修正方法

1. 补偿修正方法

(1) 土囤土壤浅层氡浓度的补偿修正

如 4.2.2 节所述，土囤填充的土壤深度不足以用来模拟半无穷大均匀土壤，我们在土囤上测得的土壤浅层氡浓度实际上要小于半无穷大均匀土壤下同一深度的氡浓度。双源法理论模型是建立在半无穷大均匀土壤的基础上，它所要求的土壤浅层氡浓度也应是半无穷大均匀土壤条件下的浅层氡浓度，要进一步证明该理论模型的可靠性，需要对前面测得的土囤浅层氡浓度进行补偿修正。另外，在土囤表面测得的氡析出率与半无穷大均匀土壤表面氡析出率之间也会有一定偏差，但是土囤所缺失的下方土壤产生的氡对土囤表面的贡献相对较小，所以在这里忽略土囤表面氡析出率的偏差。

对土囤土壤浅层氡浓度的补偿修正采用理论模拟加计算的方法，直接计算土壤浅层氡浓度的偏小量比较困难。

根据双源法理论模型半无穷大均匀土壤中氡浓度的分布规律，将式(4.17)整理后可写为：

$$C = \frac{A}{\lambda\eta}\left[1 - \exp\left(-\sqrt{\frac{\lambda}{D_e}} \cdot x\right)\right] \tag{4.24}$$

式中各参数所代表的物理量均与前文相同。$\frac{A}{\lambda\eta}$ 即为土壤潜势氡浓度，在土囤中则为 96 211 Bq/m^3，代入到式(4.24)中，就可以得到半无穷大均匀土壤情况下土囤内部的氡浓度分布：

$$C = 96\ 211 \cdot \left[1 - \exp\left(-\sqrt{\frac{\lambda}{D_e}} \cdot x\right)\right] \tag{4.25}$$

由于我们所实测的土壤潜势氡浓度本身偏小于真实值，所以式(4.25)实际上只能算近似半无穷大均匀土壤情况下的土囤氡浓度分布。通过式(4.25)可以求出近似半无穷大均匀土壤情况下土囤的浅层氡浓度，也就是补偿修正后的土壤浅层氡浓度。因此，我们需要先求出 $\sqrt{\lambda/D_e}$，这个量其实就是扩散长度的倒数，扩散长度的物理意义是氡浓度衰变到初始值的 1/e 时所扩散的距离。求 $\sqrt{\lambda/D_e}$ 这个量，需要先求出土囤内部实际的氡浓度分布方程。

在一维稳定状态下，氡在土壤中分布与运移的微分方程见式(4.16)。

土囤内部实际的氡浓度分布也是对式(4.16)进行求解，只是与半无穷大均匀土壤条件下求解的边界条件不同，半无穷大均匀土壤条件下 x 趋向于无穷大，而此时 x 的最大值为 1.5 m。上式的通解为：

$$C = C_1 \cdot \exp\left(\sqrt{\lambda/D_e} \cdot x\right) + C_2 \cdot \exp\left(-\sqrt{\lambda/D_e} \cdot x\right) + \frac{A}{\lambda\eta} \tag{4.26}$$

即：

$$C = C_1 \cdot \exp(\sqrt{\lambda/D_e} \cdot x) + C_2 \cdot \exp(-\sqrt{\lambda/D_e} \cdot x) + 96\ 211 \tag{4.27}$$

式中：C_1和C_2均为常数。

式(4.27)有三个已知条件，即：

$x=0$时，$C=0$（忽略土囤表面空气中的氡浓度）；

$x=0.6$ m 时，$C=32\ 625\ \mathrm{Bq/m^3}$；

$x=1.2$ m 时，$C=45\ 706\ \mathrm{Bq/m^3}$。

令：$\sqrt{\lambda/D_e}=a$，式(4.27)可写为：

$$C = C_1 \cdot \exp(a \cdot x) + C_2 \cdot \exp(-a \cdot x) + 96\ 211 \tag{4.28}$$

式(4.28)有三个未知参数：C_1、C_2和a，同时也有上面所说的三个已知条件。可以利用 MATLAB 拟合得到式(4.28)所示曲线，即土囤内部实际的氡浓度分布情况，也就知道了三个参数的值，如图 4.14 所示。

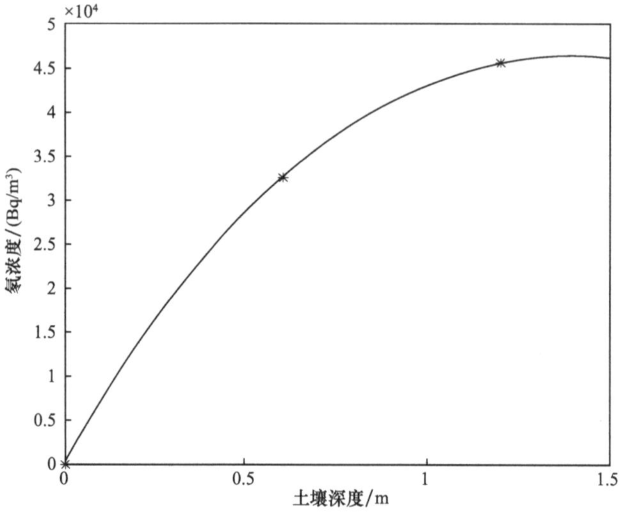

图 4.14　土囤内部实际氡浓度分布图

由图 4.14 可以看出，三个已知点都在曲线上，拟合相关度为 1。三个未知参数拟合结果为：$C_1=-6\ 901$，$C_2=-8.931\times10^4$，$a=0.912\ 6$。

将这三个参数的值代入到式(4.28)中，可得土囤内部实际氡浓度分布方程：

$$C = -6\ 901 \cdot \exp(0.912\ 6x) - 89\ 310 \cdot \exp(-0.912\ 6x) + 96\ 211 \tag{4.29}$$

由此可得$\sqrt{\lambda/D_e}$的值为 0.912 6，则氡在土囤填充的土壤中的扩散长度为 1.10 m，有效扩散系数为$2.52\times10^{-6}\ \mathrm{m^2 \cdot s^{-1}}$。把$\sqrt{\lambda/D_e}$的值代入到式(4.25)中，可以得到近似半无穷大均匀土壤条件下氡的分布方程：

$$C = 96\ 211 \cdot [1 - \exp(-0.912\ 6x)] \tag{4.30}$$

利用 MATLAB 可以同时作出土壤深度在 0~1.5 m 范围内的土囤内部实际氡浓度分布曲线和近似半无穷大均匀土壤中氡浓度的分布曲线，即同时模拟式(4.29)和式(4.30)，模拟结果如图 4.15 所示。

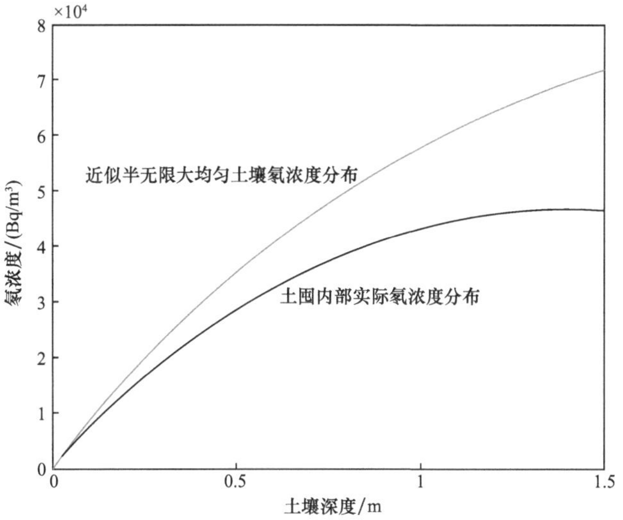

图 4.15　土囤内部实际氡浓度分布与近似半无穷大均匀土壤氡浓度分布对比图

由图 4.15 可以很直观地看出两种分布曲线之间的差别。可以发现土囤内部实际氡浓度明显小于同深度下近似半无穷大均匀土壤氡浓度，这也进一步说明了土囤不足以模拟半无穷大均匀土壤。通过式(4.30)可以计算出近似半无穷大均匀土壤条件下土囤各层氡浓度，即进行了补偿修正后的氡浓度值，如表 4.7 所示。

表 4.7　补偿修正后的土壤浅层氡浓度

x/m	C(实)/(Bq/m³)	C(补)/(Bq/m³)
0.6	32 625	40 566
1.2	45 706	64 028

注：C(实)为土壤浅层氡浓度实测值，C(补)为经补偿修正后的土壤浅层氡浓度。

由表 4.7 可以看出，土壤浅层氡浓度实测值要明显的小于经补偿修正后的值。0.6 m 深度的氡浓度实测值的偏小量为 7 941 Bq/m³，偏低 19.6%。1.2 m 深度的氡浓度实测值的偏小量为 18 322 Bq/m³，偏低 28.6%。1.2 m 深度氡浓度的偏小量要远大于 0.6 m 深度氡浓度的偏小量，这与前面的理论分析符合得较好。

(2) 补偿修正后的双源法土壤潜势氡浓度测量值与分析

将表 4.7 中经补偿修正后的土壤浅层氡浓度、土壤表面氡析出率以及砂土的孔隙度 0.39 代入到式(4.23)中，可以计算得到经补偿修正后的土壤潜势氡浓度双源法测量值 C_P(双补)，将其与土壤潜势氡浓度实测值以及未经补偿修正的双源法测量值 C_P(双)进行比较，结果如表 4.8 所示。

表 4.8 补偿修正后的土壤潜势氡浓度双源法测量值与实测值比较

X/m	C_P(实)/(Bq/m^3)	C_P(双)/(Bq/m^3)	C_P(双补)/(Bq/m^3)	相对偏差/%
0.6	96 211	103 037	116 209	-17.2
1.2		92 387	113 060	-14.9

注：相对偏差=(C_P(实)-C_P(双补))/C_P(双补)。

由表 4.8 可以看出，将补偿修正后的土壤浅层氡浓度代入到双源法理论模型中得到的土壤潜势氡浓度双源法测量值不再出现小于土壤潜势氡浓度实测值的情况。另外，补偿修正后的土壤潜势氡浓度双源法测量值与土壤潜势氡浓度实测值之间的相对偏差较之前未经补偿修正时变大了，这是由于土壤潜势氡浓度实测值本身偏小所导致，实际上经补偿修正后的土壤潜势氡浓度双源法测量值相比于未经补偿修正的要更接近于土壤潜势氡浓度真实值。

2. 迭代修正方法

(1) 首次迭代修正

虽然土壤浅层氡浓度补偿修正得到的结果与理论分析符合得较好，但是经补偿修正的土壤浅层氡浓度理论上还是会小于半无穷大均匀土壤情况下同一深度的氡浓度。这是因为土囤土壤潜势氡浓度实测值 96 211 Bq/m^{3}本身偏小于土壤潜势氡浓度真实值，而在计算土壤浅层氡浓度补偿修正值时我们依托的正是这个偏小的土壤潜势氡浓度值，所以补偿修正后的浅层氡浓度依然会偏小。因此，我们对土壤浅层氡浓度进行进一步迭代修正，即利用土壤浅层氡浓度补偿修正值和补偿修正后的土壤潜势氡浓度双源法测量值 C_P(双)进行迭代计算，求出补偿修正后的土囤内部氡浓度分布方程，进而求出经迭代修正后的半无穷大均匀土壤氡浓度分布方程，从而得到土壤浅层氡浓度首次迭代修正值。具体计算过程如下：

将表 4.8 中经补偿修正的土壤潜势氡浓度双源法测量值的平均值 114 635 Bq/m^{3}代入式(4.26)中，有：

$$C = C_1 \cdot \exp(\sqrt{\lambda/D_e} \cdot x) + C_2 \cdot \exp(-\sqrt{\lambda/D_e} \cdot x) + 114\ 635 \qquad (4.31)$$

令：$\sqrt{\lambda/D_e} = b$，式(4.31)可写为：

$$C = C_1 \cdot \exp(bx) + C_2 \cdot \exp(-bx) + 114\ 635 \qquad (4.32)$$

式(4.32)即为经补偿修正后的土囤内部实际氡浓度分布方程，该方程有三个已知条件：

$x=0$ 时，$C=0$（忽略土囤表面空气中的氡浓度）；

$x=0.6$ m 时，$C=40\ 566$ Bq/m^3；

$x=1.2$ m 时，$C=64\ 028$ Bq/m^3。

利用这三个已知条件，我们同样可以通过 MATLAB 软件对式(4.32)进行曲线拟合，拟合结果见图 4.16。

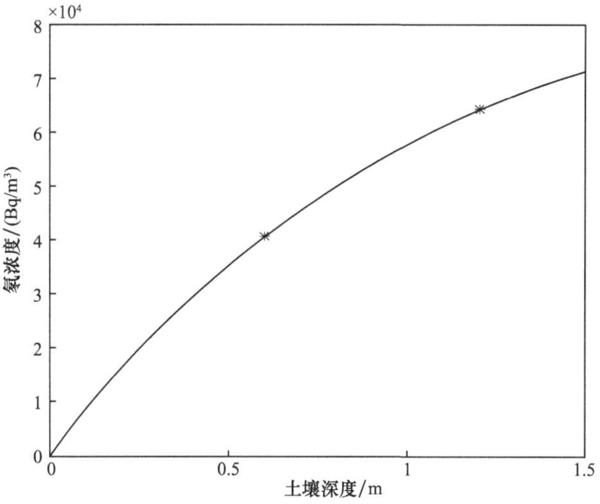

图 4.16 经补偿修正后的土囤内部实际氡浓度分布图

由图 4.16 可以看出，三个已知点都在曲线上，拟合相关度为 1。三个未知参数拟合结果为：$C_1=-2\ 886$，$C_2=-1.117\times10^5$，$b=0.793\ 4$。

这样也就知道了经补偿修正后的近似半无穷大土囤内部实际氡浓度分布方程，如式(4.33)：

$$C=-2\ 886\cdot\exp(0.793\ 4x)-111\ 700\cdot\exp(-0.793\ 4x)+114\ 635 \quad (4.33)$$

由式(4.33)可知 $\sqrt{\lambda/D_e}=0.793\ 4$，可以算出经补偿修正后氡在土囤填充的土壤中的扩散长度为 1.26 m，有效扩散系数为 $3.34\times10^{-6}\ m^2/s$。显然，土囤内部氡扩散长度以及有效扩散系数都较之前的结果有所增加，这也说明式(4.30)只是近似的半无穷大均匀土壤氡浓度分布方程。

将补偿修正后土壤潜势氡浓度双源法测量值平均值 114 635 Bq/m^3 及 $\sqrt{\lambda/D_e}=0.793\ 4$代入到式(4.24)中，可以得到经迭代修正的近似半无穷大均匀土壤的氡浓度分布方程：

$$C=114\ 635\cdot[1-\exp(-0.793\ 4x)] \quad (4.34)$$

将 $x=0.6$ 和 $x=1.2$ 分别代入到式(4.34)中，就可以得到土壤浅层氡浓度首次迭代修正值，将其与之前测得的实测值以及计算得到的补偿修正值进行对比，结果如表 4.9 所示。

表 4.9 土壤浅层氡浓度首次迭代修正值与补偿修正值的对比

x/m	C(实)/(Bq/m^3)	C(补)/(Bq/m^3)	C(迭1)/(Bq/m^3)
0.6	32 625	40 566	43 419
1.2	45 706	64 028	70 393

注：C(迭1)为土壤浅层氡浓度首次迭代修正值。

由表 4.9 可以看出，土囤土壤浅层氡浓度首次迭代修正值 C(迭1)较补偿修正值 C(补)又有一定程度上的增大。土囤土壤浅层氡浓度实测值、补偿修正值、首次迭代修正值三者之间呈逐渐递增的趋势，且递增幅度越来越小，可以推断如果经过多次迭代修正，土壤浅层氡浓度会逐渐趋于稳定，并无限趋近于半无穷大均匀土壤情况下的土壤浅层氡浓度真实值。利用 MATLAB 对式(4.29)、式(4.33)和式(4.34)进行曲线模拟，我们可以更直观地看出土壤浅层氡浓度的这种变化趋势，模拟结果如图 4.17 所示。

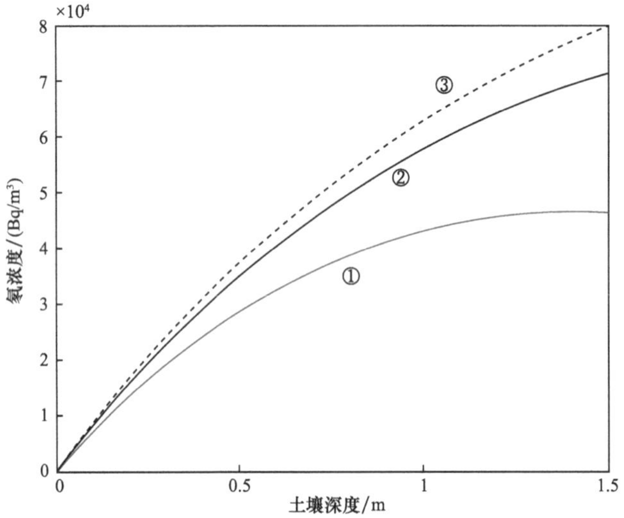

图 4.17　土壤浅层氡浓度分布模拟对比图

注：①为未经任何修正的土囤氡浓度分布曲线；②为经补偿修正后的土囤氡浓度分布曲线；③为经首次迭代修正的近似半无穷大均匀土壤土囤氡浓度分布曲线。

将表 4.9 中经首次迭代修正的土囤土壤浅层氡浓度、土壤表面氡析出率以及砂土的孔隙度 0.39 代入到式(4.23)中，利用 mathematica 软件可以得到经首次迭代修正的土壤潜势氡浓度双源法测量值 C_P(双迭1)，将其与实测值、未经补偿修正的潜势氡浓度双源法测量值 C_P(双)以及经补偿修正的潜势氡浓度双源法测量值 C_P(双补)进行比较，结果如表 4.10 所示。

表 4.10　不同修正条件下的土壤潜势氡浓度双源法测量值以及实测值之间的比较

X/m	C_P(实)/(Bq/m³)	C_P(双)/(Bq/m³)	C_P(双补)/(Bq/m³)	C_P(双迭1)/(Bq/m³)
0.6	96 211	103 037	116 209	120 689
1.2		92 387	113 060	119 825

由表 4.10 可知，随着逐次修正，土壤潜势氡浓度双源法测量值呈现逐渐递增的现象，只是递增的幅度越来越小，这与逐次修正的土壤浅层氡浓度之间的变化趋势相同；

利用逐次修正的0.6 m和1.2 m两个深度的土壤氡浓度得到的两个潜势氡浓度双源法测量值之间的偏差也越来越小。

(2) 二次迭代修正

将表4.10中经首次迭代修正的土壤潜势氡浓度双源法测量值 C_P(双迭1)的平均值120 257 Bq/m^{3}代入到式(4.26)中，有：

$$C = C_1 \cdot \exp(\sqrt{\lambda/D_e} \cdot x) + C_2 \cdot \exp(-\sqrt{\lambda/D_e} \cdot x) + 120\ 257 \tag{4.35}$$

式(4.35)即为经首次迭代修正的近似半无穷大土囤内部氡浓度分布方程，该方程有三个已知条件：

$x=0$ 时，$C=0$（忽略土囤表面空气中的氡浓度）；

$x=0.6$ m 时，$C=43\ 419$ Bq/m^3；

$x=1.2$ m 时，$C=70\ 393$ Bq/m^3。

同样利用 MATLAB 对式(4.35)进行拟合，可以得到式中的未知参数：$\sqrt{\lambda/D_e}=0.764\ 3$，$C_1=-858.2$，$C_2=-1.194\times10^5$。

所以经首次迭代修正后的土囤内部氡浓度分布方程为：

$$C = -858.2 \cdot \exp(0.763\ 4x) - 119\ 400 \cdot \exp(-0.763\ 4x) + 120\ 257 \tag{4.36}$$

通过上式能够算出经首次迭代修正后氡在土囤填充的土壤中的扩散长度为1.31 m，有效扩散系数为3.60×10^{-6} m^2/s。可以看出，土囤内部氡扩散长度以及有效扩散系数较之前又有所增加，而且增加的幅度进一步减小，与前面的理论分析符合得较好。

将 $\sqrt{\lambda/D_e}=0.764\ 3$ 和经首次迭代修正的土壤潜势氡浓度双源法测量值 C_P(双迭1)的平均值120 257 Bq/m^{3}代入到式(4.24)中，可以得到经二次迭代修正的半无穷大均匀土壤下的氡浓度分布方程：

$$C = 120\ 257 \cdot [1 - \exp(-0.763\ 4x)] \tag{4.37}$$

由式(4.37)可以算出经二次迭代修正的土壤浅层氡浓度：$x=0.6$ m 时，C(迭2)=44 192 Bq/m^3；$x=1.2$ m 时，C(迭2)= 72 144 Bq/m^3。

利用这两个土壤浅层氡浓度可以得到经二次迭代修正的土壤潜势氡浓度双源法测量值，结果如表4.11所示。

表4.11 经二次迭代修正的土壤潜势氡浓度双源法测量值

x/m	C(迭2)/(Bq/m^3)	C_P(双迭2)/(Bq/m^3)
0.6	44 192	121 883
1.2	72 144	121 656

注：C(迭2)为经二次迭代修正的土壤浅层氡浓度；C_P(双迭2)为经二次迭代修正的土壤潜势氡浓度双源法测量值。

从表4.11可知，经二次迭代修正，近似半无穷大土囤的土壤潜势氡浓度双源法测量值较一次迭代修正的增加小于1%，两个不同深度的土壤潜势氡浓度双源法测量值相差小于2‰。这说明，利用土囤实测数据经一次补偿修正和两次迭代修正，就几乎可以得到半无穷大土囤的土壤潜势氡浓度双源法测量值。

（3）三次迭代修正

将表4.11中经二次迭代修正的土壤潜势氡浓度双源法测量值 C_P(双迭2)的平均值121 770 Bq/m^{3}代入到式(4.26)中，有：

$$C = C_1 \cdot \exp(\sqrt{\lambda/D_e} \cdot x) + C_2 \cdot \exp(-\sqrt{\lambda/D_e} \cdot x) + 121\ 770 \tag{4.38}$$

式(4.38)即为经二次迭代修正的土囤内部氡浓度分布方程，该方程有三个已知条件：

$x=0$ 时，$C=0$（忽略土囤表面空气中的氡浓度）；

$x=0.6$ m 时，$C=44\ 192$ Bq/m^3；

$x=1.2$ m 时，$C=72\ 144$ Bq/m^3。

同样利用 MATLAB 对式(4.38)进行拟合，可以得到式中的未知参数：$\sqrt{\lambda/D_e}$ = 0.756 1，$C_1=-229.8$，$C_2=-1.215\times10^5$。

所以，经二次迭代修正后的土囤内部氡浓度分布方程为：

$$C = -229.8 \cdot \exp(0.756\ 1x) - 121\ 500 \cdot \exp(-0.756\ 1x) + 121\ 770 \tag{4.39}$$

通过式(4.39)能够算出经二次迭代修正后氡在土囤填充的土壤中的扩散长度为1.32 m，有效扩散系数为3.67×10^{-6} m^2/s。土囤内部氡扩散长度以及有效扩散系数较之前又有所增加，但增加的幅度进一步减小。还可以看出，式(4.39)中右边第二项的系数值与第三项常数值非常接近，此时式中右边第一项已经对整个方程的贡献非常小，如果忽略掉此项，那么式(4.39)实际上就是半无穷大均匀土壤氡浓度分布方程。

将 $\sqrt{\lambda/D_e}$ =0.756 1和经二次迭代修正的土壤潜势氡浓度双源法测量值 C_P(双迭2)的平均值121 770 Bq/m^{3}代入到式(4.24)中，就可以得到经三次迭代修正的半无穷大均匀土壤下的氡浓度分布方程：

$$C = 121\ 770 \cdot [1 - \exp(-0.756\ 1x)] \tag{4.40}$$

由此可算出经三次迭代修正的土壤浅层氡浓度：$x=0.6$ m 时，C(迭3)= 44 410 Bq/m^3；$x=1.2$ m 时，C(迭3)= 72 623 Bq/m^3。

利用这两个土壤浅层氡浓度可以得到经三次迭代修正的半无穷大土囤土壤潜势氡浓度双源法测量值，如表4.12所示。

表4.12 经三次迭代修正的半无穷大土囤土壤潜势氡浓度双源法测量值

x/m	C(迭3)/(Bq/m^3)	C_P(双迭3)/(Bq/m^3)
0.6	44 410	122 218
1.2	72 623	122 156

注：C(迭3)为经三次迭代修正的土囤土壤浅层氡浓度；C_P(双迭3)为经三次迭代修正的半无穷大土囤土壤潜势氡浓度双源法测量值。

从表4.12可知，经三次迭代修正，近似半无穷大土囤的土壤潜势氡浓度双源法测量值较二次迭代修正的增加小于4‰，两个不同深度的土壤潜势氡浓度双源法测量值相差万分之五。这说明，利用土囤实测数据经一次补偿修正和三次迭代修正，就可以得到半无穷大土囤的土壤潜势氡浓度双源法测量值。

为了更好地比较土壤浅层氡浓度多次修正的结果，将土壤浅层氡浓度实测值、补偿修正值、首次迭代修正值、二次迭代修正值和三次迭代修正值列于表4.13。

表4.13 土囤土壤浅层氡浓度实测值和修正值对比

X/m	C(实)/(Bq/m^3)	C(补)/(Bq/m^3)	C(迭1)/(Bq/m^3)	C(迭2)/(Bq/m^3)	C(迭3)/(Bq/m^3)
0.6	32 625	40 566	43 419	44 192	44 410
1.2	45 706	64 028	70 393	72 144	72 623

由表4.13可知，经多次修正后，土壤浅层氡浓度已趋于稳定，其中二次迭代修正值与三次迭代修正值之间只相差千分之七以内，可以认为第三次迭代修正的结果为半无穷大土囤土壤浅层氡浓度的真实值，即0.6 m深的氡浓度为44 410 Bq/m^3，1.2 m深的氡浓度为72 623 Bq/m^3。同时也可以知道，由于土囤土层厚度有限而导致的氡浓度的缺失，0.6 m达到了11 785 Bq/m^3，1.2 m达到了26 917 Bq/m^3，1.2 m深处的氡浓度缺失量远大于0.6 m深处的缺失量，达到了2倍之多，这与理论分析符合得较好。利用MATLAB同时对式(4.29)、式(4.33)、式(4.36)、式(4.39)和式(4.40)进行曲线模拟，如图4.18所示。从图4.18可以很直观地看出，各次修正的半无穷大土囤氡浓度分布曲线呈现逐渐逼近的趋势，二次迭代修正和三次迭代修正后的半无穷大土囤的氡浓度分布曲线几乎重合。

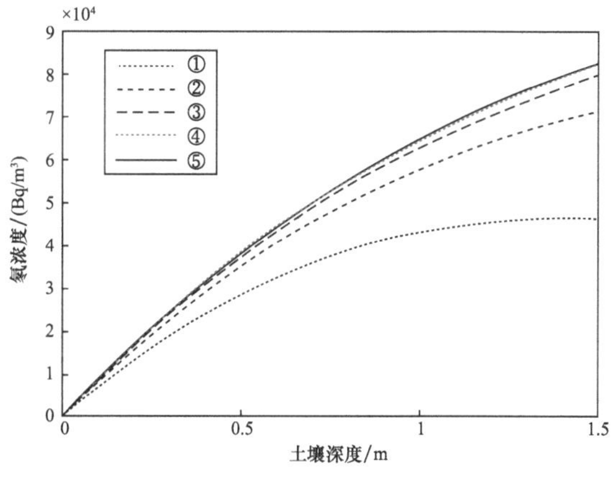

图4.18 各次修正后的土囤氡浓度分布曲线

注：①为未经任何修正的土囤氡浓度分布曲线；②为经补偿修正的土囤氡浓度分布曲线；③为经首次迭代修正的半无穷大土囤氡浓度分布曲线；④为经二次迭代修正的半无穷大土囤氡浓度分布曲线；⑤为经三次迭代修正的半无穷大土囤氡浓度分布曲线。

同样，为了更好地比较分析多次修正的土壤潜势氡浓度，我们将土壤潜势氡浓度实测值和各次修正后的双源法测量值列于表 4. 14。

表 4. 14　土囤土壤潜势氡浓度实测值及修正前、后的双源法测量值对比

x/m	C_p(实)/(Bq/m³)	C_p(双)/(Bq/m³)	C_p(双补)/(Bq/m³)	C_p(双迭1)/(Bq/m³)	C_p(双迭2)/(Bq/m³)	C_p(双迭3)/(Bq/m³)
0. 6	96 211	103 037	116 209	120 689	121 883	122 218
1. 2		92 387	113 060	119 825	121 656	122 156
平均值	—	97 707	114 635	120 257	121 770	122 187

由表 4. 14 可知，土囤土壤潜势氡浓度实测值及修正前、后的双源法测量值与土壤浅层氡浓度的变化趋势一样，也趋近于稳定，其中二次迭代修正值与三次迭代修正值之间相差不到 4‰。我们可以认为，第三次迭代修正的结果为半无穷大土囤土壤潜势氡浓度的真实值，即为 122 187 Bq/m³，这比实测值大了 25 976 Bq/m³，说明在测量土囤土壤潜势氡浓度时土囤的密封程度确实不够。

上述修正方法提供了一种基于测量非半无穷大土壤浅层氡浓度和土壤表面氡析出率，利用双源法通过数据修正得到半无穷大土壤潜势氡浓度的方法。

4. 3　测量土壤潜势氡浓度的两点法[7]

4. 3. 1　两点法原理

两点法的基本思想是通过测量不同深度两点的土壤氡浓度来推算其他所有深度下的土壤氡浓度。

由于半无穷大均匀土壤中氡浓度的分布规律可用式(4. 24)表示，即：

$$C = \frac{A}{\lambda\eta}\left[1 - \exp\left(-\sqrt{\frac{\lambda}{D_e}} \cdot x\right)\right]$$

对于某地点确定的土壤类型来说，土壤氡产生率 A 是常数，土壤孔隙度 η 是常数，氡有效扩散系数 D_e 也是常数，那么上式可以写为：

$$C = p[1 - \exp(-q \cdot x)] \tag{4.41}$$

式(4. 41)就是两点法的基本理论模型。模型中有两个未知的常数参量 p 和 q，只要有两组不同深度的土壤氡浓度代入到式中就能求解出 p 和 q 的值，从而得到半无穷大均匀土壤下简化的土壤氡浓度分布模型，这样也就能推算出其他各个深度的氡浓度。两点法也是建立在半无穷大均匀土壤的基础上，它巧妙地利用了土壤氡浓度指数增长的规律。通过两点法去获得各个深度的土壤氡浓度能够避免多次抽气测量氡浓度时因对土壤氡原始分布的破坏而导致的测量不准确的问题。

两点法理论模型中的 p 常数参量即为土壤潜势氡浓度的值，因为 $C|x \to \infty = p$ ，所以利用两点法也能获得土壤潜势氡浓度值。

4.3.2 两点法测量土壤潜势氡浓度

两点法测量土壤潜势氡浓度必须要求所测土壤满足半无穷大均匀土壤的要求。通过4.2.3节的分析我们知道，经三次迭代修正后的土囤浅层氡浓度已经达到了半无穷大均匀土壤条件下的浅层氡浓度水平，将表4.13中经三次迭代修正的两个深度的土囤浅层氡浓度代入到式(4.41)中计算 p、q 两个未知常量，可得：$p=121\ 800$，$q=0.756\ 1$。

这样也就确定了两点法理论模型，如下式所示：

$$C = 121\ 800 \cdot [1 - \exp(-0.756\ 1x)] \tag{4.42}$$

实际上式(4.42)就是经三次迭代修正的半无穷大土囤氡浓度分布方程，可见利用两点法理论模型也能够得到非常可靠的土壤潜势氡浓度，即为121 800 Bq/m^3。

如果所测土壤不能满足半无穷大均匀土壤的条件，则不能利用两点法测量土壤潜势氡浓度。我们可以将表4.13中两个土囤浅层土壤氡浓度实测值代入到式(4.41)中计算 p、q 两个未知常量，可得：$p=54\ 460$，$q=1.523$。

此时利用两点法理论模型得到的土壤潜势氡浓度为54 460 Bq/m^3，这与经三次迭代修正的土壤潜势氡浓度双源法测量值之间的相对误差达到了54.43%。这是因为两点法是建立在半无穷大均匀土壤的基础上，利用的是土壤氡浓度随深度指数增长的规律，所测量到的两个不同深度点的氡浓度决定了这种指数规律的走势曲线。而土囤土壤浅层氡浓度实测值是小于半无穷大均匀土壤情况下的浅层土壤氡浓度真实值的，所以导致了利用“两点法”理论模型得到的土壤氡浓度指数增长曲线要偏低，所得到的土壤潜势氡浓度远小于真实值。

4.3.3 双源法与两点法的比较

其一，双源法是利用土壤浅层氡浓度和土壤表面氡析出率来获得土壤潜势氡浓度，两点法是利用两个不同深度的土壤氡浓度来获得土壤潜势氡浓度。其二，就测量工作量来说，双源法要相对简单，因为它只需要测量一个深度的土壤氡浓度；而两点法要测量两个不同深度的土壤氡浓度，钻孔工作量较大。其三，两点法要求所测土壤必须满足半无穷大均匀土壤条件，这种条件下如果土壤浅层氡浓度测量足够准确，那么利用两点法能够获得非常可靠的土壤潜势氡浓度，否则两点法获得的土壤潜势氡浓度会远小于真实值。而对于双源法来说，虽然它也要求土壤要达到半无穷大均匀土壤条件，但是在测量土壤潜势氡浓度时它并不是完全利用的土壤氡浓度的指数增长规律，而是利用土壤浅层氡浓度和土壤表面氡析出率两个量与土壤潜势氡浓度之间的关系，使双源法理论模型对半无穷大均匀土壤这个条件的要求不至于那么严格。因此即使是在达不到半无穷大的均匀土壤中进行双源法土壤潜势氡浓度测量，也能获得较可靠的测量结果。

总之，在测量土壤潜势氡浓度时，双源法更为简便可靠，适用性较好，即使是在达不到半无穷大这一要求的均匀土壤中进行测量，它也能获得较可靠的测量结果。两点法的适用条件非常苛刻，必须要求所测土壤能够达到半无穷大均匀土壤的要求，若是满足了这个条件，那利用两点法进行土壤潜势氡浓度的测量也是非常可靠的。另外，在研究半无穷大均匀土壤中的氡时，如果是为了获得各个不同深度下的氡浓度以及分析土壤中氡浓度的分布情况，两点法是非常适用的，能很好地还原土壤氡原始分布。

4.4 土壤潜势氡浓度快速测量的双源法及其应用[8-10]

正如4.2节所述，在土壤为半无穷大均匀分布的条件下，土壤潜势氡浓度与土壤浅层氡浓度、土壤表面氡析出率之间存在一个确定的关系。基于此关系可以建立测量土壤潜势氡浓度的双源法。因此，土壤潜势氡浓度的快速测量问题就转化为土壤浅层氡浓度和土壤表面氡析出率的快速测量。

4.4.1 土壤氡浓度的快速测量方法

1. 土壤氡浓度快速测量方法的原理

土壤氡浓度的快速测量采用双室法，双室即采样室和测量室，测量装置如图4.19所示。采样室下部靠近土壤采样面加一个30 cm高度的甄别室，其主要作用是消除掉从土壤中析出的^{220}Rn对氡浓度测量的干扰。实验证明，加30 cm高度的甄别室能消除97%以上的^{220}Rn。土壤氡浓度测量采样装置结构如图4.20所示。土壤中的氡经甄别室进入采样室，并在采样室内积累。采样室与测量室通过软管相连，采样室中的氡进而通过微型流量泵进入测量室。整套装置采用闭环模式测量，抽气结束时加高压静电收集氡衰变产生的^{218}Po粒子，^{218}Po粒子衰变产生的α粒子被电子线路收集记录得到净计数，最终转换为氡浓度。

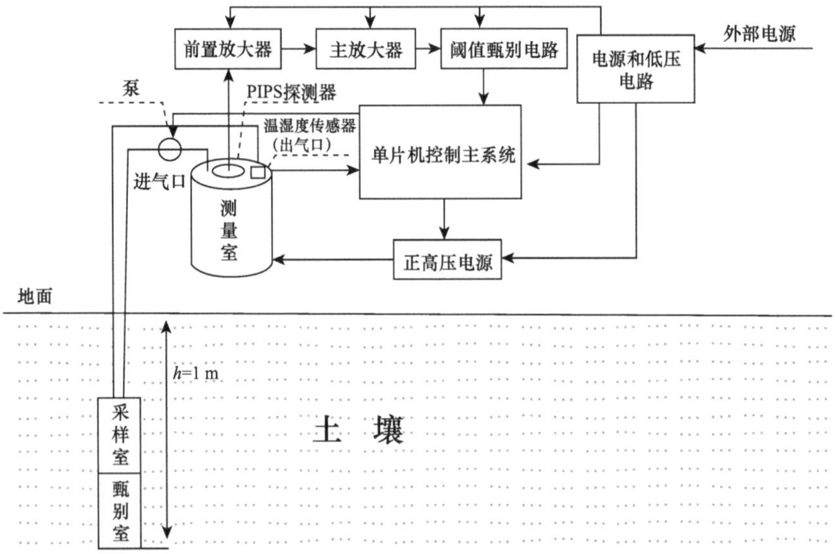

图4.19 土壤氡浓度快速测量装置示意图

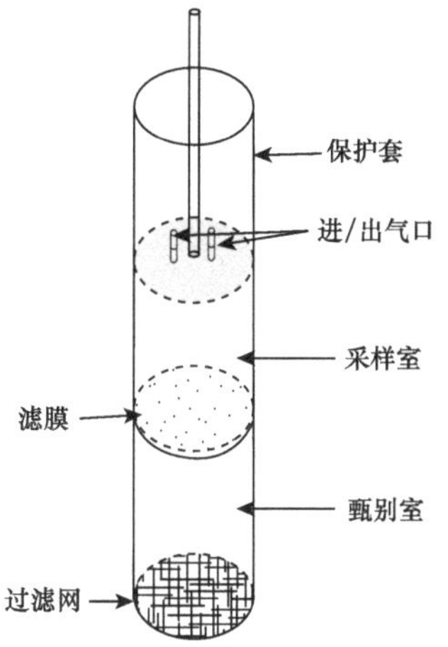

图 4.20 土壤氡浓度测量采样装置结构示意图

采样室内氡浓度的变化为：

$$\frac{\mathrm{d}C(t)}{\mathrm{d}t} = \frac{ES_1}{V_1} - \lambda C - RC \tag{4.43}$$

式中：E 为土壤进入采样装置内的氡析出率；S_1为采样装置的底面积；V_1为总体积；R 为氡的泄漏和反扩散率。

解式(4.43)得到采样室内的氡浓度为：

$$C(t) = \frac{ES_1}{\lambda_e V_1}(1 - e^{-\lambda_e t}) + C_0 e^{-\lambda_e t} \tag{4.44}$$

其中：C_0为 $t=0$ 时采样室内的氡浓度；$\lambda_e = \lambda + R$ 为等效衰变常量。

一段时间以后，采样室内的氡浓度达到平衡，平衡时的氡浓度即为实际的土壤氡浓度 C。假设初始时采样室内的氡浓度为零，即 $C_0=0$，则经过一段时间后土壤氡浓度 C 近似为：

$$C = \frac{ES_1}{\lambda_e V_1} \tag{4.45}$$

通过被动积累土壤氡使采样室内的氡浓度达到平衡再进行测量，方法简单，但采样室与土壤氡浓度达到平衡的时间比较长（实验证明需要 5 h 以上），虽然可以比较准确地测量土壤氡浓度，但不符合现场快速测量土壤氡浓度的要求，也不能实现对土壤潜势氡浓度的快速测量。

为了快速测量土壤氡浓度，现提出一种在原被动积累土壤氡浓度的基础上，对采样室内未达到平衡时测得的氡浓度值通过数值拟合得到平衡时的氡浓度值的方法，称之为等时间间隔法。等时间间隔法的具体实施方案如图 4.21 所示。

如图 4.21 所示，每隔时间 T 测量采样室内的氡浓度，共测量 n 次（$n>3$）。由式(4.44)可知第 $n-1$ 和第 n 个周期测得的采样室内的氡浓度分别为：

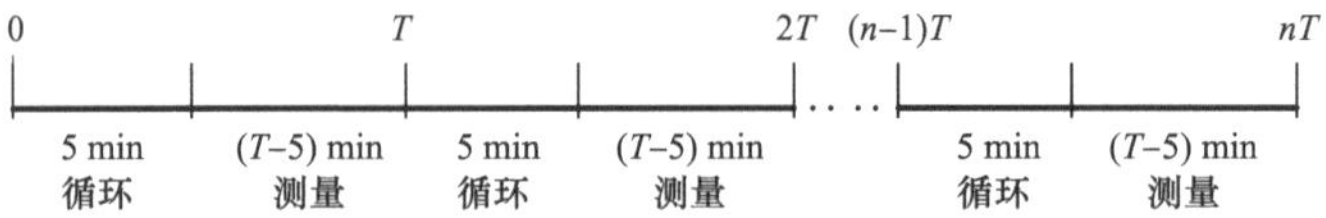

图 4.21　等时间间隔法测量示意图

$$C_{n-1}=\frac{ES_1}{\lambda_e V_1}(1-e^{-\lambda_e(n-1)T})+C_0 e^{-\lambda_e(n-1)T} \tag{4.46}$$

$$C_n=\frac{ES_1}{\lambda_e V_1}(1-e^{-\lambda_e nT})+C_0 e^{-\lambda_e nT} \tag{4.47}$$

式中：C_n为第 n 个周期测量得到的氡浓度；C_{n-1}为第 $n-1$ 个周期测量得到的氡浓度。

根据式(4.46)和式(4.47)得相邻两次取样测量氡浓度值之间的关系为：

$$C_n=\frac{ES_1}{\lambda_e V_1}(1-e^{-\lambda_e T})+C_{n-1}e^{-\lambda_e T} \tag{4.48}$$

引入参数 a_1、b_1，其中：

$$a_1=\frac{ES_1}{\lambda_e V_1}(1-e^{-\lambda_e T}) \tag{4.49}$$

$$b_1=e^{-\lambda_e T} \tag{4.50}$$

对未平衡时采样室内的氡浓度值进行最小二乘法拟合得到 a_1、b_1的值。由于达到平衡时采样室内的氡浓度 $C_n=C_{n-1}$，则土壤氡浓度的值为：

$$C=\left|\frac{a_1}{1-b_1}\right| \tag{4.51}$$

2. 土壤氡浓度快速测量方法的实验验证

土壤氡浓度快速测量方法的实验室验证是在南华大学氡实验室的氡析出率标准装置上进行，该装置是国内氡析出率测量校准的唯一标准装置。把采样室扣在氡析出率标准装置上，用密封胶封住采样口周边，进出气口与连续测氡仪的测量室连接形成闭环，模拟在土壤中某一深度采样进行土壤氡浓度测量，如图 4.22 所示。

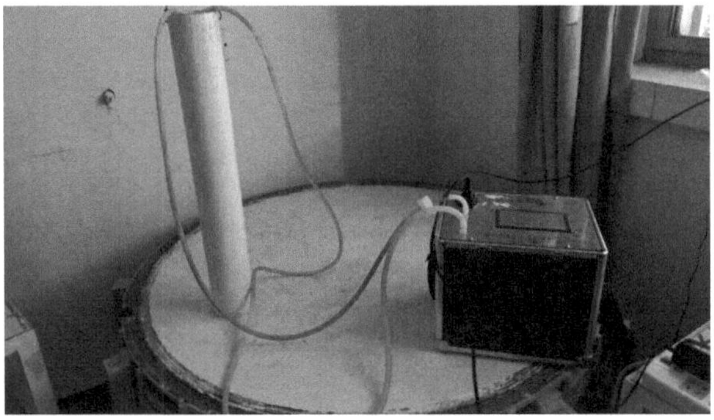

图 4.22　土壤氡浓度快速测量实验

氡析出率标准装置中的氡析出进入采样室内被动积累，需要 5 h 以上的时间才能达到平衡。本实验测量周期为 $T=15$ min（抽气时间为 2 min，测量时间为 13 min），采样室内的初始氡浓度为 0。表 4.15 内的数据为测量装置测量的采样室内 10 h 的氡浓度数据。

表 4.15 模拟测量氡浓度结果

t/min	C/(Bq/m³)	t/min	C/(Bq/m³)	t/min	C/(Bq/m³)	t/min	C/(Bq/m³)
15	666	165	11 420	315	13 406	465	13 774
30	2 381	180	11 827	330	14 233	480	14 441
45	4 232	195	12 645	345	13 607	495	14 563
60	6 099	210	13 125	360	14 608	510	14 025
75	6 853	225	13 523	375	13 807	525	14 020
90	7 628	240	12 830	390	13 671	540	14 118
105	8 883	255	13 708	405	14 408	555	14 392
120	9 631	270	13 380	420	14 257	570	13 849
135	10 379	285	13 393	435	14 902	585	13 955
150	11 037	300	14 350	450	13 952	600	14 390

表 4.15 中的原始数据相对应的曲线如图 4.23 所示。

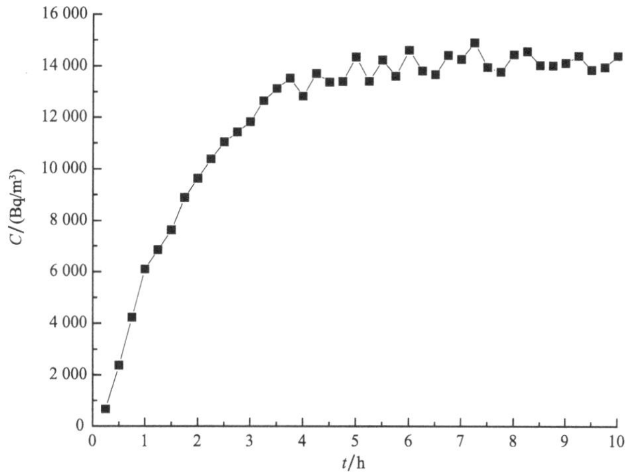

图 4.23 模拟测量氡浓度结果曲线图

分析表 4.15 中的数据和图 4.23 中的曲线可知，采样室中的氡浓度随着时间的增加而增加，最终达到平衡，平衡时采样室内的氡浓度值为 14 119 Bq/m³，氡浓度达到平衡的时间达 5 h 以上，最后稳定在平衡浓度水平达到动态平衡状态。这种方法能够准确测得土壤氡浓度值，但测量时间长，达不到快速测量的要求。

采用等时间间隔法进行实验数据拟合，等时间间隔法所适用的条件为未达到平衡时采样室中的氡浓度，选择前三个小时的数据进行等时间间隔法数据拟合。令第一测量周期的氡浓度值为 C_1，第二测量周期的氡浓度值为 C_2，以此类推。把前 11 个周期的实验数据按表 4.16 的格式进行组合，把组合得到的 10 组数据点按前 2 组、前 3 组……前 10 组的模式进行直线拟合。通过最小二乘法拟合得到直线方程式，既而得到 a_1、b_1 的值，根据公式(4.51)可得到前 10 组拟合的采样室内氡浓度值即土壤氡浓度值。

表 4.16 相邻两次测量得到的氡浓度 C（X、Y）组合

	1 组	2 组	3 组	4 组	5 组	6 组	7 组	8 组	9 组	10 组
X	C_1	C_2	C_3	C_4	C_5	C_6	C_7	C_8	C_9	C_{10}
Y	C_2	C_3	C_4	C_5	C_6	C_7	C_8	C_9	C_{10}	C_{11}

通过等时间间隔法把前 2~10 组数据进行最小二乘法拟合得到的土壤氡浓度值的结果列入表 4.17 中。

表 4.17 等时间间隔法拟合结果

组数	C/(Bq/m^3)	相对偏差/%
前 2 组	20 961	48.46
前 3 组	40 491	186.78
前 4 组	12 988	8.01
前 5 组	11 667	17.37
前 6 组	14 356	1.68
前 7 组	14 231	0.79
前 8 组	14 628	3.61
前 9 组	14 899	5.52
前 10 组	14 494	2.66

通过分析表 4.17 中的数据可知，当第 7 个测量周期完成时，对前 6 组数据进行的最小二乘法拟合得到的氡浓度值就与平衡氡浓度在测量误差范围内一致，这时测量所用时间仅为 105 min，比直接测量平衡氡浓度所需时间缩短 3 h 以上。

4.4.2 土壤表面氡析出率的快速测量方法

土壤表面氡析出率的测量也采用双室法，双室即集氡罩和测量室。集氡罩内氡浓度的变化和土壤浅层氡浓度测量的采样室内氡浓度变化相似，如果让集氡罩内的氡通过被动扩散达到平衡需要很长一段时间，不适合现场快速测量土壤表面氡析出率的要求，更不能达到快速测量土壤潜势氡浓度的目的。等时间间隔法同样适用于集氡罩内氡浓度的快速测量，并且可以消除泄漏和反扩散的影响，从而实现土壤表面氡析出率的快速测量。具体测量原理和方法见第3章。

将等时间间隔法快速测量得到的土壤浅层氡浓度和土壤表面氡析出率代入双源法土壤潜势氡理论模型式(4.23)中，求解即可得到双源法测量土壤潜势氡浓度的快速测量结果。

4.4.3　土壤潜势氡浓度快速测量的双源法现场实验验证

双源法测量土壤潜势氡浓度的快速测量方法现场验证采取比较方法，即将同一测量地点的土壤潜势氡浓度的双源法快速测量结果与直接法测量结果相比较。实验需要在同一点位分别测量土壤表面氡析出率、土壤浅层氡浓度，并用直接法测量土壤潜势氡浓度。由于土壤表面析出的氡浓度小于土壤内的浓度，而且测量土壤表面氡析出率不需要钻孔，直接法测量土壤潜势氡浓度钻孔深度一般比测量土壤浅层氡浓度更深，所以现场实验测量的顺序是先测量土壤表面氡析出率，再测量土壤浅层氡浓度，最后用直接法测量土壤潜势氡浓度。

现场实验进行了两次，第一次实验场地位于衡阳市珠晖区的“青兰苗圃”内，土壤类型为黏土质砂土，土壤结构可以近似看成半无穷大均匀原始土壤，现场实验期间，天气晴朗，气温8~20 ℃。第二次实验场地位于南华大学军工科研楼东侧小山坡上，土壤类型为砂土，土壤结构可以近似看成半无穷大均匀原始土壤，现场实验研究期间，天气晴朗，气温8~20 ℃。土壤浅层氡浓度和土壤表面氡析出率都采用等时间间隔法快速测量，土壤浅层氡浓度测量选择0.3 m、0.5 m、0.7 m和0.9 m四个深度。为了保证直接法测量土壤潜势氡浓度结果的可靠性，根据黏土质砂土和砂土的土壤结构特征，测量深度选择2.0 m、2.5 m和3.0 m，累积5 h后使采样装置内的氡浓度达到平衡开始测量，每个深度连续测量6个周期取平均值。

直接法测量土壤潜势氡浓度的结果如表4.18所示。

表4.18　直接法测量土壤潜势氡浓度结果

测量深度/m	黏土质砂土		砂土	
	土壤潜势氡浓度/(Bq/m³)	平均值/(Bq/m³)	土壤潜势氡浓度/(Bq/m³)	平均值/(Bq/m³)
2.0	70 019		51 020	
2.5	69 984	70 101±141	51 094	51 044±40
3.0	70 299		51 017	

双源法测量土壤潜势氡浓度的快速测量方法与直接法测量的结果比较如表 4. 19 所示。

表 4. 19 双源法测量土壤潜势氡浓度的快速测量与直接法测量结果比较

土壤浅层氡浓度测量深度/m	黏土质砂土			砂土		
	双源法快速测量值/(Bq/m³)	直接法测量值/(Bq/m³)	相对偏差/%	双源法快速测量值/(Bq/m³)	直接法测量值/(Bq/m³)	相对偏差/%
0. 3	54 614	70 101	-22. 09	30 148	51 044	-40. 94
0. 5	68 857		-1. 77	51 730		1. 34
0. 7	65 194		-7. 00	47 863		-6. 23
0. 9	69 067		-1. 48	52 108		2. 08

由现场实验及其测量结果可知：

（1）当选取 0. 3 m 测量土壤浅层氡浓度时，得到的土壤潜势氡浓度明显低于选取其他深度土壤浅层氡浓度得到的土壤潜势氡浓度，也低于采用直接法测得的土壤潜势氡浓度。

（2）当选取 0. 5 m、0. 7 m 和 0. 9 m 测量土壤浅层氡浓度时，得到的土壤潜势氡浓度比较接近，与采用直接法测得的土壤潜势氡浓度也比较接近。因此，采用双源法测量土壤潜势氡浓度时，其土壤浅层氡浓度的测量深度采用 0. 5 m 可以得到较好的结果。

（3）双源法测量土壤潜势氡浓度的快速测量方法与直接法测量得到的土壤潜势氡浓度相对偏差在 10% 以内，说明双源法的快速测量方法是可靠的。

（4）直接法测量土壤潜势氡浓度需要打孔 2~3 m，甚至更深，操作麻烦，增加了用时；用钻孔机钻孔，需要两人以上才能完成；小型的钻孔机的动力有限，大型的钻孔机又不方便携带，所以直接法测量土壤潜势氡浓度有一定的局限性。

（5）现场实验研究证明，土壤潜势氡浓度快速测量的双源法只需 3 h 左右的时间就能得到准确结果，只需一人就能够完成，操作简单，省时省力。

4. 5 小结

土壤潜势氡浓度是土壤中潜在的最大氡浓度，与室内氡水平直接相关，用直接测量法难以测量。把土壤看成半无穷大均匀介质，采用一维方程计算土壤中氡的垂直分布规律，基于土壤氡的运移规律，建立了由土壤浅层氡浓度和土壤表面氡析出率两个源项确定土壤潜势氡浓度的双源法理论模型，并通过土囤实验装置和现场测量验证了双源法理论模型的可靠性。

利用两点法也可以得到土壤潜势氡浓度。两点法是利用土壤氡浓度随深度指数增长的规律通过测量不同深度两点的土壤氡浓度来计算土壤潜势氡浓度。两点法要求所测土壤必须满足半无穷大均匀土壤条件，比双源法测量的钻孔工作量更大。

在现场实测中，将同一测量地点采用双源法快速测量与直接法测量得到的土壤潜势氡浓度结果进行比较，相对偏差在10%以内，双源法快速测量只需3 h就能得到测量结果，只需一人就能够完成操作，省时省力。

参考文献

[1] 彭俊哲，赵桂芝，肖德涛，等.土壤潜势氡浓度快速测量方法理论模型的建立与验证[J].原子能科学技术，2013，47(5)：860-865.

[2] 申超.土壤氡浓度分布的理论研究与实验验证[D].衡阳：南华大学，2011.

[3] 云丽.关中地区区域中心城市环境氡浓度水平[J].科技视界，2012，50(35)：192-193.

[4] 吴宗梅，王家祥，支仲骥，等.浙江省部分地区环境氡浓度的测定[J].环境污染与防治，1986，43(3)：33-38.

[5] 王喜元，朱立，吕磊，等.中国土壤氡概况[M].北京：科学出版社，2006.

[6] 孙凯男，郭秋菊，程建平.土壤物理性质对土壤氡浓度及地表氡析出率的影响[J].中华放射医学与防护杂志，2005，25(1)：78-80.

[7] 彭俊哲.土壤潜势氡浓度快速测量方法的研究[D].衡阳：南华大学，2013.

[8] 欧阳琦.双室法土壤氡浓度测量仪的研制[D].衡阳：南华大学，2014.

[9] 李超.双源法快速测量土壤潜势氡浓度实验装置的研制[D].衡阳：南华大学，2015.

[10] 陈颖.土壤潜势氡浓度测量系统用户界面设计与实验研究[D].衡阳：南华大学，2016.

第 5 章

区域氡释放量的测量方法

矿产资源的开发利用尤其是铀矿采冶会形成大量的废石堆和尾矿库，其氡释放会污染环境，对公众健康和环境生态产生影响。铀尾矿库等典型场所的氡析出是一个重要的环境污染源项，但由于其表面氡析出率分布不均匀，且随环境气压、温度、湿度等气候气象参数的变化而变化，亟需建立氡释放量的可靠测量方法。因此，优选平行性好、适合批样布点测量的活性炭-γ 能谱法[1]实现铀尾矿库等表面氡析出率相对分布规律的测量，优选第 3 章建立的具有长期无需值守能力的氡析出率连续测量方法（介质状况不随时间变化）或开环式氡析出率连续测量方法[2]实现铀尾矿库等表面对比测点氡析出率变化规律的测量，并基于氡析出率的相对分布规律和对比测点氡析出率的变化规律建立铀尾矿库等区域氡释放量的可靠估算方法，从而建立区域氡释放量较准确的测量方法[3-4]，为典型场所的环境氡污染监测与评价提供技术支持。

5.1 区域氡析出率分布规律的测量方法

5.1.1 活性炭-γ 能谱法测量氡析出率的原理

活性炭-γ 能谱法测量氡析出率的原理为：利用一个采样装置紧扣在待测介质的表面，内部放有活性炭，周围用不吸氡的材料密封（如橡皮泥等）。活性炭对氡具有较强的吸附能力使得集氡罩内部的氡浓度始终保持在较低水平，泄漏和反扩散影响较小且几乎可以忽略。活性炭通过较长时间的吸附后，将活性炭取出并立即密封。吸附了氡的活性炭密封 3.0 h 后，其吸附的氡就可以与氡子体^{214}Pb和^{214}Bi等达到放射性平衡。^{214}Bi衰变产生的 609 keV γ 射线（分支比 45.1%）、^{214}Pb衰变产生的 242 keV、295 keV、352 keV γ 射线（分支比分别为 7.5%、19.2%、37.1%），用高纯锗 γ 谱仪（如图 5.1 所示）或者 NaIγ 谱仪测量活性炭中氡子体的特征 γ 射线的全能峰计数率来计算得到氡析出率。一般选取^{214}Bi衰变产生的 609 keV γ 射线进行测量，原因是该 γ 射线分支比最高，能量峰形较好，且其他核素干扰较少。假定测量期间，被测介质表面的氡析出率不变，则具体计算公式为：

$$J = \frac{(n_r - n_b)\lambda e^{\lambda T}}{KS(1 - e^{-\lambda T_s})} \tag{5.1}$$

式中：J 为待测介质表面的氡析出率，Bq/(m^2 · s)；K 为高纯锗 γ 谱仪对 609 keV 能量 γ

射线的刻度系数，min^{-1}/Bq；n_r为特征伽马射线 609 keV 的全能峰计数率，min^{-1}；n_b为活性炭采样前的本底计数率，min^{-1}；S 为采样装置的底面积，m^2；T_s 为采样时间，h；λ 为氡的衰变常数，0.007 553 h^{-1}；T 为活性炭盒从采样装置中取出立即密封至高纯锗 γ 谱仪测量开始的时间间隔，h。刻度系数用标准源刻度得到。

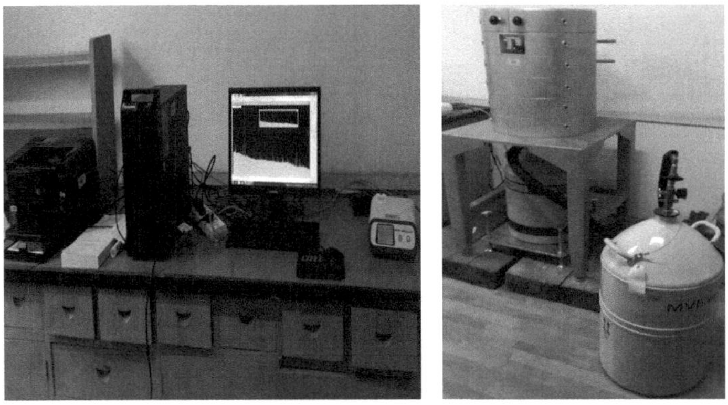

图 5.1　高纯锗 γ 谱仪系统及装置实物图

用活性炭-γ 能谱法测量铀尾矿表面氡析出率时，应使活性炭和尾矿表面之间的空间要尽可能小，以便让氡吸附到活性炭上及减少氡在间隙空间内积累。活性炭使用前要置于大于 110 ℃环境中加热再生，除去活性炭吸附的氡、水及其他任何可能被吸附的污染物。活性炭吸水超过一定量（约 10% 活性炭的质量）会降低对氡的吸附效率，因此每次测量过程中应测活性炭的含水率。该方法虽然采样及测量时间较长，不能现场给出测量结果，且只有介质表面氡析出率较为稳定时才能得到准确的测量结果，但其现场取样不需电源，平行性好，适合大规模布点测量区域氡析出率相对分布规律。有学者探讨了国标 GB/T 16143 中测量建材表面氡析出率的标准采样装置——活性炭盒在铀尾矿库现场应用过程有缺陷，指出：如潮湿的介质表面活性炭盒不能直接扣于介质表面，应增加采样装置的高度以减少湿度对活性炭吸附效率的影响；而对于疏松、不均匀介质的氡析出率测量，应增加采样装置的底面积使测点更具有代表性[5-7]。因此，有必要研究采样装置的高度、底面积及活性炭在采样装置中的有效接触面积的大小是否会影响采样的可靠性。

5.1.2　采样装置[8]

国际原子能机构 333 号报告建议：活性炭测量氡析出率的采样装置的底面直径为 7~25 cm，活性炭装量为 50~225 g[9]。国标 GB/T 16143 中，介绍了一种标准活性炭盒，如图 5.2 所示。该活性炭盒为铝制圆柱形盒子，底面直径为 9 cm，高度 4 cm，活性炭的装量一般为 80~100 g，内置不锈钢网筛（倒置时可阻挡活性炭泄漏）具有良好的透气性能，自带封盖。取样前后，均用密封胶带缠绕密封盖缝隙进行密封。活性炭-γ 能谱法测量介质表面氡析出率时采用了这种活性炭盒。

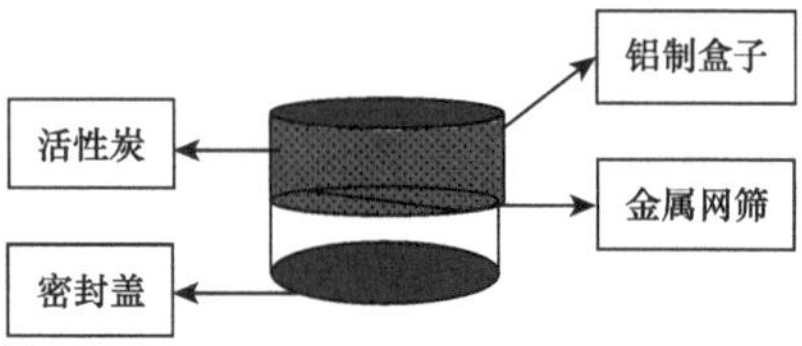

(a)

(b)

图 5.2 标准活性炭盒

(a) 标准活性炭盒示意图；(b) 标准活性炭盒实物图

为了便于现场采样并确保其可靠性，设计了两种不同型号的现场采样装置。1 号采样装置为圆台形塑料罩，底面直径为 25 cm，高度为 10.6 cm，体积为 4.2 L，如图 5.3 所示。1 号采样装置和标准活性炭盒相比底面积约为活性炭盒底面积的 7.5 倍。选用的多孔网袋能确保活性炭不从袋中漏出，采样完成后将网袋置于标准活性炭盒中密封等待测量。采样装置周围用德国辉柏嘉 TACK-IT 黏合剂密封。

图 5.3 1 号采样装置示意图

2 号采样装置为圆柱形塑料罩，上接标准活性炭盒。2 号采样装置底面直径为 9.05 cm，高度为 13.2 cm，体积为 0.83 L，如图 5.4 所示。标准炭盒与圆柱形塑料罩连接处及圆柱形塑料罩与待测介质表面连接处均用德国辉柏嘉 TACK-IT 黏合剂密封。

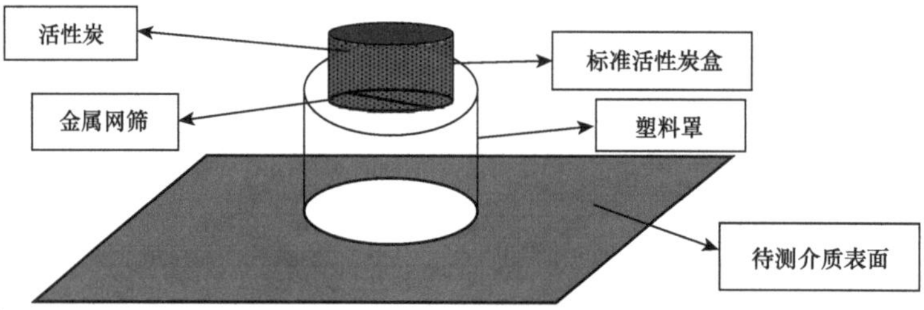

图 5.4 2 号采样装置示意图

5.1.3　采样装置采样可靠性验证

采样装置采样可靠性验证是在南华大学氡实验室模拟土壤和尾矿的标准氡析出率装置（如图 3.7 所示）上进行的。该装置各测点参考值虽存在一定的差异，但其稳定性好，为采样装置的可靠性验证提供了表面氡析出率稳定的介质。采用美国 ORTEC 公司生产的高纯锗 γ 谱仪（如图 5.1 所示）测量活性炭中 609 keV 能量的 γ 射线全能峰计数率从而得到氡析出率。活性炭在填装前应置于烤箱中均匀加热再生即在烤箱的温度≥110 ℃条件下，烘烤大于 12 h，以除去活性炭原吸附的氡和水，消除任何可能被吸附的杂质。测量前先测量并记录活性炭盒的本底值。

1. 刻度系数的确定

标准源选用南华大学自制的活性炭盒标准源，其活度 A（Bq）为 230 Bq。标准源计数率 $n_{标}$（min^{-1}）为标准源测量时间为 30 min，609 keV γ 特征峰的平均计数率。刻度系数K（min^{-1}/Bq）为高纯锗 γ 谱仪对活性炭盒中单位活度的氡所产生的 609 keV γ 射线的计数率：

$$K=\frac{n_{标}}{A} \tag{5.2}$$

标准活性炭盒刻度系数 K 的测定结果列于表 5.1。

表 5.1　刻度系数 K 的测定结果

标准源活度/Bq	测量时间/min	总计数	标准源计数率/min^{-1}	刻度系数 K/(min^{-1}/Bq)
230	30	2 794	93.13	0.405

2. 最佳采样时间的确定

活性炭-γ 能谱法测量氡析出率需要一个吸附累积采样的过程。国家建材表面氡析出率测量的标准方法的累积采样时间是 5～7 d。铀尾矿等表面氡析出率比建材的高得多，为了避免因过高环境湿度导致采样过程中活性炭吸水过量而引起吸附效率的下降，满足现场快速可靠采样的需要，缩短累积采样时间是必要的。

为了确定最佳的累积采样时间，在模拟土壤和尾矿的标准氡析出率装置上选取 5 个测点，用标准活性炭盒分别同时采样 3 h、6 h、9 h、12 h、18 h、24 h、30 h 后，立即密封并静置 3 h 以上放入高纯锗 γ 谱仪中进行测量。测量结果列于表 5.2。

表 5.2　不同累积采样时间各测点测得的氡析出率

采样时间/h	氡析出率值/[Bq/(m^2·s)]				
	1 号测点	2 号测点	3 号测点	4 号测点	5 号测点
3	1.50	1.21	1.65	1.17	1.38

续表

采样时间/h	氡析出率值/[Bq/(m² · s)]				
	1号测点	2号测点	3号测点	4号测点	5号测点
6	1.53	1.28	1.39	1.28	1.22
9	1.43	1.30	1.38	1.22	1.18
12	1.37	1.25	1.34	1.18	1.22
18	1.60	1.39	1.39	1.26	1.35
24	1.38	1.18	1.23	1.11	1.19
30	1.38	1.15	1.21	1.13	1.16

从表5.2中可以看出，在介质表面氡析出率足够高时，累积采样时间可以大大缩短。在铀尾矿库等现场采样时，在满足活性炭吸水不过量的前提下，最佳累积采样时间选为24 h。

3. 不同采样装置采样可靠性

1、2号采样装置分别在模拟土壤和尾矿的标准氡析出率装置上进行采样可靠性验证。以标准活性炭盒测量值作为参考值，1、2号采样装置测量值分别与标准活性炭盒测量值进行比较。1号采样装置底面直径为25 cm，底面积约为标准活性炭盒底面积的7.5倍，为使参考值更具有代表性，在1号采样装置中心布置一个活性炭盒，周围布置4个活性炭盒，取5个炭盒测量的平均值作为1号采样装置的参考值。2号采样装置的底面积与标准活性炭盒底面积几乎一样，以活性炭盒测量值为参考值。

1号采样装置分别扣在模拟土壤和尾矿的标准氡析出率装置中心点（即测点1）和近南边一点（即测点2），如图5.5所示。

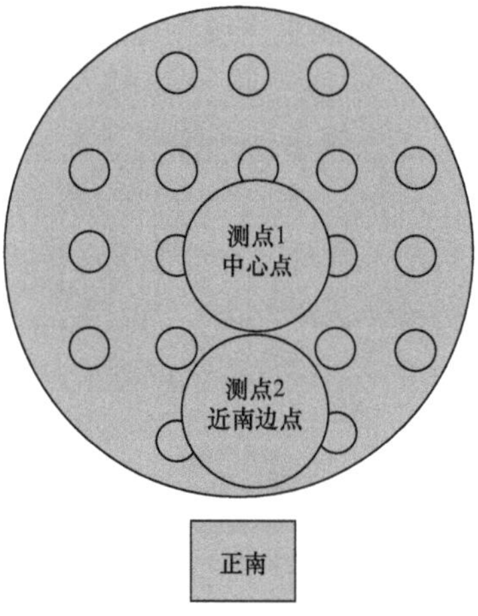

图5.5　1号采样装置在模拟土壤和尾矿的标准氡析出率装置上采样点示意图

1号采样装置累积采样24 h后，打开采样装置，将袋中活性炭迅速置于活性炭盒中并立即密封，等待3.5 h后开始测量。测点1、2处参考值为5个炭盒平均值，其测量结果列于表5.3。

表5.3 两个测点氡析出率参考值的测量结果

测点	中心点（炭盒1）的氡析出率/[Bq/(m² · s)]	炭盒2的氡析出率/[Bq/(m² · s)]	炭盒3的氡析出率/[Bq/(m² · s)]	炭盒4的氡析出率/[Bq/(m² · s)]	炭盒5的氡析出率/[Bq/(m² · s)]	氡析出率平均值/[Bq/(m² · s)]
测点1	1.41	1.36	1.29	1.36	1.40	1.36 ±0.04
测点2	1.63	1.58	1.68	1.64	1.67	1.64 ±0.04

用1号采样装置分别对测点1、测点2测量3次，结果如表5.4所示。

表5.4 1号采样装置分别对测点1和测点2采样的测量结果

测点	测量次数	测量结果/[Bq/(m² · s)]		参考值/[Bq/(m² · s)]	相对偏差/%
		单次测量结果	平均值		
测点1	1	1.41	1.38 ±0.04	1.36 ±0.04	1.5
	2	1.39			
	3	1.34			
测点2	1	1.63	1.64 ±0.04	1.64 ±0.04	0.0
	2	1.62			
	3	1.68			

用2号采样装置分别在模拟土壤和尾矿的标准氡析出率装置上中心点和近南边一点进行累积采样24 h后，直接将活性炭盒从顶部取出并立即密封，等待3.5 h后测量。测量结果如表5.5所示。

表5.5 2号装置分别对两个测点采样的测量结果

测点	测量次数	测量结果/[Bq/(m² · s)]		参考值/[Bq/(m² · s)]	相对偏差/%
		单次测量结果	平均值		
测点1	1	1.37	1.40 ±0.04	1.41	-0.7
	2	1.44			
	3	1.39			

续表

测点	测量次数	测量结果/[Bq/(m² · s)]		参考值/[Bq/(m² · s)]	相对偏差/%
		单次测量结果	平均值		
测点 2	1	1.62	1.59 ±0.04	1.63	-2.5
	2	1.59			
	3	1.55			

由表 5.4 和表 5.5 可以看出，1 号采样装置和 2 号采样装置的测量结果均与参考值一致。实验中高纯锗 γ 谱仪圆柱形探头直径为 7 cm，活性炭盒直径为 9 cm，为此在高纯锗探头上设置了参照物，确保每次炭盒的摆放位置完全相同，有效减少了人为操作误差。

在野外现场实际应用过程中，1 号采样装置使用不方便，取样完成后需将活性炭从采样装置取出再置于活性炭盒中密封，布样和采样过程复杂且取出过程易受现场环境影响。为使采样方便，改变活性炭布放方式，将活性炭直接置于标准炭盒中，再将标准活性炭盒置于 1 号采样装置的顶部（改变了活性炭与空气的有效接触面积），布样和采样只需在 1 号采样装置顶部完成，如图 5.6 所示。

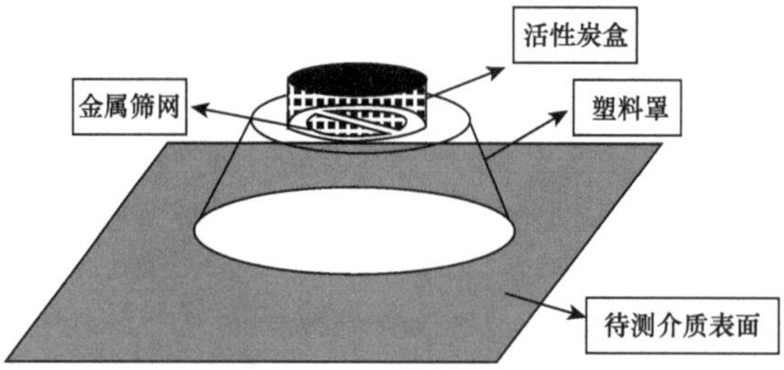

图 5.6　活性炭盒置于 1 号采样装置顶部直接采样示意图

活性炭盒置于 1 号采样装置顶部直接采样的测量结果如表 5.6 所示。

表 5.6　1 号采样装置两种采样方式的测量结果

测量次数	测点参考值/[Bq/(m² · s)]	活性炭平铺采样测量结果/[Bq/(m² · s)]	活性炭盒直接采样测量结果/[Bq/(m² · s)]
1	1.36 ±0.04	1.41	1.07
2	1.36 ±0.04	1.39	1.09

从表 5.6 可以看出，活性炭盒直接采样显著减少了活性炭与空气的有效接触面积，测量结果明显偏低。原因是活性炭对氡的吸附是一个被动吸附的过程，显著减少活性炭与空气的有效接触面积后使得活性炭对氡的吸附速度变慢，采样装置内的氡浓度也随之升高，氡的泄漏和反扩散影响增大从而影响了采样装置采样的可靠性。为进一步验证上述分析，采用了南华大学基于静电收集法研制的 NRL-Ⅱ型连续测氡仪对图 5.7 所示采样

方式采样装置中的氡浓度进行监测，结果如表 5.7 所示。

表 5.7 图 5.6 所示采样方式采样装置中氡浓度随采样时间变化的测量结果

采样时间/h	4	8	12	16	20	24
氡浓度/(Bq/m^3)	15 586	17 492	19 832	20 740	21 950	23 551

由表 5.7 可以看出，显著减少活性炭与空气的有效接触面积后，采样装置中的氡浓度随时间显著增大。泄漏和反扩散增大从而影响了测量结果，因此采样装置中活性炭的布放应尽可能增大活性炭与空气的有效接触面积。

将活性炭直接置于标准活性炭盒中会使采样和测量过程更为方便，但当采样装置底面积和标准活性炭盒底面积相比增大至 7.5 倍时测量结果显著下降，说明在活性炭与空气的有效接触面积为定值的条件下，采样装置的底面积不能无限制扩大。将采样装置的底面积改为活性炭盒截面积的 1.5 倍时，图 5.6 所示采样方式的测量结果如表 5.8 所示。

表 5.8 图 5.6 所示采样方式的测量结果（采样装置的底面积为活性炭盒截面积的 1.5 倍）

测量次数	测量结果/[$Bq/(m^2 \cdot s)$]		测点参考值/[$Bq/(m^2 \cdot s)$]	相对偏差/%
	单次测量结果	平均值		
1	1.39			
2	1.48	1.43 ±0.05	1.41	1.4
3	1.42			

由表 5.8 可以看出，活性炭直接置于标准活性炭盒中（活性炭与空气的有效接触面积恒定）的条件下，当采样装置底面积增大至标准活性炭盒活截面积的 1.5 倍时，测量结果与参考值符合较好。对于非均匀、孔隙度大的待测介质，增大采样装置的底面积会使测量结果更具代表性。因此，有必要进一步优化 1 号采样装置的结构，在满足图 5.6 所示采样方式采样的可靠性的前提下，合理增大采样装置底面积。

4. 活性炭吸氡效率稳定性现场检验

S. Charles 等人研究结果表明：活性炭含水率不超过 10%，其对环境氡的吸附效率保持稳定[7]。采用 2 号采样装置，选取南华大学氡实验室侧边空地和某退役尾矿库尾砂区域，分别于冬季和夏季累计采样 24 h，取样结束后活性炭含水率的测量结果如表 5.9 所示。

表 5.9 2 号采样装置现场累积采样 24 h 活性炭含水率的测量结果

时间	地点	天气情况/℃	装炭量/g	吸水量/g	氡析出率值/[$Bq/(m^2 \cdot s)$]	含水率/%
2015-02-04	氡实验室侧面空地	阴天 4~9	100	1.8	0.12	1.8

续表

时间	地点	天气情况/℃	装炭量/g	吸水量/g	氡析出率值/[Bq/(m^2·s)]	含水率/%
2015-05-14	尾矿库尾砂区域	雨后天晴 23~31	100	5.8	1.18	5.8
2015-05-30	尾矿库尾砂区域	阵雨转多云 26~33	100	5.0	1.19	5.0

由表 5.9 可以看出，2 号采样装置累积采样 24 h，不同季节、潮湿介质极端条件下，活性炭含水率均低于 10%，说明 2 号装置现场采样的可靠性是有保障的。

5.2 氡析出率变化规律的测量方法

综合分析氡析出率测量的现有方法可知，利用静电收集灵敏氡析出率测量方法实现特定介质表面氡析出率连续测量氡析出率是优选。但温湿度对静电收集效率的影响一直是困扰静电收集式测量仪准确测量表面氡析出率的难题。使用干燥管可以有效地消除湿度对静电收集效率的影响却带了延时问题，此外干燥管的使用改变了集氡罩内空气的湿度，影响集氡罩内氡析出率，通过温湿度自动补偿可以有效解决这一问题。静电收集灵敏氡析出率测量方法是进行铀尾矿库氡析出率连续测量及变化规律研究的优选方法。第 3 章介绍的氡析出率连续测量方法适合介质表面氡析出率变化规律的测量。

5.3 区域氡释放量的估算方法

在铀尾矿库等待测的表面划分多个等面积区域，选定其中一个区域代表点用氡析出率测量仪进行该测点氡析出率的连续测量，在该测点周围和其他等面积区域代表点用活性炭盒取样装置同步采样测量。

在氡析出率相对稳定的情况下，活性炭-γ 能谱法测量待测介质表面氡析出率代表性好且适合大批样布点测量。现场测量过程中，土壤、尾矿库等氡析出率易受气压、温度、湿度等环境复杂气象参数的影响，介质表面的氡析出率随时间变化且变化规律未知，活性炭-γ 能谱法不能准确测量待测介质表面氡析出率的真实值，但其适合待测介质表面氡析出率相对分布规律的测量。在被测介质特性不变的情况下，可以在氡析出率变化较小（近似不变）的短时间内测定第 3 章介绍的氡析出率连续测量方法的等效衰变系数后，就可以实现现场氡析出率的连续测量。在相同测量时间段内，可将氡析出率连续测量结果的平均值作为对比测点活性炭-γ 能谱法测量的参考值。现场气象条件相同，可认为现场测量各测点氡析出率的变化规律相同。定义修正系数 ε 为活性炭-γ 能谱法测点的参考值与实测值之比，则由修正系数和其他等面积区域活性炭-γ 能谱法实测值可得到各测点测量时间段内的氡析出率平均值。

假定氡析出率连续测量的周期为 T，连续测量 n 次，得到测量时间段（nT）n 个氡

析出率测量数据 J_1，J_2，J_3，J_4，…，J_n。氡析出率连续测量的测量周期可根据现场测量需要任意选择，在一个测量周期内可以近似地认为待测介质表面氡析出率不变。以氡析出率连续测量 n 次的平均值作为对比测点活性炭-γ 能谱法测量的参考值 J_R：

$$J_R = \frac{J_1 + J_2 + J_3 + \cdots + J_n}{n} = \sum_{i=1}^{n} J_i/n \tag{5.3}$$

设对比测量点活性炭-γ 能谱法测量的结果为 J_{AC}，则修正系数 ε 为：

$$\varepsilon = \frac{J_R}{J_{AC}} \tag{5.4}$$

若被测区域划分为 m 个等面积小区域，活性炭-γ 能谱法在各小区域代表测点的实测值为 J_{C1}，J_{C2}，…，J_{Cm}，则待测表面氡析出率的平均值为：

$$J_{AV} = \frac{\varepsilon(J_{C1} + J_{C2} + J_{C3} + \cdots + J_{Cm})}{m} = \varepsilon\sum_{i=1}^{m} J_{Cm}/m \tag{5.5}$$

若被测区域的面积为 S（m^2），则测量时间段内的氡释放量 R（Bq）：

$$R = J_{AV}SnT \tag{5.6}$$

5.4 氡释放量的现场测量

利用建立的区域氡释放量测量方法进行了现场测量实践。

现场测量是在某铀尾矿库进行的。该尾矿库是由铀矿冶工艺过程中产生的废矿渣、废物等堆积而成。由于其地处城市和河流边沿，其库坝的安全性和库面的氡释放对周围环境生态和公众健康的影响日益受到重视。经过实地的考察，发现铀尾矿库主要有两种典型的区域，即已治理区域和未治理区域。已治理区域主要采用黏土覆盖，未治理区域基本都是裸露的尾矿砂。已治理的大部分区域长满了杂草和灌木等植被，未治理区域只有少量部分被植被覆盖，大部分直接裸露于环境中，如图 5.7 所示。

图 5.7 某铀尾矿库库区卫星图

5.4.1 测量区域的选择和测点的布置

现场测量选择未治理的裸露尾砂区域和黏土覆盖治理的黏土区域。未治理尾砂区域为长约 480 m，宽 50 m 的近似长方形区域，其中两块被少量植被覆盖，如图 5.8 所示。考虑到尾矿砂区域表面氡析出率可能会分布不均，对裸露的尾矿砂区域均匀布点，每隔 40 m 设定一个代表测点，共 14 个测点，由东向西的 14 个测点依次编号为 1~14。对两块植被覆盖区域设定两个特殊的测点，分别编号为 15 和 16。2 号测点为氡析出率连续测量仪和活性炭-γ 能谱法的对比测点。

(a)　　　　(b)

图 5.8　未治理的尾矿砂区域

(a) 裸露尾矿砂区域；(b) 生长杂草的尾矿砂区域

黏土覆盖治理区域裸露部分设定三个代表测点，两块被植被覆盖的典型区域设定两个测点，一个为草丛区域代表测点，一个为灌木代表测点。

图 5.9　黏土治理草地测点

5.4.2 现场测量与结果

现场测量前，将氡析出率测量仪在南华大学氡实验室进行检定，检定合格后备用。

将再生后的优选活性炭装盒并用塑料胶带密封以备用。对未装活性炭的空盒和装上活性炭的活性炭盒称重并记录其重量。预留一个活性炭盒做本底测量使用（注：本底测量的炭盒未经现场采样）。将选定好的代表测点进行编号并标记。考虑到氡析出率测量仪野外连续测量的供电和安全问题，设计了太阳能电池板供电装置和野外防盗装置。

活性炭-γ 能谱法测氡需用活性炭盒标准源对其进行探测效率刻度。活性炭盒采样前后要称重确定活性炭盒采样完成后活性炭的含水率，以判断每次取样完成后活性炭的含水率是否低于 10%。活性炭盒采样时间 24 h 以上。

测量选择每月的代表性天气进行，每次取样、布样时间基本保持一致。每次测点固定。

1. 铀尾矿库氡析出率变化规律和区域分布规律的测量结果

用活性炭-γ 能谱法对选定的尾砂区域测点和黏土覆盖治理区域测点测量，尾矿砂区域编号为 1~14 号，特殊点（草地）为 15 号和 16 号。其中 2 号测点为氡析出率测量仪连续测量对比测点。黏土覆盖治理区域编号为 17~21 号，其中 20 号为草丛测点，21 号为灌木测点。测量时间为 2015 年 5 月 12 日，天气晴，气温 16~29 ℃，多云，南风，微风。测量结果如表 5.10 和表 5.11 所示。

由表 5.10 和表 5.11 可以看出，铀尾矿库表面氡析出率随区域的不同而分布不均，不能简单地以单点的氡析出率值来代替整个铀尾矿库表面的氡析出率平均值。由此可见测量铀尾矿库表面氡析出率的分布规律对于平均氡析出率的准确估算是十分必要的。

表 5.10 铀尾矿库尾矿砂区域氡析出率分布规律的测量结果

测点编号	氡析出率测量值/[Bq/(m^2·s)]	备注
1	1.42	
2	1.52	氡析出率测量仪对比测点
3	3.61	
4	5.19	
5	1.11	
6	0.59	
7	0.95	
8	2.15	
9	2.55	
10	3.33	
11	3.47	
12	2.38	
13	1.44	

续表

测点编号	氡析出率测量值/[Bq/(m² · s)]	备注
14	1.47	
15	1.48	特殊点（草地 1）
16	2.41	特殊点（草地 2）

表 5.11　铀尾矿库黏土覆盖治理区域氡析出率分布规律的测量结果

测点编号	氡析出率测量值/[Bq/(m² · s)]	备注
17	0.16	
18	0.18	
19	0.49	
20	0.29	特殊点（草丛）
21	0.62	特殊点（灌木）

用氡析出率测量仪对对比测点 2 号进行同步连续测量，将测量周期设定为 1 h（其中取样时间为 5 min，测量时间为 55 min），连续 24 h 监测结果如表 5.12 所示。

从 2 号测点氡析出率的连续测量结果可以看出，铀尾矿表面氡析出率从中午开始表面氡析出率明显开始升高，19 时开始氡析出率值逐渐降低。2015 年 5 月 12 日到 5 月 13 日 2 号测点氡析出率的变化曲线如图 5.10 所示。

表 5.12　2 号对比测点氡析出率的连续测量结果

测量时间	氡析出率测量值/[Bq/(m² · s)]
2015-05-12 11:44:25	1.53
2015-05-12 12:44:25	1.68
2015-05-12 13:44:25	1.76
2015-05-12 14:44:25	1.69
2015-05-12 15:44:25	1.85
2015-05-12 16:44:25	1.79
2015-05-12 17:44:25	2.01
2015-05-12 18:44:25	1.81
2015-05-12 19:44:25	1.83
2015-05-12 20:44:25	1.68
2015-05-12 21:44:25	1.65

续表

测量时间	氡析出率测量值/[Bq/(m² · s)]
2015-05-12 22:44:25	1.68
2015-05-12 23:44:25	1.61
2015-05-13 00:44:25	1.51
2015-05-13 01:44:25	1.55
2015-05-13 02:44:25	1.64
2015-05-13 03:44:25	1.44
2015-05-13 04:44:25	1.53
2015-05-13 05:44:25	1.45
2015-05-13 06:44:25	1.39
2015-05-13 07:44:25	1.54
2015-05-13 08:44:25	1.59
2015-05-13 09:44:25	1.44
2015-05-13 10:44:25	1.62
平均	1.64±0.15

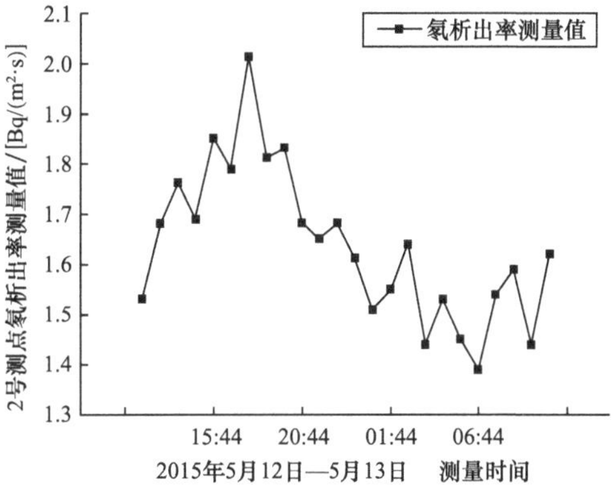

图 5.10　2 号测点氡析出率的变化规律

测量过程中对活性炭盒取样完成后含水率进行了测量。采样前活性炭盒在大于 110 ℃的烤箱中经过较长时间的烘烤，可基本认为不含水分。活性炭盒采样前后均进行了称重，活性炭含水率为采样完成后活性炭的吸水总量与活性炭盒装填活性炭总质量之比。本次测量过程中含水率测量结果如表 5.13 所示。

表 5.13 活性炭盒采样结束后活性炭含水率的测量结果（累积时间 24 h）

测量区域	测点编号	炭盒编号	装炭量/g	吸水量/g	含水率/%
尾砂区域	1	23	108.2	5.8	5.3
	2	17	100.8	5.8	5.8
	3	5	105.3	7.1	5.7
	4	1	111.6	7.2	5.4
	5	12	102.2	7.0	5.8
	6	19	102.7	5.7	5.5
	7	10	100.0	7.0	7.0
	8	40	107.0	7.0	5.5
	9	20	94.9	5.6	7.0
	10	26	101.4	5.2	5.1
	11	22	101.4	5.6	5.5
	12	27	100.1	5.5	5.5
	13	2	102.5	5.7	5.5
	14	39	100.4	5.9	5.9
	15	30	103.2	5.6	5.4
	16	24	97.0	5.9	5.1
黏土区域	17	3	102.7	5.1	5.9
	18	15	98.2	5.2	5.3
	19	21	97.6	5.8	5.9
	20	18	97.7	5.1	5.2
	21	19	97.7	5.5	5.6

由表 5.13 可以看出，活性炭 γ 能谱法测量铀尾矿库表面氡析出率，用 2 号采样装置累积时间 24 h，取样完成后各测点含水率均低于 10%，说明铀尾矿现场测量过程中湿度对活性炭吸附效率的影响不大，确保了测量结果的可靠性。

由 5.3.1 区域氡释放量的估算方法可知，2 号测点的修正系数 ε 为：

$$\varepsilon = \frac{J_{\mathrm{R}}}{J_{\mathrm{AC}}} = \frac{1.64}{1.52} \approx 1.079 \tag{5.7}$$

现场测量各测点的气象参数等其他外界条件均相同，故可认为各点氡析出率的变化规律一致，则各测点的修正系数均为 $\varepsilon = 1.079$。经修正后各点氡析出率真实值如表 5.14 所示。

表 5.14 修正前后活性炭-γ 能谱法氡析出率的测量结果

测量区域	测点编号	氡析出率测量值/[Bq/(m² · s)]	氡析出率真实值/[Bq/(m² · s)]	备注
尾砂区域	1	1.42	1.53	连续测量仪对比测点
	2	1.52	1.64	
	3	3.61	3.90	
	4	5.19	5.60	
	5	1.11	1.20	
	6	0.59	0.64	
	7	0.95	1.03	
	8	2.15	2.32	
	9	2.55	2.75	
	10	3.33	3.59	
	11	3.47	3.74	
	12	2.38	2.57	
	13	1.44	1.55	
	14	1.47	1.59	
	15	1.48	1.60	特殊点（草地 1）
	16	2.41	2.60	特殊点（草地 2）
黏土区域	17	0.16	0.17	
	18	0.18	0.19	
	19	0.49	0.53	
	20	0.29	0.31	特殊点（草丛）
	21	0.62	0.67	特殊点（灌木）

为了检验不同气象情况氡析出率分布规律现场测量结果的可重现性，于 2015 年 5 月 16 日又重复测量了一次，测量结果如表 5.15 所示。这天的气象情况为小雨，气温为21～25 ℃，北风，微风。为保证测点一样，每次采样完成后只将活性炭盒从采样装置取出即可，采样装置仍留在原处。

表 5.15　2015 年 5 月 16 日铀尾矿库尾矿砂区域氡析出率分布规律的测量结果

测量区域	测点编号	氡析出率测量值/[Bq/(m² · s)]	备注
尾砂区域	1	1.12	
	2	1.33	连续测量仪对比测点
	3	2.84	
	4	4.15	
	5	1.12	
	6	0.33	
	7	0.73	
	8	1.62	
	9	2.13	
	10	2.51	
	11	2.9	
	12	2.01	
	13	1.15	
	14	1.09	
	15	1.15	特殊点（草地 1）
	16	1.91	特殊点（草地 2）
黏土区域	17	0.13	
	18	0.15	
	19	0.37	
	20	0.39	特殊点（草丛）
	21	0.61	特殊点（灌木）

取样完成后活性含水率测量结果表明，活性炭含水率均低于 10%。2015 年 5 月 12 日的测量结果和 2015 年 5 月 16 日的测量结果的对比如图 5.11 所示。

从图 5.11 可以看出，在两种不同的气象条件下，活性炭-γ 能谱法测量的铀尾矿库表面氡析出率分布规律的一致性较好。阴雨天气，铀尾矿库表面氡析出率较晴天的小。

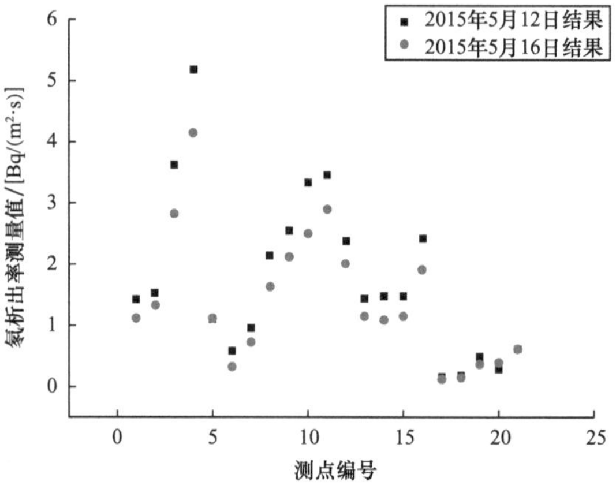

图 5.11　两种气象条件下铀尾矿库氡析出率的分布规律

在2015年6月、10月和11月（这些月份气候有代表性）又进行了3次测量，每次测量选择晴天（雨后至少3 d以上）。

6月份铀尾矿库表面的氡析出率测量选为6月29日，原因是6月上旬和中旬处于雷雨季节，下旬才出现晴好。这天天气为晴天，气温29~37 ℃，南风，微风。铀尾矿库表面各测点氡析出率的分布规律和2号测点的连续变化规律如表5.16和表5.17所示。连续测量周期选定为1 h。

表5.16 2015年6月29日铀尾矿库尾矿砂区域氡析出率分布规律的测量结果

测量区域	测点编号	氡析出率测量值/[Bq/(m² · s)]	备注
尾砂区域	1	1.76	
	2	1.91	连续测量仪对比测点
	3	4.11	
	4	5.51	
	5	1.15	
	6	0.72	
	7	1.13	
	8	2.65	
	9	2.71	
	10	3.66	
	11	3.92	
	12	2.55	
	13	1.52	
	14	1.55	
	15	1.67	特殊点（草地1）
	16	2.94	特殊点（草地2）
黏土区域	17	0.15	
	18	0.16	
	19	0.45	
	20	0.36	特殊点（草丛）
	21	0.65	特殊点（灌木）

表 5.17　2 号对比测点氡析出率的连续测量结果

测量时间	氡析出率测量值/[Bq/(m^2 · s)]
2015-06-29 10:25	1.94
2015-06-29 11:25	1.89
2015-06-29 12:25	1.95
2015-06-29 13:25	1.89
2015-06-29 14:25	1.97
2015-06-29 15:25	2.27
2015-06-29 16:25	2.42
2015-06-29 17:25	2.63
2015-06-29 18:25	2.37
2015-06-29 19:25	2.18
2015-06-29 20:25	2.05
2015-06-29 21:25	2.03
2015-06-29 22:25	2.13
2015-06-29 23:25	1.91
2015-06-30 00:25	1.94
2015-06-30 01:25	1.89
2015-06-30 02:25	1.77
2015-06-30 03:25	1.84
2015-06-30 04:25	1.76
2015-06-30 05:25	1.77
2015-06-30 06:25	1.85
2015-06-30 07:25	1.83
2015-06-30 08:25	1.83
2015-06-30 09:25	1.91
平均	2.00±0.22

本次测量的修正系数为 $\varepsilon=\frac{2.00}{1.91}\approx 1.047$，经修正后各点氡析出率真实值如表 5.18 所示。

表 5.18 修正前后活性炭-γ能谱法氡析出率的测量结果

测量区域	测点编号	氡析出率测量值/[Bq/(m^2·s)]	氡析出率真实值/[Bq/(m^2·s)]	备注
尾砂区域	1	1.76	1.84	连续测量仪对比测点
	2	1.91	2.00	
	3	4.11	4.30	
	4	5.51	5.77	
	5	1.15	1.20	
	6	0.72	0.75	
	7	1.13	1.18	
	8	2.65	2.77	
	9	2.71	2.84	
	10	3.66	3.83	
	11	3.92	4.10	
	12	2.55	2.67	
	13	1.52	1.59	
	14	1.55	1.62	
	15	1.67	1.75	特殊点（草地1）
	16	2.94	3.08	特殊点（草地2）
黏土区域	17	0.15	0.16	
	18	0.16	0.17	
	19	0.45	0.47	
	20	0.36	0.38	特殊点（草丛）
	21	0.65	0.68	特殊点（灌木）

2015年10月20日，天晴，气温18~28 ℃，北风，微风。铀尾矿库表面各测点氡析出率的分布规律和2号测点的连续变化规律如表5.19和表5.20所示。连续测量周期选定为1 h。

表 5.19 2015年10月20日铀尾矿库尾矿砂区域氡析出率分布规律的测量结果

测量区域	测点编号	氡析出率测量值/[Bq/(m^2·s)]	备注
尾砂区域	1	1.22	
	2	1.63	连续测量仪对比测点

续表

测量区域	测点编号	氡析出率测量值/[Bq/(m^2·s)]	备注
尾砂区域	3	3.43	
	4	5.11	
	5	1.09	
	6	0.58	
	7	1.12	
	8	2.27	
	9	2.34	
	10	3.35	
	11	3.43	
	12	2.29	
	13	1.36	
	14	1.36	
	15	1.48	特殊点（草地 1）
	16	2.65	特殊点（草地 2）
黏土区域	17	0.14	
	18	0.18	
	19	0.34	
	20	0.29	特殊点（草丛）
	21	0.57	特殊点（灌木）

表 5.20　2 号对比测点氡析出率的连续测量结果

测量时间	氡析出率测量值/[Bq/(m^2·s)]
2015-10-20 10:13	1.69
2015-10-20 11:13	1.65
2015-10-20 12:13	1.61
2015-10-20 13:13	1.74
2015-10-20 14:13	1.75
2015-10-20 15:13	1.87
2015-10-20 16:13	1.95
2015-10-20 17:13	1.91

续表

测量时间	氡析出率测量值/[Bq/(m^2·s)]
2015-10-20 18:13	1.79
2015-10-20 19:13	1.81
2015-10-20 20:13	1.77
2015-10-20 21:13	1.63
2015-10-20 22:13	1.68
2015-10-20 23:13	1.67
2015-10-21 00:13	1.57
2015-10-21 01:13	1.62
2015-10-21 02:13	1.65
2015-10-21 03:13	1.55
2015-10-21 04:13	1.59
2015-10-21 05:13	1.54
2015-10-21 06:13	1.67
2015-10-21 07:13	1.60
2015-10-21 08:13	1.56
2015-10-21 09:13	1.66
平均	1.69±0.11

本次测量的修正系数为$\varepsilon=\frac{1.69}{1.63}\approx 1.037$，经修正后各点氡析出率真实值如表5.21所示。

表5.21 修正前后活性炭-γ能谱法氡析出率的测量结果

测量区域	测点编号	氡析出率测量值/[Bq/(m^2·s)]	氡析出率真实值/[Bq/(m^2·s)]	备注
尾砂区域	1	1.22	1.27	连续测量仪对比测点
	2	1.63	1.70	
	3	3.43	3.57	
	4	5.11	5.31	
	5	1.09	1.13	
	6	0.58	0.60	

续表

测量区域	测点编号	氡析出率测量值/[Bq/(m^2·s)]	氡析出率真实值/[Bq/(m^2·s)]	备注
尾砂区域	7	1.12	1.16	
	8	2.27	2.36	
	9	2.34	2.43	
	10	3.35	3.48	
	11	3.43	3.57	
	12	2.29	2.38	
	13	1.36	1.41	
	14	1.36	1.41	
	15	1.48	1.54	特殊点（草地 1）
	16	2.65	2.76	特殊点（草地 2）
黏土区域	17	0.14	0.15	
	18	0.18	0.19	
	19	0.34	0.35	
	20	0.29	0.30	特殊点（草丛）
	21	0.57	0.59	特殊点（灌木）

2015 年 11 月 2 日，晴转多云，气温 11～19 ℃，北风，微风。铀尾矿库表面各测点氡析出率的分布规律和 2 号测点的连续变化规律如表 5.22 和表 5.23 所示。连续测量周期选定为 1 h。

表 5.22　2015 年 11 月 2 日铀尾矿库尾矿砂区域氡析出率分布规律的测量结果

测量区域	测点编号	氡析出率测量值/[Bq/(m^2·s)]	备注
尾砂区域	1	0.98	
	2	1.05	连续测量仪对比测点
	3	2.74	
	4	4.09	
	5	0.65	
	6	0.48	
	7	0.71	
	8	1.63	

续表

测量区域	测点编号	氡析出率测量值/[Bq/(m^2·s)]	备注
尾砂区域	9	1.91	
	10	2.29	
	11	2.44	
	12	1.74	
	13	1.06	
	14	1.15	
	15	1.27	特殊点（草地1）
	16	1.71	特殊点（草地2）
黏土区域	17	0.15	
	18	0.19	
	19	0.35	
	20	0.21	特殊点（草丛）
	21	0.47	特殊点（灌木）

表5.23 2号对比测点氡析出率的连续测量结果

测量时间	氡析出率测量值/[Bq/(m^2·s)]
2015-11-02 12:46	1.05
2015-11-02 13:46	1.09
2015-11-02 14:46	1.07
2015-11-02 15:46	1.15
2015-11-02 16:46	1.21
2015-11-02 17:46	1.19
2015-11-02 18:46	1.13
2015-11-02 19:46	1.15
2015-11-02 20:46	1.11
2015-11-02 21:46	1.05
2015-11-02 22:46	1.02
2015-11-02 23:46	1.02
2015-11-03 00:46	1.07
2015-11-03 01:46	0.95
2015-11-03 02:46	1.03

续表

测量时间	氡析出率测量值/[Bq/(m² · s)]
2015-11-03 03:46	1.01
2015-11-03 04:46	0.94
2015-11-03 05:46	0.99
2015-11-03 06:46	1.03
2015-11-03 07:46	1.04
2015-11-03 08:46	1.08
2015-11-03 09:46	1.13
2015-11-03 10:46	1.05
2015-11-03 11:46	1.07
平均	1.07±0.07

本次测量的修正系数为 $\varepsilon=\frac{1.07}{1.05}\approx 1.019$，经修正后各点氡析出率真实值如表 5.24 所示。

表 5.24 修正前后活性炭−γ 能谱法氡析出率的测量结果

测量区域	测点编号	氡析出率测量值/[Bq/(m² · s)]	氡析出率真实值/[Bq/(m² · s)]	备注
尾砂区域	1	0.98	1.00	连续测量仪对比测点
	2	1.05	1.07	
	3	2.74	2.79	
	4	4.09	4.17	
	5	0.65	0.66	
	6	0.48	0.49	
	7	0.71	0.72	
	8	1.63	1.66	
	9	1.91	1.95	
	10	2.29	2.34	
	11	2.44	2.49	
	12	1.74	1.77	
	13	1.06	1.08	

续表

测量区域	测点编号	氡析出率测量值/[Bq/(m^2·s)]	氡析出率真实值/[Bq/(m^2·s)]	备注
尾砂区域	14	1.15	1.17	
	15	1.27	1.30	特殊点（草地 1）
	16	1.71	1.74	特殊点（草地 2）
黏土区域	17	0.15	0.15	
	18	0.19	0.19	
	19	0.35	0.36	
	20	0.21	0.21	特殊点（草丛）
	21	0.47	0.48	特殊点（灌木）

铀尾矿库等氡释放量估算方法的可靠性检验标准为现场氡析出率的区域分布规律和连续变化规律测量是否可靠。方法采用的氡析出率测量仪经过现场和南华大学氡实验室氡析出率标准装置验证是可靠的。活性炭-γ 能谱法在不同时间和季节测量的铀尾矿库表面氡析出率的区域分布规律如图 5.12 所示。

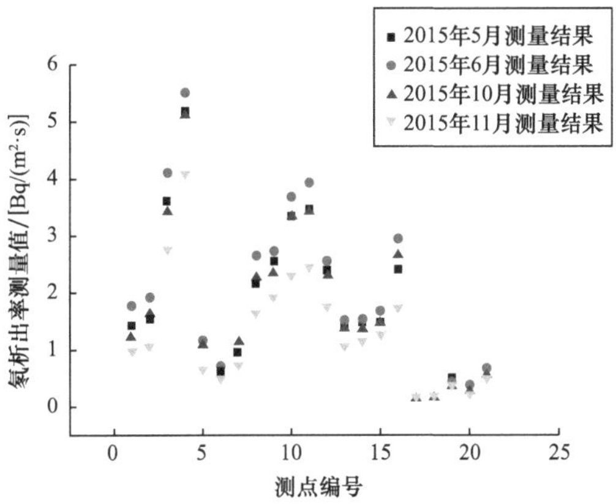

图 5.12 各次测量氡析出率的区域分布变化规律

由图 5.12 可以看出，不同月份和不同气象条件测量铀尾矿库表面氡析出率的区域分布规律，虽各测点每次测量的结果有差异，但每次测量各测点的分布规律基本一致。这说明活性炭-γ 能谱法测量铀尾矿库表面氡析出率的区域分布规律是可靠的，为氡释放量的可靠估算提供了质量保障。黏土覆盖治理区域相对变化较小，氡析出率较尾砂区域氡析出率稳定，原因是黏土区域孔隙度低。

现场测量结果表明，由于铀尾矿库尾矿砂区域的氡析出率日变化不大，活性炭-γ 能谱法累积采样 24 h 测量得到的氡析出率与测点氡析出率的日均值差别较小。所以，在气候参数变化较小的时间段内用活性炭-γ 能谱法累积采样 24 h 能够得到测量点有代表性的氡析出率日均值，这为仅基于活性炭-γ 能谱法建立区域氡释放量的测量方法奠定了基础。但是，对于气候参数变化较大，从而导致氡析出率日变化大（如 2 倍以上）的地区，就需要基于活性炭-γ 能谱法和氡析出率连续测量方法建立区域氡释放量的测量方法。

5.4.3 被测区域氡释放量的估算

铀尾矿库尾砂区域 1~14 号测点为均匀等面积布点，特殊测点 15 号测点面积约为其他等面积测点的 1/3，16 号测点约为其他等面积测点的 2/3，则尾砂区域的平均氡析出率值为：

$$J_{AV平均值} = \frac{J_{AV1} + J_{AV2} + \cdots + J_{AV14} + \frac{1}{3}J_{AV15} + \frac{2}{3}J_{AV16}}{15} \tag{5.8}$$

黏土覆盖治理区域近似为均匀布点，区域代表性氡析出率值为各点的平均值。2015 年 5 月、6 月、10 月和 11 月 4 次测量氡析出率的日均值如表 5.25 所示。

表 5.25 2015 年 4 次氡析出率日均值的测量结果

测量时间	氡析出率日均值/[Bq/(m² · s)]	
	尾砂区域	黏土区域
2015-05-12	2.39	0.37
2015-06-29	2.61	0.37
2015-10-20	2.28	0.32
2015-11-02	1.67	0.28

测量的尾砂区域面积约为 24 000 m^2，黏土覆盖治理区域约为 18 000 m^2。根据氡析出率日均值，可由式(5.10)估算铀尾矿尾砂区域和黏土覆盖治理区域氡的日释放量，如表 5.26所示。

表 5.26 2015 年 4 次氡日释放量的测量结果

测量时间	氡日释放量/Bq	
	尾砂区域	黏土区域
2015-05-12	4.95×10^9	5.77×10^8
2015-06-29	5.40×10^9	5.77×10^8
2015-10-20	4.72×10^9	4.99×10^8
2015-11-02	3.46×10^9	4.37×10^8

由于区域氡析出率的分布规律变化较小，只要测量氡析出率的周均值、月均值和年

均值，就可以测得某区域氡的周释放量、月释放量和年释放量。

5.5 小结

研究表明，活性炭-γ能谱法采用2号采样装置在不同季节不同气候参数条件下累积采样24 h，采样结束后测得标准活性炭盒中活性炭的含水率均低于10%，说明现场采样是可靠的。铀尾矿库未治理尾砂区域和黏土覆盖治理区域的氡析出率分布均不均匀，未治理区域氡析出率的分布差异较治理区域的大，且未治理区域的氡析出率随气候参数和季节的变化也较治理区域的大。在气候参数变化较小的时间段内或者覆盖治理过的密实介质表面用活性炭-γ能谱法采样装置累积采样24 h测得的氡析出率值比较接近测点氡析出率的日均值。但是，对于疏松介质和气候参数变化较大，从而导致氡析出率日变化大（如2倍以上）的地区，就需要采用本章基于活性炭-γ能谱法和氡析出率连续测量方法建立的区域氡释放量测量方法进行某一时间段氡释放量的测量。

参考文献

[1] 吕丽丹，邱小平，邱寿康，等.活性炭盒法准确测量建材^{222}Rn析出率的研究[J].南华大学学报，2014，28(1)：9-12.

[2] 肖德涛，谭延亮，周青芝.开环式测量氡析出率的方法及测量装置：201010129774.6[P]. 2014-11-12.

[3] 李志强.氡析出率标准装置快速定值方法的研究与应用[D].衡阳：南华大学，2016.

[4] 肖高平.铀尾矿库氡析出率变化规律的研究及应用[D].衡阳：南华大学，2015.

[5] 中华人民共和国国家标准.建筑物表面氡析出率的活性炭测量方法：GB/T 16143—1995[S].

[6] 林莲卿，闻慧芬，马光勋.建筑物表面氡析出率的测定[J].辐射防护，1988，8(3)：166-172.

[7] 潘永，刘泽华，谭凯旋，等.铀尾矿氡析出率的测量探讨[J].现代矿业，2009(10)：67-70.

[8] 肖高平，肖德涛，吕丽丹，等.氡析出率测量的活性炭采样装置研究[J].核电子学与探测技术，2015，35(11)：1119-1123.

[9] 吴家辉，周星火，译.铀尾矿氡析出率的测量和计算[R].国际原子能机构技术报告333号，1992.

第 6 章

设施排风井氡排放量的测量方法

矿井、地下设施等排风井的氡排放是大气环境中氡的重要来源。研究表明，铀矿冶系统对公众产生的集体剂量中，气态放射性流出物造成的集体辐射剂量占 76.6%，且井下作业的工作人员所受辐射危害，绝大部分是来自铀矿回风井通风风流释放的氡及其子体对人体造成的内照射[1-3]。在同等通风情况下，我国铀矿井下空气中氡及氡子体浓度比澳大利亚和俄罗斯的铀矿高 3~5 倍[4-6]。我国曾采用气球法对全国 7 个铀矿山的 16 个排风井进行了调查，排风井的氡浓度均值在 6~428 kBq/m^3范围内[7]。美国西北太平洋研究所采用闪烁室法对全美 27 个地下铀矿山的排风井进行连续抓取样氡排放测量，发现不同排风井氡排放率差别极大，全部矿山氡年释放率为 150 000 Ci/a，平均值为 26.7 Ci/t (U_3O_8)[8]。井下伴随着氡的气流通过机械通风的方式，流经各个作业空间，运输通道，再通过几百米的井道距离从排风井排出，其中空气与井壁摩擦作用后，在井口断面上各点的风速以及氡浓度会呈现一定规律的分布，对于圆形的井口，其分布基本满足对称性分布[9]。GB 23726—2009《铀矿冶辐射环境监测规定》和 GB 23727—2009《铀矿冶辐射防护和环境保护规定》等国家标准，都提到排风井氡浓度及排放量是矿山放射性气态流出物监测项目之一[10]，但由于缺乏可靠的排风井氡排放量测量技术，我国至今没有制定矿山、地下设施等排风井氡排放量监测方法的国家标准，也没有标准规定氡排放量的排放限值。因此，亟需建立排风井氡排放量的监测方法。

6.1 排风井氡排放量的连续测量方法[9]

排风井的氡排放速率与矿井、地下设施等作业工况、通风状况、季节变化等因素密切相关，需要进行长期无需值守的连续测量。氡浓度和风速在井口断面上的分布不均匀，必须基于分布规律建立代表性氡浓度和风速（或者叫平均氡浓度和风速）的测量方法，才能可靠测量排风井的氡排放率。排风井井口往往是高粉尘、高湿的特殊环境，必须建立连续除尘除湿方法以满足连续测氡的需要。矿井排风井口大多处于供电困难的野外，需要搭建一套适合全天候发电的装置为氡排放率连续测量装置提供电源。

6.1.1 排风井井口断面平均氡浓度的测量方法

第 2 章研究的连续测氡方法具有快速跟随环境氡浓度变化、长期无需值守、环境适应性强、测量周期可以根据实际需要任意选择等突出特点，成为建立排风井氡排放量测量方法的优选测氡方法。由于排风井井口氡浓度不均匀，根据标准（GB/T 16157—1996）《固定污染源排气中颗粒物和气态污染物采样方法》和（HJ/T 22—1998）《气载放射性物质取样的一般规定》推荐，将排风井口断面划分为 4 个等面积的同心圆环，7 个测点分布于断面直径与同心圆环交点，排风井直径为 3. 8 m，各个测点距离井壁分别为 0. 17 m、0. 57 m，1. 12 m、1. 9 m、2. 67 m、3. 24 m、3. 63 m，如图 6. 1 所示。

测量点	测量点占直径百分比
1	4.4%
2	14.7%
3	29.5%
4	50%
5	70.5%
6	85.3%
7	95.6%

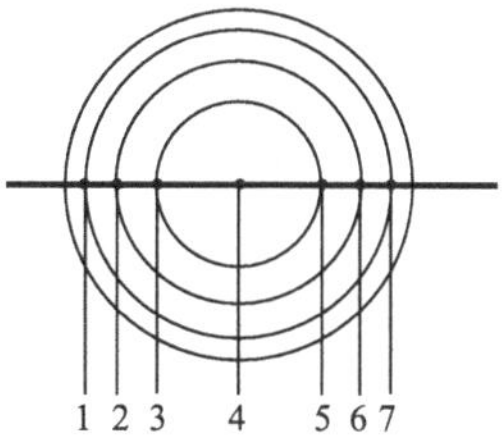

图 6. 1 断面单点测点示意图

美国法规中提到断面深度应选择在气流扰动（管道弯曲、变形或排风口）下游至少 2 倍水力直径位置或者距离扰动至少 0. 5 倍水力直径处[11]。因此，为了保证测点风流状况基本不受外界影响，且取样结果具有代表性，取样位置在离地面构筑物以下 5. 5 m 深处即井口以下 2 m 位置。根据矿井排风井井口的实际情况和连续测氡仪的测量特点，设计并制作了采样装置。装置分为两部分，一部分为测量支架，支架由一根长约 5 m 的主支架和 7 根长约 2 m 的竖杆支架组成，主支架上可以绑定多根竖杆，方便采样气管固定于竖杆上，竖杆深入井口 2 m；另一部分为采样气管，其中单点采样法的管道为 1 根长约 6 m，直径 5 mm 的硅胶软管，单点采样法采样支架及管段如图 6. 2 所示。

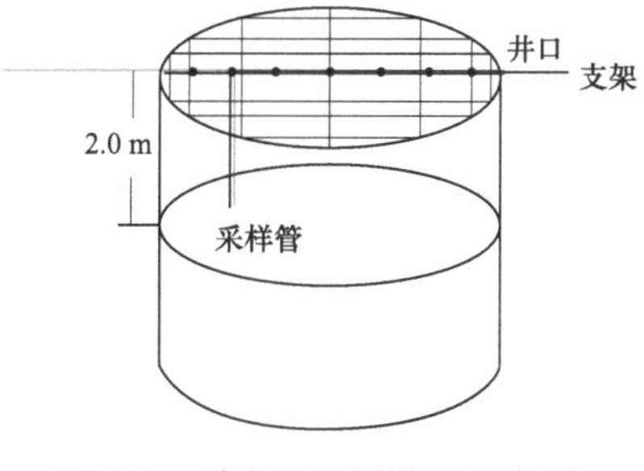

图 6. 2 单点法采样装置示意图

采用单点采样法测量排风井井口内断面直径上 7 个取样点氡浓度，利用拉格朗日插值法得出氡浓度与排风井直径径向距离 x 的表达式：

$$Y_k(X_k) = C_k,\ k = 1,\ 2,\ \cdots,\ 7 \tag{6. 1}$$

对于排风井断面直径上任意一点 X_i，对应氡浓度 C_i（X_i），将断面圆划分为 n 个小圆环，如图 6. 3 所示。对于小圆环 i，其与直径交点为 X_i 和 X_{2n+2-i}，利用拉格朗日插值方法能将此小圆环圆周上对应点氡浓度表示为 C_i（X_i）和 C_{2n+2-i}（X_{2n+2-i}）。则排风井断面平均氡浓度 C 为：

$$C=\frac{\displaystyle\int_{X_{n+1}}^{X_{2n+1}}\frac{C_i(X_i)+C_{2n+2-i}(X_{2n+2-i})}{2}2\pi r\mathrm{d}r}{\pi {X_{n+1}}^2} \tag{6.2}$$

式中：$r=X_{2n+2-i}-X_{n+1}$。

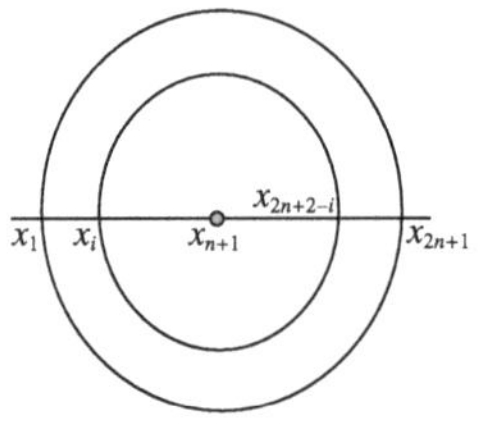

图 6.3　断面圆上小圆环位置点示意图

单点法采样测量需要多台测氡仪同时采样测量得到断面的氡浓度分布规律，然后基于分布规律计算才能得到平均氡浓度。单点法采样测量排风井断面平均氡浓度的测量系统复杂、成本高、费时。为实现便捷地野外氡排放率连续测量，建立了一种可直接测出平均氡浓度的方法——排风井井口断面平均氡浓度混合采样测量方法，如图 6.4 所示。即采用大流量抽气泵，对等面积圆环布置的 6 点进行等流量取样，各对称分布的两点取样的混合气体平均氡浓度代表其对应圆环内平均氡浓度，通过缓冲罐将各点抽取的等量气体混合均匀，测氡仪从缓冲罐内取样监测，测得氡浓度即为整个断面的平均氡浓度。

测量点	测量点占直径百分比
1	4.4%
2	14.7%
3	29.5%
4	70.5%
5	85.3%
6	95.6%

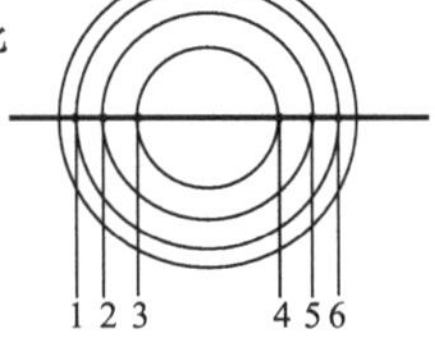

图 6.4　断面混合采样点示意图

混合法的采样气管采用 1 根长 1.5 m，直径 10 mm 的硅胶软管作为主管道，另外 6 根长 6 m，直径 5 mm 的硅胶软管作为采样支管通过转接头连接至主管道，且 6 根采样支管上靠近主管道处均装有球阀，方便调节流量。由于混合法是六个点同时进行抽气测量，采样所需气量较大，所以在主管道末端连接大流量气泵（采用成都新为诚生产的大流量抽气泵，其型号为 FCY 5015-24 V，峰值流量 15 L/min，最大输出压力 100 kPa）进行采样抽气，混合法采样支架及管段如图 6.5 所示。

为了解决大流量抽气泵（10 L/min）与测氡仪采气流量（3 L/min）不匹配的问题，设计制作了一个体积约为 2 L 的采气缓冲罐。其工作原理为：大流量抽气泵抽上来的气体首先被送入缓冲罐内，一部分气体通过采样孔进入测氡仪进行测量，而多余气体则通过出气孔流回环境，以保证此缓冲罐内气体为常压。

此外，该采气缓冲罐采用金属外壳制作，并在其内部填充了金属丝网。这样做的目的是让气体经过金属壁产生冷凝，并两次通过金属丝网过滤水和粉尘，实现气液完全分

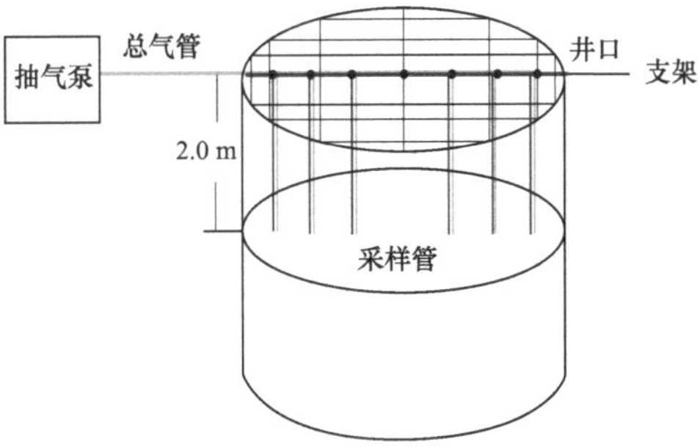

图 6.5　混合法采样装置示意图

离，避免采样气体中残留液滴对测氡仪产生影响。缓冲罐底端安装有两个单向排水阀，当液体积聚至一定量之后，重力对单向阀施以压力，迫使其开启并将水排出，而被测量气体仍然被密封在罐内。经过实验测试，此采样缓冲罐密封性良好，排水阀能正常运作，且不影响氡浓度测量。其工作原理示意图及实物如图 6.6 所示。

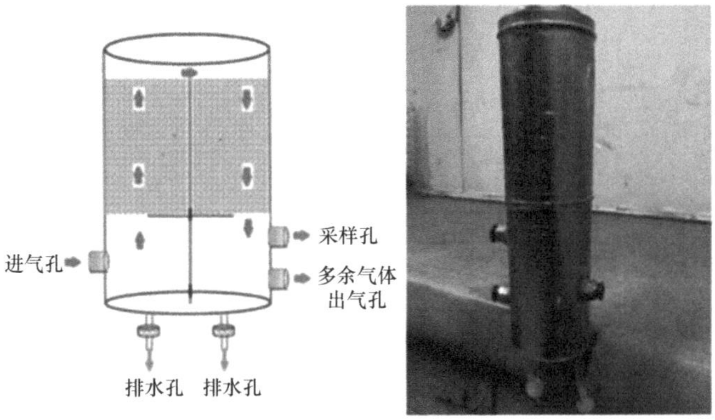

图 6.6　缓冲罐工作原理及实物图

6.1.2　排风井井口断面平均风速的测量方法

采用 KD-102 智能数字压力风速仪和标准刻度的皮托管（刻度系数为 0.85）对矿井排风井井口进行风速以及流场状态的测量。

KD-102 智能数字压力风速仪，是一种高精度，高稳定性的压力测量仪器。它适用各种工况，在 0 至±3 000 Pa 范围内的气体环境下使用，可同时测量静压，动压，全压以及风温和流速。该仪和皮托管结合使用，可直读测量气体的流速，并可选配 RS232 或 485 端口，通过监控软件界面进行远距离数据采集。

皮托管流量计属差压式流量计的一种。差压式测量方法是流量或流速测量方法中使用最悠久和应用最广泛的一种测量方法，它常被用来测量通风管道或烟道内的气流速度，经过压力计测压差来计算流速。它的测量原理是伯努利定理，具有非常科学的理论基础，即通过测量流体流动过程中产生的压差来测量流速或流量。对于测量管道内含尘量较大的气体流速时，需采用 S 型皮托管（如图 6.7 所示），在测量静压和全压时测孔不易被堵塞。S 型皮托管是由两根外形相同的金属管定向焊接而成的，测头上有个方向相反的开口，两个开口断面互相平行，总压孔在测量的时候开口正对气流来向，静压孔则开口背向气流来向。

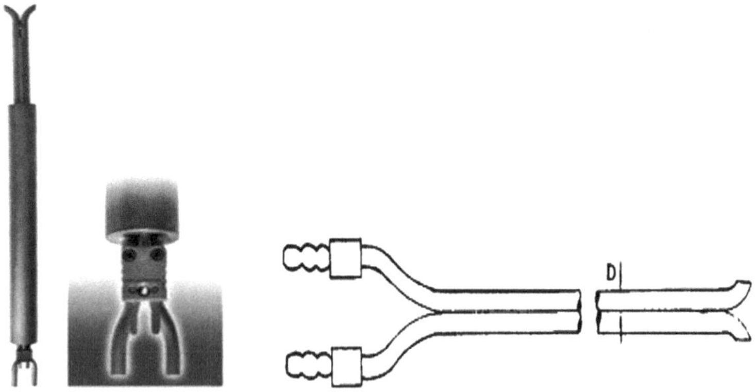

（a）　　　　（b）

图 6.7　S 型皮托管

（a）S 型皮托管实物图；（b）S 型皮托管示意图

对于低速流动（流体可近似地认为是不可压缩的），由伯努利定理可得以下求气流速度的公式：

$$V_\infty = K\sqrt{\frac{2(P_\Phi - P_\infty)}{\rho}} \tag{6.3}$$

式中：V_∞ 为气流速度，m/s；P_Φ为 S 型皮托管测得的总压，Pa；P_∞ 为 S 型皮托管测得的静压，Pa；ρ 为流体的密度，kg/m^3；K 为 S 型皮托管的刻度系数。

对图 6.1 所示各点逐一测量，就可以得到排风井断面风速的分布规律。基于分布规律计算得到断面的平均风速。对于排风井断面直径上任意一点 X_i，对应风速 Y_i（X_i），将断面圆划分为 n 个小圆环，如图 6.3 所示。对于小圆环 i，其与直径交点为 X_i和 X_{2n+2-i}，利用拉格朗日插值方法能将此小圆环圆周上对应点风速表示为 V_i（X_i）和 V_{2n+2-i}（X_{2n+2-i}）。则排风井断面平均风速 V 为：

$$V = \frac{\int_{X_{n+1}}^{X_{2n+1}} \frac{V_i(X_i) + V_{2n+2-i}(X_{2n+2-i})}{2} 2\pi r\mathrm{d}r}{\pi {X_{n+1}}^2} \tag{6.4}$$

式中：$r = X_{2n+2-i} - X_{n+1}$。

6.1.3　排风井氡排放量的测量方法

排风井氡排放量的测量可以通过测量排风井井口氡排放率的变化规律来实现。排风井井口氡排放率为断面平均氡浓度和单位时间排风量的乘积。采用两种方法对井口氡排放率进行测量，一种基于单点采样测量得到的各点风速、氡浓度通过插值积分程序计算得到断面总排放率；第二种是采用混合平均法测量得到断面平均氡浓度，再利用多点风速插值积分程序计算得到平均风速，将平均氡浓度与平均风速以及断面积相乘得到氡排放率。若排风井断面平均氡浓度为 C（Bq/m^3），则排风井井口氡排放率 P（Bq/s）为：

$$P = C \times Q \tag{6.5}$$

单位时间排风量 Q 为：

$$Q = V \times S \tag{6.6}$$

式中：V（m/s）和 S（m^2）分别为平均排风井井口断面平均风速和面积。

排风井氡排放量为排放井井口氡排放率的时间积分，即

$$M = \int_0^T P(t)\,\mathrm{d}t \tag{6.7}$$

式中：M 为 T 时间段内氡排放量，Bq；P 为 t 时刻排风井井口氡排放率，Bq/s。

6.2 连续除湿方法

排风井尤其是地下矿山排风井排放过程中，风机会将一部分采矿产生的粉尘卷出，且矿井常年与外界大气存在较大的温差，导致排风井排放的高湿度污风夹杂了大量粉尘。为了保护测氡仪等测量仪器长期可靠测量，在采样气体进入测氡仪前需要对其进行除水、过滤粉尘等预先处理。因此，基于丝网除水器工作原理[12]设计了一种除水过滤装置，其工作原理及实物如图 6.8 所示。

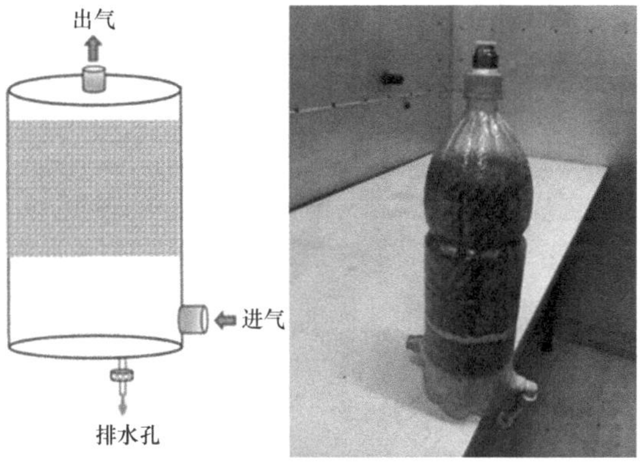

图 6.8 丝网除水器工作原理及实物图

丝网气液分离器具有结构简单、体积小、分离效率高、阻力小、质量轻及安装操作维修方便等优点。对粒径不小于 3 μm 的液滴，其分离效率达 98%~99.8%，而气体通过分离器的压降却很小，只有 250~500 Pa，已被广泛应用于化工、石油、冶金、机械、建筑及环保等工业中。为了验证自制的丝网除水装置的除水效果是否满足要求，进行了丝网除水装置除水效率实验及高湿含氡空气经丝网除水装置除水后对氡浓度测量是否可靠的实验。

丝网除水装置除水效率实验选用一台小型空气加湿器对管道内气体进行加湿处理，以模拟排风井出口处的潮湿空气（相对湿度接近饱和），并在管道末端接入丝网除水装置。在加湿器每小时出雾量达到 33.5 mL 的情况下对丝网除水装置的性能进行 11 h 的测试，结果列于表 6.1。

表 6.1　自制丝网除水装置除水效率的实验结果

实验编号	总出雾量/mL	截留水量/mL	分离效率/%
1	368.5	281.2	76.3
2	368.5	286.2	76.7
3	368.5	292.0	79.2

从表 6.1 可以看出，单个丝网除水装置的除水效率达到了 76% 以上，能有效截留大量的液态水。由于丝网除水只能过滤液态水，并不能降低气流的相对湿度，故需要对第 2 章介绍的具有测氡灵敏度温湿度自动补偿功能的 NRL-Ⅱ连续测氡仪的测量结果可靠性进行检验。高湿含氡空气经丝网除水装置除水后，用自制 NRL-Ⅱ连续测氡仪和 PQ2000（南华大学标准氡室参考水平定值仪器）同时采样测量，测量周期 15 min，连续测量 7 次，测量结果如表 6.2 所示。

表 6.2　丝网除水装置有效性测量结果

测氡仪	氡浓度/(Bq/m^3)							
	第 1 次	第 2 次	第 3 次	第 4 次	第 5 次	第 6 次	第 7 次	平均值
PQ2000	1 986	2 143	2 058	2 186	2 210	2 195	2 163	2 134.4
NRL-Ⅱ	1 905	2 095	2 006	2 216	2 183	2 206	2 142	2 106.6

从表 6.2 可以看出，NRL-Ⅱ测氡仪和 PQ2000 的测量结果在统计误差范围内一致，丝网除水装置可以保证测氡仪测量结果的可靠性。

6.3　风电与光电供电装置

由于矿井排风井处于野外环境，且一般都在偏僻的无电区，若要常年监测放射性气态流出物，若无法保证电力供应则基本无效。因此，研制了以风光互补发电系统为主，充电锂电池为备选的供电装置。

6.3.1　风光互补发电系统

电池风能与太阳能具有各自的优势之处，但同时它们也均受到不同的环境因素影响，不同地区资源分布不同。在我们国家，一般都是夏季的太阳辐射的强度大，但是风力资源不够好。而在冬季的太阳辐射的强度比较小，但是风力资源比较丰富，单独使用其中任何一种供电方式，很难获得较好的效益，将风、光、水互补系统综合使用可以起到相互补充的作用，实现持续较大功率供电，且提高了供电的可靠程度以及稳定程度，使用更经济、科学、实用。考虑到矿井排风井多处于山林中，树林的遮挡会降低风力发电的实际效果，故将以太阳能发电为主，风力发电为辅。又由于太阳能和风能供电是一个随机的过程，有一定的间歇性，为了满足我们的实际需要，必须有蓄电池的储能环节。因此，研制的风光互补发电系统供电方案如图 6.9 所示。

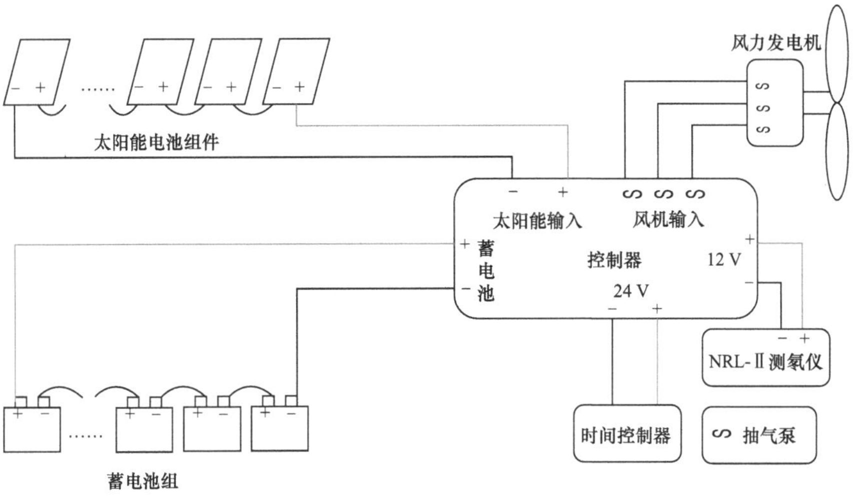

图 6.9　风光互补发电系统框图

其工作原理为：太阳能电池板和风力发电机分别通过光能和机械能转换成电能输入风光互补控制器，风光互补控制器将风力发电机的交流电转换成直流电后，一般发电量充足的情况下，控制器先将电能供应给 NRL-Ⅱ测氡仪以及抽气泵使用，时间控制器自动控制抽气泵的自动启停时间，然后将多余部分的电能充满蓄电池。而在阴天和无风天气导致发电量不足的情况下，则由蓄电池将此前储存的电能分别给测氡仪和抽气泵供电。

1. 太阳能电池板

硅太阳能电池分为单晶硅太阳能电池、多晶硅薄膜太阳能电池和非晶硅薄膜太阳能电池三种。

单晶硅太阳能电池转换效率最高，技术也最为成熟。在实验室里最高的转换效率为 24.7%，目前最新科技成果的单晶硅太阳能电池板效率为 18%。虽然单晶硅电阳能电池板成本价格较高，但在大规模应用和工业生产中其仍占据主导地位。

多晶硅薄膜太阳能电池与单晶硅比较，成本低廉，而效率高于非晶硅薄膜电池，但低于单晶硅太阳能电池板转换效率。

非晶硅薄膜太阳能电池成本低重量轻，转换效率较高，便于大规模生产，且其弱光性最好，有极大的潜力，但稳定性不高，影响了它的实际应用。

图 6.10 为单晶硅太阳能电池板，表 6.3 为 100 W 单晶硅太阳能电池板的主要参数。

图 6.10　单晶硅太阳能电池板

表 6.3　单晶硅太阳能电池板参数

功率/W	使用环境温度/℃	工作电压/V	工作电流/A	开路电压/V	短路电流/A
100	-40~85	18	5.55	22	5.95

2. 永磁风力发电机

选用的额定功率为 500 W 的小型风力发电机的主要参数如表 6.4 所示，组装好的风力发电机实物图如图 6.11 所示。

表 6.4　额定功率为 500 W 的小型风力发电机参数

额定功率/W	额定电压(DC)/V	额定电流(DC)/A	风轮直径/m	启动风速/(m/s)	额定风速/(m/s)	安全风速/(m/s)	电机重量/kg	风叶数量/叶
500	12/24	25/12.5	1.8	2.5	13	55	11.5	3

图 6.11　风力发电机

3. 风光互补控制器

风光互补控制器对于风光互补供电系统起到了至关重要的作用，它可以保证整个系统合理而又稳定的工作。其作用包括：蓄电池的过充保护、蓄电池的反接保护、蓄电池的欠压保护。其工作过程为：通过检测蓄电池的电压以确定工作状态，如果风光互补供电系统的输出功率大于负载的功率，则其会给蓄电池进行供电。如果风光互补供电系统的输出功率小于负载的功率，则蓄电池为负载供电，如图 6.12 所示。

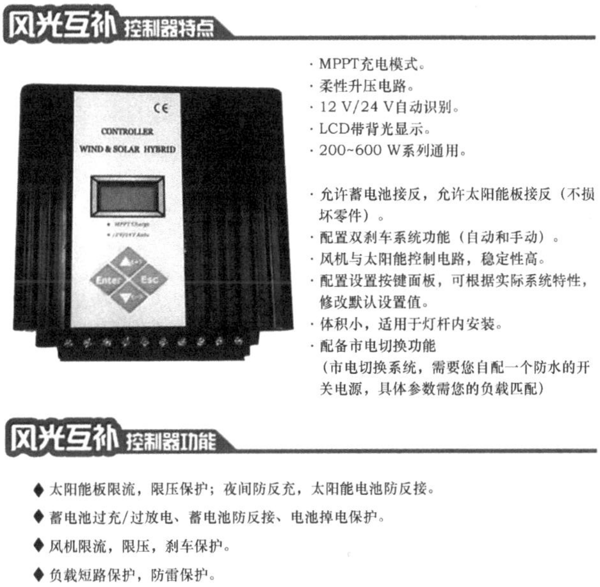

图 6.12 风光互补控制器

4. 蓄电池组

蓄电池选用 12 V/100 A · h 免维护铅酸蓄电池（瓦尔塔），如图 6.13 所示。

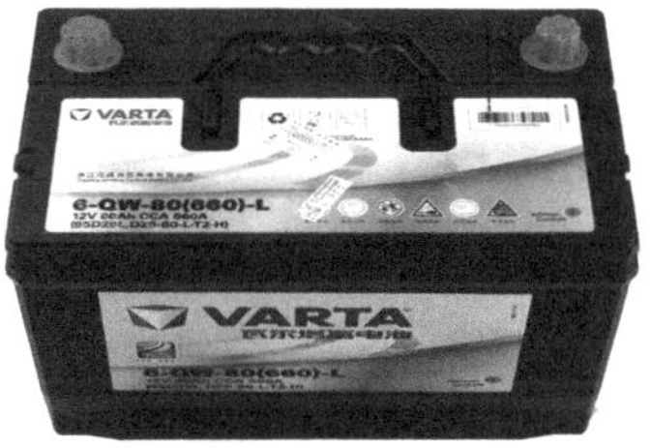

图 6.13 铅酸蓄电池

5. 时间控制器

为了减少负载耗电量，采用时间控制器设置抽气泵的自动启停时间，即在测氡仪采样泵开始运行前 1~2 min，抽气泵先开始工作，以保证实验过程的正常采样，且缓冲罐内气体在测氡仪自带泵采样前已混合均匀，而当测氡仪采样泵停止工作时，抽气泵也停止工作。时间控制器如图 6.14 所示。

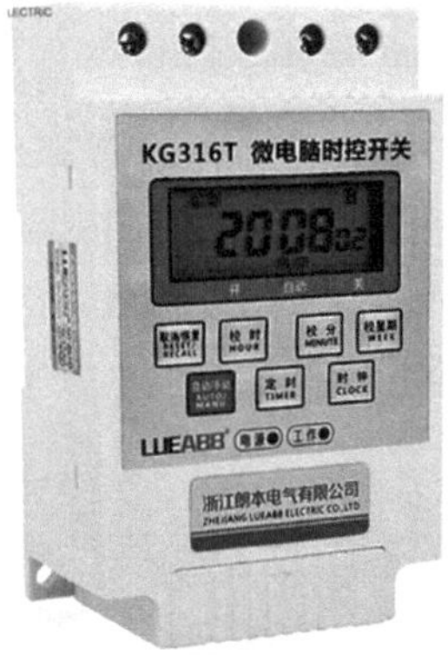

图 6.14 时间控制器

表 6.5 我国主要城市最佳倾角设置表

城市	纬度 Φ/(°)	日辐射量 H_t/[kWh/(m^2·d)]	最佳倾角 Φ_{op}/(°)	斜面日辐射量/[kWh/(m^2·d)]	修正系数 K_{op}
哈尔滨	45.68	12 703	Φ+3	15 838	1.140 0
沈阳	41.77	13 793	Φ+1	16 563	1.067 1
北京	39.80	15 261	Φ+4	18 035	1.097 6
太原	36.78	15 061	Φ+5	17 394	1.100 5
西安	34.30	12 781	Φ+14	12 952	0.927 5
上海	31.17	12 760	Φ+3	13 691	0.990 0
南昌	28.67	13 094	Φ+2	13 714	0.864 0
福州	26.08	12 001	Φ+4	12 451	0.897 8
武汉	30.63	13 201	Φ+7	13 707	0.903 6
长沙	28.20	11 377	Φ+6	11 589	0.802 8
广州	23.13	12 110	Φ−7	12 702	0.885 0
海口	20.03	13 835	Φ+12	13 510	0.876 1
成都	30.67	10 392	Φ+2	10 304	0.755 3
昆明	25.02	14 194	Φ−8	15 333	0.921 6
拉萨	29.70	21 301	Φ−8	24 151	1.096 4

6.3.2 光伏组件配置计算

1. 光伏组件倾角设置

为保障系统的运行可靠性，光伏离网系统最佳倾角的设置要考虑月均太阳能辐射量最少的那个月的最佳倾角，光伏组件朝向为正南。表6.5为我国主要城市的最佳倾角设置表。

2. 组件功率计算

（1）将太阳能电池方阵安装地点的太阳能日辐射量 H_t，转换成在标准光强下的平均日辐射时数 H_p：

$$H_p = H_t \times 2.778/10\ 000 \tag{6.8}$$

式中：2.778/10 000（$h \cdot m^2/kJ$）为将日辐射量换算为标准光强（1 000 W/m^2）下的平均日辐射时数的系数。

（2）太阳能电池组件功率 W_p：

$$W_p = [(W_f \times H_f)/(H_p \times C_z)] \times A_1 \tag{6.9}$$

式中：W_f为负载功率，W；H_f为负载日工作时间，h；A_1为光伏系统安全系数，大于1；H_p为平均日辐射时数，h；C_z为修正系数，主要为组合衰减、灰尘、充电效率等的损失，一般取0.8。

3. 蓄电池容量计算

蓄电池的容量计算如下：

$$C = (E_d \times D_f)/(DOD \times U)] \times A_2 \tag{6.10}$$

式中：C 为储能电池的容量，A · h；E_d为负载每日耗电量，W · h/d；D_f为连续阴雨天数，d；DOD 为储能电池放电深度,%；一般铅酸蓄电池取0.75，碱性镍镉蓄电池取0.85；U 为系统电压，V；A_2为蓄电池的安全系数，取1.1~1.4之间。

4. 离网风光互补控制器配置

离网风光互补控制器额定电压应根据系统电压选择，额定电流应根据系统最大电流选择。选取带有自动识别负载电压的控制器，以分别为测氡仪和抽气泵供电。

6.3.3 风力发电机组件配置计算

风力发电机是通过风力带动叶片机械做功，再透过增速电机提升旋转的速度，促使发电机发电，最终输出交流电的电力设备。从目前成熟的风力发电机技术发展情况来看，大约是3 m/s的风速（微风的程度），风机就可以开始发电。因外界环境风量不是稳定的状态，风力发电机实际输出的是13~25 V范围内变化的交流电，通过整流器的作用，将交流电转为直流电后，再对蓄电瓶充电，此时风力发电机产生的电能就变成了储存在蓄电池中的化学能。如果外接负载需要用220 V交流电，则接入保护电路作用的逆变电源，才能保证稳定输出220 V交流电。

目前的风力发电机的电能是通过电瓶贮存起来的，负载使用的实际电功率的大小与电瓶大小有更密切的关系。风力发电机的功率大小主要取决于风量的大小。在内陆地区，风力资源不是特别丰富的地区，小功率的风力发电机会比大功率的风力发电机更合适，因为它更容易被小风量带动，从而发电，而在持续不断的长时间里，即使是小风，也会比突然的一阵狂风更能供给较多的能量。

风力发电机的发电功率 P：

$$p = \frac{1}{2}\rho\eta\pi R^2 V^3 \tag{6.11}$$

式中：V 为风速，m/s；ρ 为空气密度，kg/m^3；R 为发电机扇叶半径，m；η 为发电机效率，W·s^3/（kg·m^2）。

由式(6.11)可知，风机的实际发电功率与风速的三次方成正比，当风力发电机组被确定后，风速与负载所获得的电功率之间的关系可以通过风力发电机组的功率曲线表示。图 6.15 为 500 W 风力发电机的输出功率曲线图，3 m/s 为启动风速，当风速达到 12 m/s 时，达到最大输出功率，而后风速再增大，输出功率反而降低。

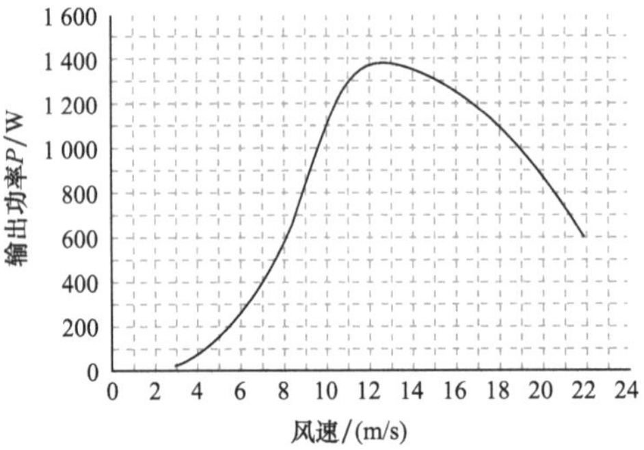

图 6.15　500 W 风力发电机输出功率曲线

当知道了某一风力发电机的输出功率曲线，则可以通过式(6.12)来计算该风力发电机在该地自然条件下的发电量：

$$P = \sum_{i}^{n} (V_i P_i) \tag{6.12}$$

式中：V_i代表风频段；P_i代表与该风频段对应的风力发电即时功率；i 表示风速范围中对应的风频段数量。

通过当地风频的情况记录与某风机的输出功率曲线，可以计算实际发电量，由此可以比较好地了解此风机在这个地区应用的实际情况，并判断是否符合设计的要求。

6.3.4　蓄电池供电

为了前期实验的方便性，采用了电力供应的备用方案：两种可充电式锂电池组供电，其中电压 24 V，电流 1 A 的锂电池为抽气泵供电；电压 12 V，电流 2 A 的锂电池为测氡仪供电。

6.4　现场测量实验

矿石开采过程中，井下大气中氡的来源主要有：矿体和围岩表面析出的氡；井下堆存的矿石和岩石析出的氡；地下水析出的氡；入风被污染时，由入风流带到井下的氡。以铀矿为例，空气中氡的主要来源，是铀矿体的暴露表面氡的析出，约占矿井总排氡量的20%～80%；而井下开采后堆放的铀矿石，其矿石表面的析出氡量约占总排氡量的10%～60%；地下水的氡的析出量所占比例更小，一般小于10%；而入风所带来的氡污染量极少，基本可以忽略。在某些工作面，爆破堆积的矿石和废石表面积大大增加，氡析出更加容易，此时铀矿石因作业而引起的析出量会大幅增加。还有，根据统计，铀矿体表面氡析出率约为3.7～370 Bq/(m^2·s)，如果有大量的铀矿石堆存的话，此处氡浓度会较高，像采空区岩石的暴露面积很大，其氡析出量也会相当大，故对采空区应及时进行封闭处理。当铀矿区的地下水十分丰富时，高浓度的氡会通过岩石裂隙溶解到地下水中，使地下水中氡浓度增大，当水流经入巷道时，水中的氡会迅速析出释放进大气中，但是一般来说，铀矿山水中氡不会成为井下氡的主要来源。现场实验选在我国某一铀矿山进行。

6.4.1 矿山排风井介绍

1. 通风系统

矿井通风系统主要采用中央竖井入风，南、北两翼风井回风的中央对角式阶梯式通风系统。风流线路：竖井入风→各中段石门和运输大巷→穿、沿脉→采场顺路井→采场工作面→排风井和穿、沿脉→回风中段大巷→风机硐室→排风井排出至地面稀释、扩散。

2. 风机性能参数及运行状况

实验选取的排风井是南风井。由于当时矿山处于停工状态，北风机已经关闭，正检修，而南风机还在运行。南风机的额定和运行参数见表6.6。

表6.6 风机性能参数

主风机名称	风机铭牌参数				
	额定功率/kW	全压/Pa	额定电流/A	额定电压/V	风量/(m^3/s)
风机	110	378～1 746	198.7	380	28.7～62.6

风机实际运行工况和通风参数分别见表6.7和表6.8。

表6.7 实际工况

主风机名称	风机铭牌参数				
	额定功率/kW	全压/Pa	额定电流/A	额定电压/V	风量/(m^3/s)
风机	112.5	655	190	380	65.5

表 6.8　通风参数

测试地点	风量/(m^3/s)	风速/(m/s)	气压/kPa	湿度/%	温度/℃
301 m 风机	65.5	10.8	静压 676，全压 655	99.5	24.2

3. 排风井井口现场情况

矿山南排风井井口现场如图 6.16 所示，排风井外围建有高约 3.5 m，边长约为5 m的方形地面构筑物。跨过方形构筑物，地面为圆形竖井排风口，井下污风风流从此处排出，井口直径为 3.8 m，竖井口布有 20 cm×20 cm 的方形格筛，防止有重物落入破坏风机，地下井道深 144.2 m。

图 6.16　南排风井井口现场

6.4.2　测量仪器的选择

为满足快速跟随氡浓度变化的需要，排风口各测点氡浓度测量采用基于第 2 章建立的连续测氡方法研制的 NRL-Ⅱ型连续测氡仪（见图 6.17）。该仪器的主要技术性能指标如下：

（1）使用温度范围：0~45 ℃；

（2）贮存温度：-40~60 ℃（液晶屏贮存温度为-20~60 ℃）；

（3）相对湿度：≤90%（40 ℃）；

（4）供电电源：AC220 V，50 Hz，耗电功率≤80 W，可长期连续通电运行；

（5）测量合成不确定度：≤20%（在氡浓度不低于 30 Bq/m^3时，测量周期 1 h）；

（6）测量范围：(10~99 999) Bq/m^3；

（7）显示方式：5 寸彩屏显示器；

（8）存储方式：FLASH 存储（可掉电保存 1 年的历史数据）；

（9）采样周期：15/30/60/120 min 可选。

排风井风速采用南京睿君 KD-102 智能数字压力皮托管风速仪（实物如图 6.18 所示）进行测量，压力范围 0 至±3 000 Pa，风速范围 3~57 m/s，风速测量的支架与氡浓度测量支架相同，并且与氡浓度测量同时进行。

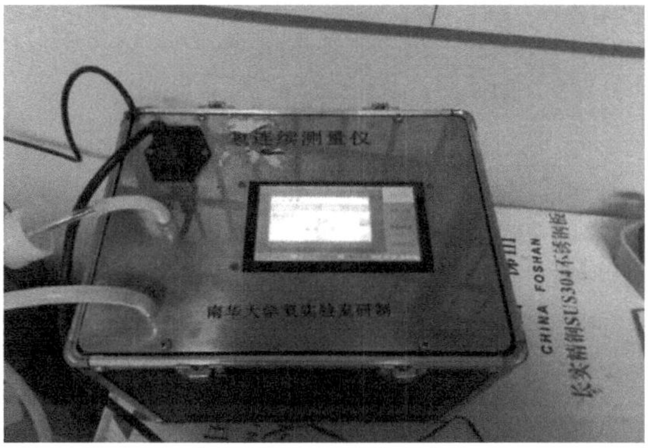

图 6.17　NRL-Ⅱ型连续测氡仪实物图

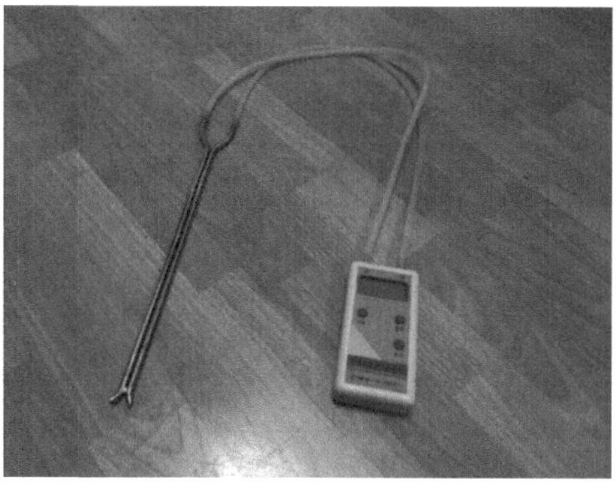

图 6.18　KD-102 智能数字压力皮托管风速仪

排风井周边环境温湿度测量采用美德时 TH603 型环境温湿度计（见图 6.19）：温度范围-30~60 ℃，湿度范围 0~100%。

流量测量采样余姚巨屹 LZT-6T 流量计（见图 6.20）：0.3~3 L/min。混合法中 6 根采样支管的流量用转子流量计多次精细调节，以使每一个采样点的流量相等。

图 6.19　TH603 型环境温湿度计

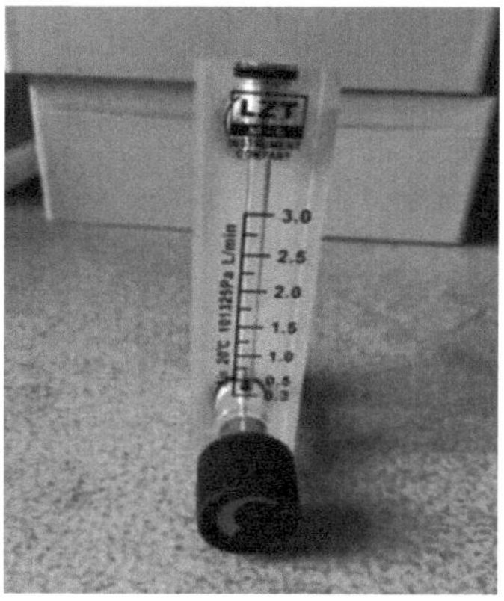

图 6.20　LZT-6T 转子流量计

6.4.3　现场测量

1. 实验支架搭建

在井口直径上搭建一个长约 5 m 的主支架，支架材料为实验现场附近的竹竿。主支架采用两根竹竿并排放置并用胶带固定，这样是为了方便在主支架上夹取多根竖杆，将支气管采样气管固定于竖杆上，竖杆深入井口 2 m，随后进行单点氡浓度和风速的测量。

2. 单点采样测量氡浓度

单点采样法测量氡浓度如图 6. 21 所示。将气管位于地面上的一端接入丝网除水装置和分子筛干燥管，利用 NRL-Ⅱ测氡仪对直径上 7 个测量点（位置如图 6. 21 所示）进行氡浓度测量，测量周期设为 15 min，每个测点测量 1 h。

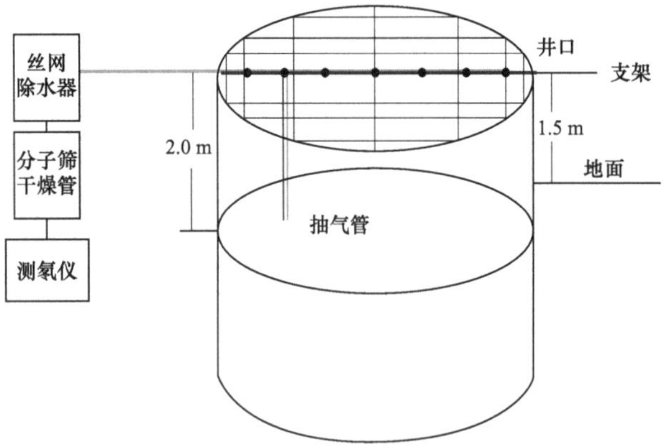

图 6. 21　单点采样法测量氡浓度示意图

3. 混合平均法采样测量氡浓度

混合平均法采样测量氡浓度如图 6. 22 所示。选取对称分布的 6 个测量点（如图 6. 22 所示），在支架上的相应测量点上放置深入井内 2 m 的竖杆，并用胶带绑好 6 根分气管。调节 6 根分管的流量控制球阀，使每根分管的流率相同（均为 1. 7 L/min），利用大流量气泵（10 L/min）抽取各点采样气体进入一根总气管，并保证每个采样测点的气管到总气管的长度相等，6 根分管气流所受管壁阻力相同。随后，气流经过丝网除水装置和分子筛干燥管后进入缓冲罐混匀，一部分被 NRL-Ⅱ测氡仪采样测量，另一部分通过排放口排放以保持管内压力为常压，且测氡仪抽样口位于排放口上方，即排放之前先抽样，以保证抽样的准确性。测氡仪测量周期设置为 15 min。

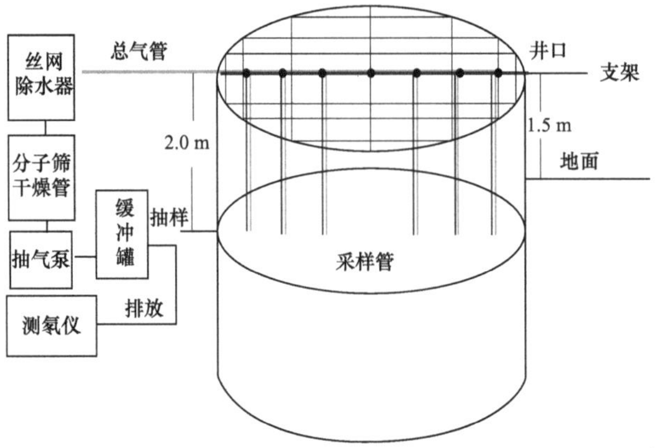

图 6. 22　混合平均法采样测量氡浓度示意图

4. 风速测量

风速测量与单点法测量氡浓度同时进行，采用皮托管风速仪依次对7个测量点进行风速测量。皮托管一个端口正对风流来向，另一端口背向风流方向，令其水平放置与断面平行，并且在测量风速时严格保持皮托管的进风口与氡浓度采样管的进气端位置一致。每个测量点测量风速约10 min，排除气流不稳引起的剧烈跳动的测量数据。测量如图6.23所示。

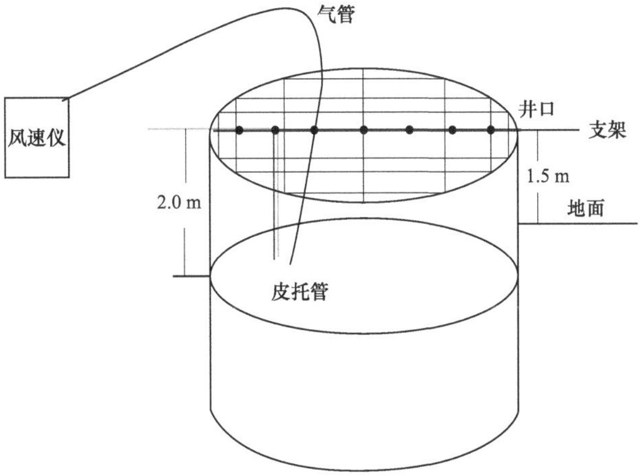

图6.23 风速测量示意图

5. 实验结果及分析

(1) 风速测量结果及分析

风速测量结果见表6.9。测量过程中最大风速为11.69 m/s，出现在4号点即中心点位置；最小风速为9.21 m/s，出现在7号点位置。测量期间排风井内相对湿度为98%左右，温度为15.3~18.9 ℃，外界环境相对湿度为61%~89%，温度为8~13 ℃，风力2级。

表6.9 风速测量结果

测量位置点	风速/(m/s)										
	1	2	3	4	5	6	7	8	9	10	平均值
1号	10.00	9.58	9.59	9.66	9.74	9.59	9.66	9.66	9.74	9.83	9.70
2号	10.72	11.13	10.87	11.10	10.95	9.59	9.59	11.95	11.10	11.03	11.13
3号	11.32	11.40	11.47	11.18	11.10	11.32	11.47	11.40	11.32	11.40	11.34
4号	11.32	11.76	11.47	11.40	11.03	11.69	11.25	11.32	11.47	11.54	11.46
5号	10.74	10.64	10.81	11.03	11.01	11.18	11.25	11.25	11.18	10.95	11.01
6号	10.00	9.74	9.91	10.00	10.00	9.83	10.00	10.16	10.24	10.32	10.02
7号	9.21	9.37	9.48	9.57	9.66	9.58	9.30	9.57	9.66	9.83	9.52

图 6. 24 是井口 2 m 深度断面上风速径向分布。从该图可以看出，井口断面中心风速最大，距离井壁越近风速越小。排风井中通过机械通风方式输送出来的风流，经过与井壁的摩擦和黏滞力的作用，形成了类似抛物线状的速度分布，而且越接近井口断面中心的风速和井壁附近风速的差异就越大。

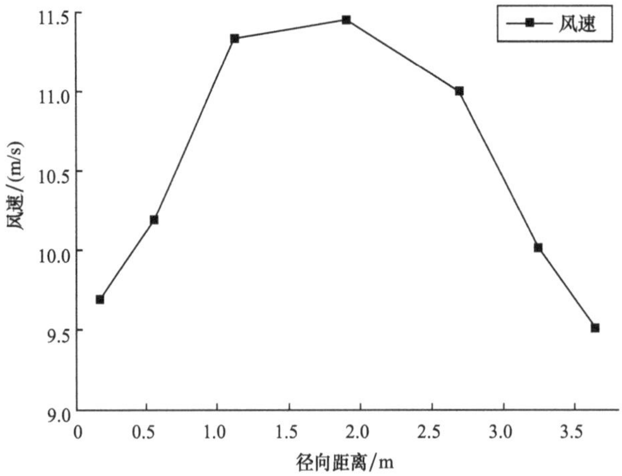

图 6. 24　排风井井口断面风速分布

将各点风速平均值代入平均风速计算程序（见附件 I），可得此断面平均风速为 10. 28 m/s。

根据雷诺数和湍流强度计算公式：

$$Re = Vd/\nu \tag{6.13}$$

$$I = 0.16 \times Re^{-0.125} \tag{6.14}$$

式中：Re 为雷诺数；I 为湍流强度,%；V 是介质的平均速度，m/s；d 是水力直径，m；ν 是运动黏度，m^2/s。

当风速 V 为 10. 3 m/s，d 为 1. 9 m，ν 取 $1.487\times10^{-5}\ m^2/s$ 时，可计算得到 A 排风井雷诺数为 $26\ 321\times10^5$，湍流强度为 2. 5%，故该风井流场为中度湍流场。

（2）单点采样法氡浓度测量结果及分析

单点采样法氡浓度测量结果如表 6. 10 和图 6. 25 所示。

表 6. 10　单点采样氡浓度的测量结果

测量位置点	氡浓度/(Bq/m^3)				
	1	2	3	4	平均值
1 号	58 412	54 281	61 057	61 354	58 773±2 837
2 号	64 962	63 515	64 821	64 192	64 372±574
3 号	66 217	65 091	67 212	66 279	66 199±752
4 号	72 965	70 546	71 238	70 053	71 200±1 078

续表

测量位置点	氡浓度/(Bq/m³)				
	1	2	3	4	平均值
5号	67 632	68 350	66 865	67 746	67 648±528
6号	64 890	65 230	62 576	63 516	64 053±1 067
7号	62 053	63 671	62 257	63 110	62 772±653

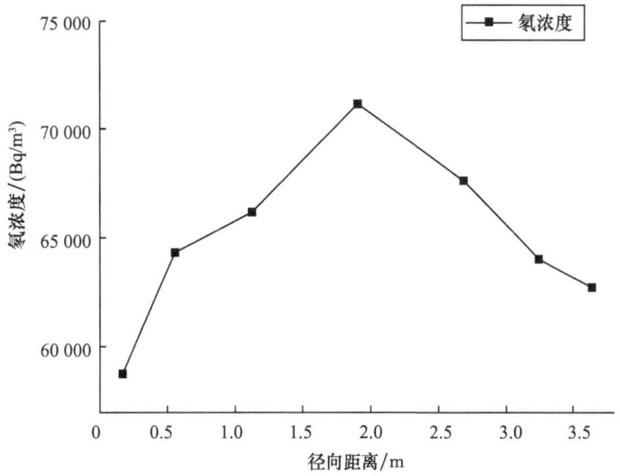

图 6.25 排风井井口断面氡浓度分布

从表 6.10 和图 6.25 可知，排风井井口断面径向氡浓度的分布并不是均匀的，呈抛物线状，中心高（最高 72 965 Bq/m³），两边低（最低 1 号点，54 281 Bq/m³），基本成轴对称分布。

（3）混合平均法氡浓度测量结果及分析

混合平均法氡浓度的测量结果如表 6.11 所示。

表 6.11 混合平均法氡浓度的测量结果

时间	浓度/(Bq/m³)	时间	浓度/(Bq/m³)	时间	浓度/(Bq/m³)	时间	浓度/(Bq/m³)
18:20	63 632	20:50	66 520	22:50	72 179	01:20	75 100
18:35	64 569	21:05	67 032	23:05	71 748	01:35	75 203
18:50	63 887	21:20	67 153	23:20	72 455	01:50	75 618
19:05	62 260	21:35	69 845	23:35	73 896	02:05	72 267
19:20	63 975	21:50	70 710	23:50	74 963	02:20	72 036
19:35	63 635	22:05	72 536	00:05	75 560	02:35	71 893

续表

时间	浓度/(Bq/m³)	时间	浓度/(Bq/m³)	时间	浓度/(Bq/m³)	时间	浓度/(Bq/m³)
19:50	64 961	22:20	73 100	00:20	75 536	02:50	72 869
20:05	63 140	22:35	72 546	00:35	75 813	03:05	71 665
20:20	64 172	22:50	72 197	00:50	74 215	03:20	72 385
20:35	63 258	22:35	72 546	01:05	74 018	03:35	72 635

从表6.11可以看出，傍晚18:20-20:35测量的平均氡浓度一直处于平稳的状态，20:50开始平均氡浓度开始上升，一直到凌晨0点至2点时，平均氡浓度达到波峰，最高浓度约为75 813 Bq/m³，2点之后平均氡浓度开始下降。

（4）两种方法测量结果的比较

实际测量中，单点法的测量结束时间与混合法开始测量时间接近。单点法测量时，采用各点依次测量，时间总跨度约7 h（早晨10:30到下午17:30），测量结果如表6.10所示。各测点单次测量结果波动很小，可以判断在单点法的测量时间内，排风井的氡浓度分布维持比较稳定的状态。将单点法的各个点的氡浓度代入平均氡浓度计算程序（见附件Ⅱ）计算后，得到的平均氡浓度为63 594 Bq/m³，计算出来的氡排放率为6.414×10^6 Bq/s，而混合平均法在18:20-20:35期间测得的氡浓度平均值为63 629 Bq/m³，计算出来的氡排放率为6.419×10^6 Bq/s。两种方法得出的平均氡浓度相对偏差仅0.06%，可以判断混合平均法测量平均氡浓度有很好的代表性。

6.5 小结

采用标准推荐的单点采样法测量研究了我国某铀矿通风井排放口的氡浓度，以及风速分布，并用插值积分程序计算排氡率，在此基础上设计了一种便于无人值守监测的混合平均测量氡浓度的方法。对矿井排风井氡排放量连续测量系统进行了构建和现场实验，结果表明此研究工作为今后实现矿山排风井氡排放量的连续准确监测奠定了基础。

参考文献

[1] 潘自强，王志波，陈竹舟，等.中国核科技报告：中国核工业30年辐射环境质量评价[R]. 1989,0:2-28.

[2] 谢东，王汉青，周星火.我国铀矿通风尾气放射性核素迁移的研究现状及展望[J]. 铀矿冶，2008，2:81-85.

[3] Dong xie, Hanqing Wang, Kimberlee J. Kearfott. Modeling and experimental validation of the dispersion [J].Atomspheric Environment, 2012, 60:453-459.

[4] 李先杰，王廷学.我国铀矿冶辐射防护的过去、现在与未来[J].铀矿冶，2009，28(3)：

135-139.
[5] 胡鹏华,李先杰.我国铀矿通风降氡现状分析[J].辐射防护,2011,31(3):178-183.
[6] 叶勇军,丁德馨,王立恒,等.压入式通风独头巷道内氡及其子体浓度的计算模型与其分布规律[J]. 中南大学学报(自然科学版),2015,5:1799-1805.
[7] 张伟,徐乐昌,李先杰,等.我国铀矿排风井及尾渣库氡浓度与析出率调查:21 世纪初辐射防护论坛第十一次会议环境与流出物中的放射性监测研讨会论文集[C].北京,2013.
[8] P.O.Jackson,L.C.Schwendiman.,et al.Washington Pacific Northwest Laboratory, An investigation fo radon-222 emissions from underground uranium mines[R].1980.
[9] 龙慧佳.矿山排风井氡排放量连续测量方法的研究[D].衡阳:南华大学,2016.
[10] 连国玺,宋立权,谢占军.铀矿冶辐射防护标准体系研究[J]. 铀矿冶,2011,2:82-88.
[11] 美国环保署.氡-222 排放的监测[DB/OL].http://www.cleanair.com/EPAMethods/Air-Test-Methods/m-115.php,2009/2016.
[12] 史永红.丝网气液分离器分离性能和压力损失分析[J].石油化工设备,2006,3:35-36.

第 7 章

单滤膜氡/钍射气子体浓度连续测量方法

环境中的钍射气分布不均匀，大多数情况下钍射气及其子体对环境所致剂量与氡及其子体相比几乎可以忽略，且钍射气半衰期非常短（55.6 s），钍射气及其子体之间的平衡关系较复杂，导致对钍射气及其子体水平的测量和剂量评价相对困难。但随着研究的深入，人们发现环境中钍射气及其子体所致剂量被低估。根据 UNSCEAR 2000 年报告[1]，在天然辐射对公众产生的年有效剂量中，氡及其子体的剂量约占总有效剂量的 50%，钍射气及其子体产生的有效剂量与氡及其子体剂量的比例由原来的 6% 提高到 9%。在稀土生产场所（包含稀土厂房、废物库等）及高钍本底地区（比如内蒙古白云鄂博稀土矿区[2]、广东阳江高钍本底地区[3]）等特殊环境中，钍射气及其子体所致剂量更高，它们成为天然辐射照射的主要来源。此外，惰性气体氡/钍射气在被人体吸入后不会与肺部组织发生化学结合作用，其绝大部分会被呼出，而氡/钍射气子体是固体金属颗粒，被人体吸入后，几乎全部会沉积在呼吸道各个区域，它们对人体有效剂量的贡献要远大于氡/钍射气本身。由于局部空间尤其是室内空间中氡和氡子体的浓度近似均匀分布，氡与其子体之间的平衡因子也近似均匀分布，人们常根据氡浓度和氡与其子体之间的平衡因子计算氡子体浓度。虽有研究工作[4-5]参照对氡子体浓度评价的方法，根据钍射气浓度和钍射气与其子体之间的平衡因子计算钍射气子体的浓度，但因钍射气与其子体之间的平衡因子在室内分布不均匀且分布规律随室内通风状况改变而变化较大，导致难于根据钍射气浓度和钍射气与其子体之间的平衡因子来准确评价钍射气子体所致剂量。因此，需要建立一种同时、快速、连续测量氡/钍射气子体放射性活度浓度的测量方法。

7.1 氡/钍射气子体连续测量方法的基本原理[6]

氡/钍射气子体的测量是指包含氡子体 RaA（^{218}Po）、RaB（^{214}Pb）、RaC（^{214}Bi）与钍射气子体 ThB（^{212}Pb）、ThC（^{212}Bi）总共五种短寿命核素的放射性活度测量。拟建立的氡/钍射气子体连续测量方法（以下简称连续测量方法）基于 α 能谱方法，需解决氡、钍射气子体的有效甄别、用同一张滤膜重复多次测量时滤膜上累积的氡、钍射气子体对当次测量影响的消除和在非真空条件下 α 能谱测量出现不可忽略的拖尾而导致能谱重叠的修正三大问题。氡/钍射气子体的连续测量过程如下：用滤膜采样装置以恒定流率收集待测空气中的氡/钍射气子体气溶胶，利用 α 粒子探测器按一定的测量程序对滤膜上氡、钍射气的 α 放射性子体 RaA（^{218}Po）、RaC′（^{214}Po）和 ThC′（^{212}Po）分时段进行 α 粒子能峰计数，采用数值计算的方法消除当次测量前历次测量残留在滤膜上的子体对当次测量 α 粒子计数的影响和能谱峰重叠的影响，并利用 Bateman 衰变特征方程组求解出氡、钍射气子体放射性活度浓度或 α 潜能浓度。

7.2　氡/钍射气子体连续测量方法模型的建立

7.2.1　基本假设

整个推导过程进行了以下四点假设：

1. 取样过程中空气中各子体浓度不变。
2. 取样过程中取样流速不变。
3. 滤膜在一段时间内的多次采样时，对各种氡、钍射气子体均有相同的过滤效率。
4. 仪器对各种氡、钍射气子体的 α 粒子具有相同的探测效率。

7.2.2　推导过程中所用的符号说明

θ_{ji} 为第 j 次测量时 i 种子体的原子浓度，原子/L；

C_i^j 为第 j 次测量时 i 种子体的放射性浓度，Bq/m^3；

$A_{ti}^j(t)$ 为第 j 次采样结束后滤膜上 t 时刻子体的总活度，衰变/min；

$A'^j_{ti}(t)$ 为此前 j-1 次测量采样累积在滤膜上的子体衰变到第 j 次采样结束后 t 时刻的活度，衰变/min；

$A_i^j(t)$ 为第 j 次采样收集的子体在第 j 次采样结束后 t 时刻的活度，衰变/min；

λ_i 为 i 种子体的衰变常数，min^{-1}；

t 为采样时间，min；

T 为衰变时间，采样结束时 $T=0$；

T'_j 为第 j-1 次测量采样完成时到第 j 次测量采样完成时间隔时间，min；

v_j 为第 j 次测量的取样流速，L/min；

E 为仪器的计数效率；

η 为滤膜的过滤效率；

$k_{j\alpha}$ 为第 j 次测量时滤膜对 α 粒子的自吸收修正系数；

$N_j(\alpha)$ 为同一张滤膜第 j 次使用时某时间段的总积分计数；

$N''_j(\alpha)$ 为同一张滤膜第 j 次使用时某时间段的真实积分计数；

$N'_j(\alpha)$ 为同一张滤膜第 j 次使用时，前 $j-1$ 次测量收集的子体衰变到当次的积分计数；

Ψ 为与计数时间有关的时间因子；

φ 为与计数时间间隔有关的时间因子。

7.2.3 连续测量方法基本公式的推导

本书拟提供一种在不更换滤膜条件下有限次连续测量钍射气/氡子体浓度的方法。由于钍射气/氡子体的 α 能谱测量方法是成熟的实验室参考方法，所以在经典的钍射气/氡子体的 α 能谱测量方法的基本公式[6]及导出公式的基础上进行连续测量方法基本公式的推导。

滤膜第一次使用时，将滤膜装入采样头并置于待测环境中，以流速 v_1L/min 采样 t_0 后，取出采样滤膜并将其置于 α 粒子探测器中，只需将 α 粒子探测器对 RaA 在 $(T_{11}-T_{12})$ 时间段，6.00 MeV 能谱区的 α 粒子积分计数 $N_{11}(\alpha)[T_{11}, T_{12}]$，RaC′ $(T_{11}-T_{12})$、$(T_{12}-T_{13})$ 时间段，7.69 MeV 能谱区的 α 粒子积分计数 $N_{12}(\alpha)[T_{11}, T_{12}]$ 和 $N_{12}(\alpha)[T_{12}, T_{13}]$，以及 ThC′ 在 $(T_{11}-T_{14})$、$(T_{14}-T_{15})$ 时间段，8.78 MeV 能谱区的 α 粒子积分计数 $N_{13}(\alpha)[T_{11}, T_{14}]$、$N_{13}(\alpha)[T_{14}, T_{15}]$ 代入式(2.1)便可得到测量环境中氡、钍射气五个子体 RaA、RaB、RaC、ThB 与 ThC 的放射性活度浓度值 C_2^1、C_3^1、C_4^1、C_5^1 与 C_6^1。

$$\begin{bmatrix} C_2^1 \\ C_3^1 \\ C_4^1 \\ C_5^1 \\ C_6^1 \end{bmatrix} = \frac{1}{\nu_1 E\eta K_{1\alpha}}[M_1]^{-1}\begin{bmatrix} N_{11}(\alpha)[T_{11}, T_{12}] \\ N_{12}(\alpha)[T_{11}, T_{12}] \\ N_{12}(\alpha)[T_{12}, T_{13}] \\ N_{13}(\alpha)[T_{11}, T_{14}] \\ N_{13}(\alpha)[T_{14}, T_{15}] \end{bmatrix} \tag{7.1}$$

式(7.1)是取自标准的混合氡/钍射气子体水平 α 能谱测量方法中计算五个子体浓度的计算式，式(7.1)中 ν_1 是首次采样时钍射气流速，单位为 L/min，$[\boldsymbol{M}_1]^{-1}$ 为由采样时间，测量时间段计算得到的时间因子矩阵的逆矩阵；其计算方法可参考由张智慧主编、原子能科学出版社出版的《空气中氡及其子体测量方法》[7]。

当同一张滤膜第 j 次使用时，假定 α 粒子探测器对 RaA 在 $(T_{j1}-T_{j2})$ 时间段 6.00 MeV 能谱区的 α 粒子总积分计数为 $N_{j1}(\alpha)[T_{j1}, T_{j2}]$，RaC′ 在 $(T_{j1}-T_{j2})$、$(T_{j2}-T_{j3})$ 时间段，7.69 MeV 能谱区的 α 粒子总积分计数为 $N_{j2}(\alpha)[T_{j1}, T_{j2}]$ 和 $N_{j2}(\alpha)[T_{j2}, T_{j3}]$，以及 ThC′ 在 $(T_{j1}-T_{j4})$、$(T_{j4}-T_{j5})$ 时间段，8.78 MeV 能谱区的 α 粒子总积分计数为 $N_{j3}(\alpha)[T_{j1}, T_{j4}]$、$N_{j3}(\alpha)[T_{j4}, T_{j5}]$。显然这 3 种 α 放射性子体的五段粒子计数值包含了滤膜在重复使用过程中累积的“陈旧”的氡/钍射气子体对粒子计数的贡献，其中由于钍射气子体半衰期要比氡子体的半衰长，导致钍射气子体的累积效应更明显。连续测量方法考虑将 $N_{j1}(\alpha)[T_{j1}, T_{j2}]$、$N_{j2}(\alpha)[T_{j1}, T_{j2}]$、$N_{j2}(\alpha)[T_{j2}, T_{j3}]$、$N_{j3}(\alpha)[T_{j1}, T_{j4}]$ 与 $N_{j3}(\alpha)[T_{j4}, T_{j5}]$ 等五段时间段的总计数值扣除前 $j-1$ 次测量采样收集的氡/钍射气子体对总计数的贡献。即拟通过数值计算的方法计算得到第 j 次取样所采集的“新鲜”氡/钍射气子体的真实计数值 $N''_{j1}(\alpha)[T_{j1}, T_{j2}]$、$N''_{j2}(\alpha)[T_{j1}, T_{j2}]$、$N''_{j2}(\alpha)[T_{j2}, T_{j3}]$、$N''_{j3}(\alpha)[T_{j1}, T_{j4}]$ 与 $N''_{j3}(\alpha)[T_{j4}, T_{j5}]$。具体的数值计算过程如下。

假设滤膜第 j 次采样结束后滤膜上的 RaA、RaB、RaC、ThB 和 ThC 的总活度可表示为：

$$A_{ti}^{j}(t) = A'^{j}_{ti}(t) + A_i^j(t) \tag{7.2}$$

其中 $A_{ti}^{j}(t)$ 是第 j 次采样结束后滤膜上 t 时刻氡、钍射气五种子体的总活度，考虑到该放射性活度累积了多次采样收集的氡、钍射气子体的贡献，且与之前每一次测量的测量结果、子体自身的衰变规律以及测量时间间隔等因素有关，所以我们将其定义为氡、钍射气子体的累积活度函数。$A'^{j}_{ti}(t)$ 是此前j-1 次测量采样累积在滤膜上的氡、钍射气五种子体衰变到第j次采样结束后t时刻的活度（其中i表示氡、钍射气第i种核素），$A^{j}_{i}(t)$是第j次采样收集的“新鲜”的氡、钍射气五种子体在第j次采样结束后t时刻的活度；因前j-1 次采样测量累积在滤膜上的氡、钍射气五种子体已没有新的来源，所以 $A'^{j}_{t}(t)$ 按时间的衰变规律，可根据描述氡/钍射气子体衰变规律的贝特曼方程表示如式(7.3)~式(7.7)：

$$\begin{cases}\dfrac{\mathrm{d}A'^{j}_{t2}(t)}{\mathrm{d}t}=-\lambda_2A'^{j}_{t2}(t) & (7.3)\\ \dfrac{\mathrm{d}A'^{j}_{t3}(t)}{\mathrm{d}t}=\lambda_3A'^{j}_{t2}(t)-\lambda_3A'^{j}_{t3}(t) & (7.4)\\ \dfrac{\mathrm{d}A'^{j}_{t4}(t)}{\mathrm{d}t}=\lambda_4A'^{j}_{t3}(t)-\lambda_4A'^{j}_{t4}(t) & (7.5)\end{cases}$$

$$\begin{cases}\dfrac{\mathrm{d}A'^{j}_{t5}(t)}{\mathrm{d}t}=-\lambda_5A'^{j}_{t5}(t) & (7.6)\\ \dfrac{\mathrm{d}A'^{j}_{t6}(t)}{\mathrm{d}t}=\lambda_6A'^{j}_{t5}(t)-\lambda_6A'^{j}_{t6}(t) & (7.7)\end{cases}$$

式(7.3)~式(7.7)中（该五式以描述氡/钍射气子体衰变规律的贝特曼衰变方程为基础，再根据原子数与放射性活度的关系给出），λ_2、λ_3、λ_4、λ_5与λ_6分别是 RaA、RaB、RaC、ThB 和 ThC 的衰变常数，t为时间变量，在本方法中t的取值方式为：在每一次采样完成时，t自动归零，所述t的取值范围为：当次测量周期采样完成时至下次测量周期采样完成时。

由初始条件$t=0$时，$A'^{j}_{ti}(0)=A^{j-1}_{ti}(t_0)$，解式(7.3)~式(7.7)，得 $A'^{j}_{ti}(t)$ 的具体表达式如式(7.8)~式(7.12)：

$$\begin{cases}A'^{j}_{t2}(t)=A^{j-1}_{t2}(t_0)\mathrm{e}^{-\lambda_2t} & (7.8)\\ A'^{j}_{t3}(t)=\dfrac{\lambda_3}{\lambda_3-\lambda_2}A^{j-1}_{t2}(t_0)\mathrm{e}^{-\lambda_2t}+\left[A^{j-1}_{t3}(t_0)-\dfrac{\lambda_3}{\lambda_3-\lambda_2}A^{j-1}_{t2}(t_0)\right]\mathrm{e}^{-\lambda_3t} & (7.9)\\ A'_{t4}(t)=\dfrac{\lambda_3\lambda_4}{(\lambda_4-\lambda_2)(\lambda_3-\lambda_2)}A^{j-1}_{t2}(t_0)\mathrm{e}^{-\lambda_2t}- & \\ \quad\left[\dfrac{\lambda_3\lambda_4}{(\lambda_4-\lambda_3)(\lambda_3-\lambda_2)}A^{j-1}_{t2}(t_0)-\dfrac{\lambda_4}{\lambda_4-\lambda_3}A^{j-1}_{t3}(t_0)\right]\mathrm{e}^{-\lambda_3t}+ & \\ \quad\left(\dfrac{\lambda_3\lambda_4}{(\lambda_4-\lambda_3)(\lambda_4-\lambda_2)}A^{j-1}_{t2}(t_0)-\dfrac{\lambda_4}{\lambda_4-\lambda_3}A^{j-1}_{t3}(t_0)+A^{j-1}_{t4}(t_0)\right]\mathrm{e}^{-\lambda_4t} & (7.10)\end{cases}$$

$$\begin{cases} A'^{j}_{t5}(t) = A^{j-1}_{t5}(t_0)\mathrm{e}^{-\lambda_5 t} & (7.11) \\ A'^{j}_{t6}(t) = \dfrac{\lambda_6}{\lambda_6-\lambda_5}A^{j-1}_{t5}(t_0)\mathrm{e}^{-\lambda_5 t} + \left[A^{j-1}_{t6}(t_0) - \dfrac{\lambda_6}{\lambda_6-\lambda_5}A^{j-1}_{t5}(t_0)\right]\mathrm{e}^{-\lambda_6 t} & (7.12) \end{cases}$$

式(7.8)~式(7.12)中，t_0 为采样时间，$A^{j-1}_{ti}(t_0)$ 是第 j-1 次采样测量完成时滤膜上的 RaA、RaB、RaC、ThB 和 ThC 各自的总放射性活度，其计算过程为：

将第 j-1 次的测量结果 C^{j-1}_2、C^{j-1}_3、C^{j-1}_4、C^{j-1}_5 与 C^{j-1}_6 代入式(7.13)~式(7.17)五式计算得到第 j-1 次采样完成时被滤膜收集的“新鲜”氡、钍射气五种子体的活度 $A^{j-1}_i(t_0)$。

$$\begin{cases} A^{j-1}_2(t_0) = \dfrac{1}{\lambda_2}\eta C^{j-1}_2 \nu_{j-1}(1-\mathrm{e}^{-\lambda_2 t_0}) & (7.13) \\ A^{j-1}_3(t_0) = \eta C^{j-1}_2 \nu_{j-1}\left[\dfrac{\lambda_3}{(\lambda_3-\lambda_2)\lambda_2}(1-\mathrm{e}^{-\lambda_2 t_0}) - \dfrac{1}{(\lambda_3-\lambda_2)}(1-\mathrm{e}^{-\lambda_3 t_0})\right] + \\ \qquad \dfrac{1}{\lambda_3}\eta C^{j-1}_3 \nu_{j-1}(1-\mathrm{e}^{-\lambda_2 t_0}) & (7.14) \\ A^{j-1}_4(t_0) = \eta C^{j-1}_2 \nu_{j-1}\left[\dfrac{\lambda_3\lambda_4}{(\lambda_4-\lambda_2)(\lambda_3-\lambda_2)\lambda_2}(1-\mathrm{e}^{-\lambda_2 t_0}) - \right. \\ \qquad \left. \dfrac{\lambda_4}{(\lambda_4-\lambda_3)(\lambda_3-\lambda_2)}(1-\mathrm{e}^{-\lambda_3 t_0}) + \dfrac{\lambda_3\lambda_4}{\lambda_4(\lambda_4-\lambda_3)(\lambda_4-\lambda_2)}(1-\mathrm{e}^{-\lambda_4 t_0})\right] + \\ \qquad \eta C^{j-1}_3 \nu_{j-1}\left[\dfrac{\lambda_4}{(\lambda_4-\lambda_3)\lambda_3}(1-\mathrm{e}^{-\lambda_3 t_0}) - \dfrac{1}{\lambda_4-\lambda_3}(1-\mathrm{e}^{-\lambda_4 t_0})\right] + \\ \qquad \dfrac{1}{\lambda_4}\eta C^{j-1}_4 \nu_{j-1}(1-\mathrm{e}^{-\lambda_4 t_0}) & (7.15) \end{cases}$$

$$\begin{cases} A^{j-1}_5(t_0) = \dfrac{1}{\lambda_5}\eta C^{j-1}_5 \nu_{j-1}(1-\mathrm{e}^{-\lambda_5 t_0}) & (7.16) \\ A^{j-1}_6(t_0) = \eta C^{j-1}_5 \nu_{j-1}\left[\dfrac{\lambda_6}{(\lambda_6-\lambda_5)\lambda_5}(1-\mathrm{e}^{-\lambda_5 t_0}) - \dfrac{1}{(\lambda_6-\lambda_5)}(1-\mathrm{e}^{-\lambda_6 t_0})\right] + \\ \qquad \dfrac{1}{\lambda_6}\eta C^{j-1}_6 \nu_{j-1}(1-\mathrm{e}^{-\lambda_6 t_0}) & (7.17) \end{cases}$$

式(7.13)~式(7.17)是方程组式(7.18)~式(7.22)在 $t' = t_0$ 时的解。

$$\begin{cases} \dfrac{\mathrm{d}A^{j-1}_2(t')}{\mathrm{d}t} = \eta C^{j-1}_2 \nu_{j-1} - \lambda_2 A^{j-1}_2(t') & (7.18) \\ \dfrac{\mathrm{d}A^{j-1}_3(t')}{\mathrm{d}t} = \eta C^{j-1}_3 \nu_{j-1} + \lambda_3 A^{j-1}_2(t') - \lambda_3 A^{j-1}_3(t') & (7.19) \\ \dfrac{\mathrm{d}A^{j-1}_4(t')}{\mathrm{d}t} = \eta C^{j-1}_4 \nu_{j-1} + \lambda_4 A^{j-1}_3(t') - \lambda_4 A^{j-1}_4(t') & (7.20) \end{cases}$$

$$\begin{cases} \dfrac{dA_5^{j-1}(t')}{dt} = \eta C_5^{j-1}\nu_{j-1} - \lambda_5 A_5^{j-1}(t') & (7.21) \\ \dfrac{dA_6^{j-1}(t')}{dt} = \eta C_6^{j-1}\nu_{j-1} + \lambda_6 A_5^{j-1}(t') - \lambda_6 A_6^{j-1}(t') & (7.22) \end{cases}$$

式(7.18)至式(7.22)是基于贝特曼衰变方程，并引入放射性活度来描述第 $j-1$ 次测量时的采样过程，$A_i^{j-1}(t')$ 是第 $j-1$ 次测量采样过程中收集的“新鲜”的氡、钍射气子体对应的活度；t' 为另一时间变量，是描述第 $j-1$ 次测量周期采样开始到当次采样结束这一段时间，在本研究中 t' 的取值方式为：在每一次测量周期完成时，t' 自动归零。所述 t' 的取值范围为：当次测量周期采样开始到当次测量周期采样结束这一段时间。

而第 $j-1$ 次采样完成时滤膜上收集的氡、钍射气五种子体的总活度可表示为：

$$A_{ti}^{j-1}(t_0) = A'^{j-1}_{ti}(T'_{j-1}) + A_i^{j-1}(t_0) \tag{7.23}$$

式(7.23)中 $A'^{j-1}_{ti}(T'_{j-1})$ 分别表示前 $j-2$ 次测量采样收集的氡、钍射气五种子体体衰变到第 $j-1$ 次采样完成时的活度，可通过在式(7.8)～式(7.12)五式中令 $j=j-1$，$t=T'_{j-1}$ 计算得到；

$$\begin{cases} A'^{j-1}_{t2}(T'_{j-1}) = A_{t2}^{j-2}(t_0)\mathrm{e}^{-\lambda_2 T'_{j-1}} & (7.24) \\ A'^{j-1}_{t3}(T'_{j-1}) = \dfrac{\lambda_3}{\lambda_3-\lambda_2}A_{t2}^{j-2}(t_0)\mathrm{e}^{-\lambda_2 T'_{j-1}} + \left[A_{t3}^{j-2}(t_0) - \dfrac{\lambda_3}{\lambda_3-\lambda_2}A_{t2}^{j-2}(t_0)\right]\mathrm{e}^{-\lambda_3 T'_{j-1}} & (7.25) \\ A'^{j-1}_{t4}(T'_{j-1}) = \dfrac{\lambda_3\lambda_4}{(\lambda_4-\lambda_2)(\lambda_3-\lambda_2)}A_{t2}^{j-2}(t_0)\mathrm{e}^{-\lambda_2 T'_{j-1}} - \\ \quad \left[\dfrac{\lambda_3\lambda_4}{(\lambda_4-\lambda_3)(\lambda_3-\lambda_2)}A_{t2}^{j-2}(t_0) - \dfrac{\lambda_4}{\lambda_4-\lambda_3}A_{t3}^{j-2}(t_0)\right]\mathrm{e}^{-\lambda_3 T'_{j-1}} + \\ \quad \left[\dfrac{\lambda_3\lambda_4}{(\lambda_4-\lambda_3)(\lambda_4-\lambda_2)}A_{t2}^{j-2}(t_0) - \dfrac{\lambda_4}{\lambda_4-\lambda_3}A_{t3}^{j-2}(t_0) + A_{t4}^{j-2}(t_0)\right]\mathrm{e}^{-\lambda_4 T'_{j-1}} & (7.26) \end{cases}$$

$$\begin{cases} A'^{j-1}_{t5}(T'_{j-1}) = A_{t5}^{j-2}(t_0)\mathrm{e}^{-\lambda_5 T'_{j-1}} & (7.27) \\ A'^{j-1}_{t6}(T'_{j-1}) = \dfrac{\lambda_6}{\lambda_6-\lambda_5}A_{t5}^{j-2}(t_0)\mathrm{e}^{-\lambda_5 T'_{j-1}} + \left[A_{t6}^{j-2}(t_0) - \dfrac{\lambda_6}{\lambda_6-\lambda_5}A_{t5}^{j-2}(t_0)\right]\mathrm{e}^{-\lambda_6 T'_{j-1}} & (7.28) \end{cases}$$

当 $j=2$ 时，$A'^{1}_{ti}(T'_1)=0$，代表了滤膜第一次使用时无“陈旧”氡、钍射气子体的累积。当 j 大于等于 3 时，由于此时 $\mathrm{e}^{-\lambda_2 T'_{j-1}}$、$\dfrac{\lambda_3}{\lambda_3-\lambda_2}$、$\mathrm{e}^{-\lambda_3 T'_{j-1}}$ 均为已知量，且 $A_{ti}^{j-2}(t_0)$ 可按公式(7.24)～式(7.25)计算得到，算出 $A'^{j-1}_{t_2}(T'_{j-1})$、$A'^{j-1}_{t_3}(T'_{j-1})$。

其中 T'_{j-1} 是表示第 $j-2$ 次测量采样完成时到第 $j-1$ 次测量采样完成时的间隔时间；在式(7.16)、式(7.17)中令 $j-1=j$，计算得到 $A'^{j}_{ti}(T'_j)$，考虑到氡、钍射气子体中对 α 粒子计数的贡献来自其中的 RaA、RaC′ 和 ThC′，由于 RaC′（^{214}Po）的半衰期很短（164 μs），因此人们常把 RaC′ 的放射性归结为 RaC 的放射性。同样将 ThC′（^{212}Po）或 ThC″（^{208}Tl）的放射性归结为 ThC（^{212}Bi）的放射性，所以我们关注 RaA、RaC 和 ThC

的放射性活度 $A'^{j}_{t2}(T'_j)$、$A'^{j}_{t4}(T'_j)$ 和 $A'^{j}_{t6}(T'_j)$ 。考虑到放射性活度 A 和计数率 n 之间的关系 $n = AE$，引入时间因子 $\psi_i = e^{-\lambda_i T}$，以及滤膜对粒子的自吸收，从式(7.24)、式(7.26)与式(7.28)可分别导出同一张滤膜第 j 次使用时，此前 $j-1$ 次滤膜采样收集的氡子体衰变到 T 时刻 RaA、RaC 的计数率 $n'_{11}(\alpha)$、$n'_{12}(\alpha)$，以及滤膜收集的钍射气子体衰变到 T 时刻 ThC 的计数率 $n'_{13}(\alpha)$ 。在实际测量中，通常测量一段时间间隔内的积分计数，这样既容易操作，又能减小误差，提高方法的灵敏度。此时只需把时间因子 ψ 从 T_1 积分到 T_2 即可。

$$\int_{T_1}^{T_2}\Psi_i(T)\,\mathrm{d}T = \int_{T_1}^{T_2} e^{-\lambda_i T}\mathrm{d}T = \frac{1}{\lambda_i}(e^{-\lambda_i T_1} - e^{-\lambda_i T_2}) = \frac{\varphi_i}{\lambda_i} \tag{7.29}$$

式(7.29)中，$\varphi_i = e^{-\lambda_i T_1} - e^{-\lambda_i T_2}$，也称为时间因子。即将式(7.24)、式(7.26)与式(7.28)中的时间因子 ψ_i 换成 $\dfrac{1}{\lambda_i}\varphi_i$，$\varphi_i = e^{-\lambda_i T_1} - e^{-\lambda_i T_2}$ 。即可分别得到滤膜前 $j-1$ 次采样收集的氡、钍射气五种子体衰减到第 j 次测量过程中某个时间段的 RaA 的 α 积分计数 $N'_{j1}(\alpha)$、RaC 的 α 积分计数 $N'_{j2}(\alpha)$ 和钍射气子体 ThC 的 α 积分计数 $N'_{j3}(\alpha)$ 的表达式。

$$N'_{j1}(\alpha) = 2.22EK_\alpha \frac{1}{\lambda_2}A'^{j}_{t2}(T'_j)\varphi_2 \tag{7.30}$$

$$N'_{j2}(\alpha) = 2.22EK_\alpha\left\{\frac{\lambda_3\lambda_4 A'^{j}_{t2}(T'_j)}{\lambda_2(\lambda_4-\lambda_2)(\lambda_3-\lambda_2)}\varphi_2 - \left[\frac{\lambda_4 A'^{j}_{t2}(T'_j)}{(\lambda_4-\lambda_3)(\lambda_3-\lambda_2)} - \frac{\lambda_4 A'^{j}_{t3}(T'_j)}{\lambda_3(\lambda_4-\lambda_3)}\right]\varphi_3 + \left[\frac{\lambda_3 A'^{j}_{t2}(T'_j)}{(\lambda_4-\lambda_3)(\lambda_4-\lambda_2)} - \frac{A'^{j}_{t3}(T'_j)}{\lambda_4-\lambda_3} + \frac{A'^{j}_{t4}(T'_j)}{\lambda_4}\right]\varphi_4\right\} \tag{7.31}$$

$$N'_{j3}(\alpha) = 2.22EK_\alpha\left\{\frac{\lambda_6\varphi_5 - \lambda_5\varphi_6}{\lambda_5(\lambda_6-\lambda_5)}A'^{j}_{t5}(T'_j) + \frac{\varphi_6}{\lambda_6}A'^{j}_{t6}(T'_j)\right\} \tag{7.32}$$

在（7.30）、（7.31）、（7.32）三式的计算中，放射性浓度 C 以 pCi（37 Bq/m^3）为单位，采样流率以 L/min 为单位，计数率以 min^{-1} 为单位，故上三式中有系数 $\dfrac{37\times 60}{1\,000} = 2.22$，式(7.30)、式(7.31)与式(7.32)中，$\lambda_i(i=2,\cdots,6)$ 为氡、钍射气五种子体的衰变常数，E 为 α 粒子探测器的探测效率，K_α 为滤膜的自吸收系数。

当式(7.30)中的 $\varphi_2 = e^{-\lambda_2 T_{j1}} - e^{-\lambda_2 T_{j2}}$，即可计算得出前 $j-1$ 次残留在滤膜上的 RaA 衰减到第 j 次测量时 T_1-T_2 时间段产生的 α 粒子积分计数值 $N'_{j1}(\alpha)[T_{j1}, T_{j2}]$；

当式(7.31)中的 $\varphi_2 = e^{-\lambda_2 T_{j1}} - e^{-\lambda_2 T_{j2}}$，$\varphi_3 = e^{-\lambda_3 T_{j1}} - e^{-\lambda_3 T_{j2}}$，$\varphi_4 = e^{-\lambda_4 T_{j1}} - e^{-\lambda_4 T_{j2}}$ 即可计算得出前 $j-1$ 次残留在滤膜上的氡子体最终衰变成 RaC′ 对第 j 次测量时 T_1-T_2 时间段产生的 α 粒子积分计数值 $N'_{j2}(\alpha)[T_{j1}, T_{j2}]$；

当式(7.31)中的 $\varphi_2 = e^{-\lambda_2 T_{j2}} - e^{-\lambda_2 T_{j3}}$，$\varphi_3 = e^{-\lambda_3 T_{j2}} - e^{-\lambda_3 T_{j3}}$，$\varphi_4 = e^{-\lambda_4 T_{j2}} - e^{-\lambda_4 T_{j3}}$ 即可计算得出前 $j-1$ 次残留在滤膜上的氡子体最终衰变成 RaC′ 对第 j 次测量时 T_2-T_3 时间段产生的 α 粒子积分计数值 $N'_{j2}(\alpha)[T_{j2}, T_{j3}]$；

当式(7.32)中的 $\varphi_5 = e^{-\lambda_5 T_{j1}} - e^{-\lambda_5 T_{j4}}$，$\varphi_6 = e^{-\lambda_6 T_{j1}} - e^{-\lambda_6 T_{j4}}$，即可计算得出前 $j-1$ 次残留

在滤膜上的ThB、ThC最终衰变成ThC′对第j次测量时T_1-T_4时间段产生的α粒子积分计数值$N'_{j3}(\alpha)[T_{j1}, T_{j4}]$；

当式(7.32)中的$\varphi_5 = e^{-\lambda_5 T_{j4}} - e^{-\lambda_5 T_{j5}}$，$\varphi_6 = e^{-\lambda_6 T_{j4}} - e^{-\lambda_6 T_{j5}}$，即可计算得出前$j$-1次残留在滤膜上的ThB、ThC最终衰变成ThC′对第j次测量时T_4-T_5时间段产生的α粒子积分计数值$N'_{j3}(\alpha)[T_{j4}, T_{j5}]$；

将计算得到的$N'_{j1}(\alpha)[T_{j1}, T_{j2}]$、$N'_{j2}(\alpha)[T_{j1}, T_{j2}]$、$N'_{j2}(\alpha)[T_{j2}, T_{j3}]$、$N'_{j3}(\alpha)[T_{j1}, T_{j4}]$和$N'_{j3}(\alpha)[T_{j4}, T_{j5}]$，以及第$j$次测量时的五段计数值$N_{j1}(\alpha)[T_{j1}, T_{j2}]$、$N_{j2}(\alpha)[T_{j1}, T_{j2}]$、$N_{j2}(\alpha)[T_{j2}, T_{j3}]$、$N_{j3}(\alpha)[T_{j1}, T_{j4}]$与$N_{j3}(\alpha)[T_{j4}, T_{j5}]$代入下式中，

$$N''_j(\alpha) = N_j(\alpha) - N'_j(\alpha) \tag{7.33}$$

然后按式(7.33)对同一张滤膜第j次采样测量的总计数值进行修正，得到第j次采样收集的"新鲜"氡、钍射气子体在相应时间段的真实计数值$N''_{j1}(\alpha)[T_{j1}, T_{j2}]$、$N''_{j2}(\alpha)[T_{j1}, T_{j2}]$、$N''_{j2}(\alpha)[T_{j2}, T_{j3}]$、$N''_{j3}(\alpha)[T_{j1}, T_{j4}]$与$N''_{j3}(\alpha)[T_{j4}, T_{j5}]$。最后将上述计数值代入公式(7.34)中，在确定采样流率v、探测效率E、滤膜过滤效率η、滤膜自吸收系数K_α等关键参数与由时间因子决定的矩阵$[\boldsymbol{M}]^{-1}$后，便计算得出第j次测量时，待测环境中钍射气子体浓度C_2^j、C_3^j、C_4^j、C_5^j与C_6^j。

$$\begin{bmatrix} C_2^j \\ C_3^j \\ C_4^j \\ C_5^j \\ C_6^j \end{bmatrix} = \frac{1}{v_j E \eta K_{j\alpha}} [M_j]^{-1} \begin{bmatrix} N''_{j1}(\alpha)[T_{j1}, T_{j2}] \\ N''_{j2}(\alpha)[T_{j1}, T_{j2}] \\ N''_{j2}(\alpha)[T_{j2}, T_{j3}] \\ N''_{j3}(\alpha)[T_{j1}, T_{j4}] \\ N''_{j3}(\alpha)[T_{j4}, T_{j5}] \end{bmatrix} \tag{7.34}$$

7.2.4 连续测量方法的测量步骤

根据本章7.2.3节中的推导公式与经典的氡/钍射气子体α能谱测量方法的导出公式给出连续测量方法的测量步骤，具体的步骤如下：

1. 第1次测量

（1）以取样流率V（L/min）在含有氡/钍射气子体的测量环境中取样t_0（min）。

（2）在取样后T_{11}-T_{12}（min）时间段进行氡子体RaA发射的能量为6.00 MeV的α粒子进行积分计数$N_{11}(\alpha)[T_{11}, T_{12}]$，$T_{11}$-$T_{12}$、$T_{12}$-$T_{13}$（min）时间段进行氡子体RaC′发射的能量为7.69 MeV的α粒子进行积分计数$N_{12}(\alpha)[T_{11}, T_{12}]$、$N_{12}(\alpha)[T_{12}, T_{13}]$。在取样后$T_{11}-T_{14}$、$T_{14}-T_{15}$（min）的时间段内进行钍射气子体ThC′发射的能量为8.78 MeV的α粒子进行积分计数$N_{13}(\alpha)[T_{11}, T_{14}]$、$N_{13}(\alpha)[T_{14}, T_{15}]$。

（3）将五个子体的峰计数及采样流率v_1、探测效率E、滤膜过滤效率η、滤膜自吸收系数K_α等关键参数及由时间因子决定的矩阵$[\boldsymbol{M}]^{-1}$代入式(7.1)，计算得到氡、钍射气子体的浓度C_2^1、C_3^1、C_4^1、C_5^1与C_6^1。

（4）将第1次测量结果C_2^1、C_3^1、C_4^1、C_5^1与C_6^1代回式(7.13)~式(7.17)，得到采样

完成时被滤膜收集的“新鲜”氡、钍射气五种子体的活度 $A_i^1(t_0)$ 。

（5）将 $A_i^1(t_0)$ 代入式(7.23)，并利用 $A'^1_{ti}(T'_1)=0$ 及式(7.24)~式(7.32)计算得到滤膜第1次采样收集的子体衰变到第2次测量采样完成时的放射性活度 $A'^2_{ti}(T'_2)$ ，以及第2次测量过程相应三个时间段的五个计数值 $N'_{21}(\alpha)[T_{21},T_{22}]$、$N'_{22}(\alpha)[T_{21},T_{22}]$、$N'_{22}(\alpha)[T_{22},T_{23}]$、$N'_{23}(\alpha)[T_{21},T_{24}]$ 和 $N'_{23}(\alpha)[T_{24},T_{25}]$ 。

2. 第 j 次测量 ($j\geqslant 2$)

（1）以取样流率 V（L/min）在含有氡/钍射气子体的测量环境中取样 t_0（min）。

（2）在取样后 $T_{j1}-T_{j2}$（min）时间段进行氡子体 RaA 发射的能量为 6.00 MeV 的 α 粒子进行积分计数 $N_{j1}(\alpha)[T_{j1},T_{j2}]$，$T_{j1}-T_{j2}$、$T_{j2}-T_{j3}$（min）时间段进行氡子体 RaC′ 发射的能量为 7.69 MeV 的 α 粒子进行积分计数 $N_{j2}(\alpha)[T_{j1},T_{j2}]$、$N_{j2}(\alpha)[T_{j2},T_{j3}]$ 。在取样后 $T_{j1}-T_{j4}$、$T_{j4}-T_{j5}$（min）时间段进行钍射气子体 ThC′ 发射的能量为 8.78 MeV 的 α 粒子进行积分计数 $N_{j3}(\alpha)[T_{j1},T_{j4}]$、$N_{j3}(\alpha)[T_{j4},T_{j5}]$ 。

（3）将第 j 次的计数结果 $N_{j1}(\alpha)[T_{j1},T_{j2}]$、$N_{j2}(\alpha)[T_{j1},T_{j2}]$、$N_{j2}(\alpha)[T_{j2},T_{j3}]$、$N_{j3}(\alpha)[T_{j1},T_{j4}]$、$N_{j3}(\alpha)[T_{j4},T_{j5}]$ 按式(7.33)进行计数修正并得到第 j 次采样收集的“新鲜”氡、钍射气子体在相应时间段的真实计数值 $N''_{j1}(\alpha)[T_{j1},T_{j2}]$、$N''_{j2}(\alpha)[T_{j1},T_{j2}]$、$N''_{j2}(\alpha)[T_{j2},T_{j3}]$、$N''_{j3}(\alpha)[T_{j1},T_{j4}]$ 与 $N''_{j3}(\alpha)[T_{j4},T_{j5}]$ 。

（4）将真实计数值 $N''_{j1}(\alpha)[T_{j1},T_{j2}]$、$N''_{j2}(\alpha)[T_{j1},T_{j2}]$、$N''_{j2}(\alpha)[T_{j2},T_{j3}]$、$N''_{j3}(\alpha)[T_{j1},T_{j4}]$ 与 $N''_{j3}(\alpha)[T_{j4},T_{j5}]$ 及采样流率 v_j 、探测效率 E、滤膜过滤效率 η 、滤膜自吸收系数 K_α 等关键参数及由时间因子决定的矩阵 $[\boldsymbol{M}_j]^{-1}$ 代入式(7.34)，计算得到氡、钍射气子体的浓度 C_2^j、C_3^j、C_4^j、C_5^j 与 C_6^j。

（5）将第 j 次测量结果 C_2^j、C_3^j、C_4^j、C_5^j 与 C_6^j 代回式(7.13)~式(7.17)，得到采样完成时被滤膜收集的“新鲜”氡、钍射气五种子体的活度 $A_i^j(t_0)$ 。

（6）将 $A_i^j(t_0)$ 及根据第 $j-1$ 次测量结果计算得到的 $A'^j_{ti}(T'_j)$ 代入式(7.23)计算得到滤膜第 j 次采样测量完成时滤膜上的总活度 $A_{ti}^j(t_0)$ ，并利用式(7.24)~式(7.32)计算得到滤膜第 j 次采样收集的子体衰变到第 $j+1$ 次测量采样完成时的放射性活度 $A'^{j+1}_{ti}(T'_{j+1})$ ，以及第 $j+1$ 次测量过程相应三个时间段的五个计数值 $N'_{j1}(\alpha)[T_{j1},T_{j2}]$、$N'_{j2}(\alpha)[T_{j1},T_{j2}]$、$N'_{j2}(\alpha)[T_{j2},T_{j3}]$、$N'_{j3}(\alpha)[T_{j1},T_{j4}]$ 和 $N'_{j3}(\alpha)[T_{j4},T_{j5}]$ ，为第 $j+1$ 次测量做准备。

7.2.5 典型氡/钍射气子体连续测量程序

本课题组曾使用 Matlab 在考虑采样时间、α 粒子计数时长以及计数时间段的划分等因素对混合氡、钍射气子体的 α 能谱测量方法进行误差的编程计算[8]，给出了经优化并验证的典型钍射气子体与混合氡、钍射气子体测量程序，考虑到本研究拟要研制的氡/钍射气子体连续测量仪在采样后无须转移采样滤膜，特以 120 min 为测量总周期的测量程序为例给出经修订后的连续测量方法的测量程序如下：

1. 以取样流率 $v=5$ L/min 在混合氡、钍射气子体浓度较高的大气中取样 15 min；在取样后的 0 ~ 12 min、12 ~ 30 min 进行氡子体 RaA、RaC′ 的峰计数 $N_1(\alpha)[0, 12]$、$N_2(\alpha)[0, 12]$ 和 $N_2(\alpha)[12, 30]$ 测量。

2. 在取样后的 0 ~ 43 min、43 ~ 105 min 进行 ThC′ 的峰计数 $N_3(\alpha)[0, 43]$、$N_3(\alpha)[43, 105]$ 测量。

3. 代入相邻两次测量的间隔时间 T' （间隔时间可以是变化的），将 5 个计数值进行计数修正。

4. 在取样时间，测量时间及时间段的划分如上述，则由时间因子决定的矩阵 $[\boldsymbol{M}]^{-1}$ 可表示为式(7.35)：

$$[\boldsymbol{M}]^{-1}=\begin{bmatrix} 1.5638 & 0 & 0 & 0 & 0 \\ -0.1941 & -0.3182 & 0.286 & 0 & 0 \\ 0.0291 & 0.3453 & -0.1468 & 0 & 0 \\ 0 & 0 & 0 & -0.0316 & 0.0323 \\ 0 & 0 & 0 & 0.0500 & -0.0125 \end{bmatrix} \tag{7.35}$$

5. 代入 ν_j 、E、η、K_α 等实验参数与 $[\boldsymbol{M}]^{-1}$ 按式(7.34)计算氡、钍射气子体的浓度值。

6. 重复上述测量程序便可实现混合氡、钍射气子体浓度的连续测量。

注：当采用上述测量步骤进行氡/钍射气子体的连续测量时，是默认测量环境中包含氡、钍射气五种子体，测量过程需对三种 α 放射性子体 RaA、RaC′、ThC′ 进行五段积分计数即可。而现实中的测量环境则是只存在含有钍射气子体或含有氡、钍射气子体两种情形。如只关注测量环境中的钍射气子体，测量程序将大大简化。由于钍射气子体 ThC′ 发射的 8.78 MeV 的 α 粒子与氡子体发射的其他两种 α 粒子能量相差较远，所以在只需对 ThC′ 发射的 8.78 MeV 的 α 粒子进行两个时间段的积分计数便可，相应的由时间因子决定的矩阵 $[\boldsymbol{M}]^{-1}$ 也将简化。

7.3 混合氡、钍射气子体能谱峰重叠因子的确定方法[9]

7.3.1 混合氡、钍射气子体的 α 能谱重叠

能谱法测量氡、钍射气及其子体时存在峰重叠的现象，即高能 α 粒子由于能量损失而进入低能 α 测量区，从而引起高能 α 粒子计数减小，低能 α 粒子计数增加。图 7.1 是 ORTECT α 能谱仪在真空中测得的混合氡、钍射气子体的 α 能谱图，文献［10］指出在利用 ORTECT α 能谱仪进行常规性测量时，可以不考虑 7.69 MeV α 粒子对 6.0 MeV α 粒子、8.78 MeV α 粒子对 6.0 MeV α 粒子、8.78 MeV α 粒子对 7.69 MeV α 粒子的峰重叠。但如果测量环境的条件发生变化（如更换探测器、在空气中测量、在较高的气溶胶情况下测量）导致氡、钍射气子体的 α 能谱重叠比较严重时，则需进行能谱峰重叠因子的确定。考虑到基于上述建立的连续测量方法研制的氡/钍射气子体连续测量仪，将会被应用于环境（尤其是稀土厂房、高钍本底地区等特殊环境）氡/钍射气子体的监测及计量学

研究，故还需解决混合氡、钍射气子体 α 能谱重叠这一关键技术问题。

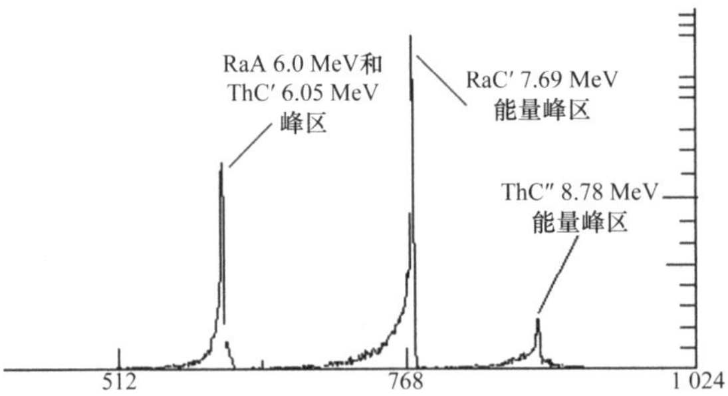

图 7.1　ORTECT α 能谱仪测混合氡、钍射气子体 α 能谱截图（真空）[10]

图 7.2 是采用多道脉冲幅度分析器得到的在非真空条件下测量混合氡、钍射气子体的 α 能谱截图，该截图是基于连续测量方法研制的氡/钍射气子体连续测量仪实验样机（以下简称样机）在一个氡、钍射气子体水平较高的环境得到的混合氡、钍射气子体能谱图。可见在非真空条件下进行氡、钍射气子体的 α 能谱测量时，除需考虑氡子体 RaA（^{218}Po）、RaC′（^{214}Po）的能谱峰存在峰重叠外，还需考虑钍射气子体 ThC′（^{212}Po）8.78 MeV 能谱峰对氡子体 RaA 6.00 MeV、RaC′ 7.69 MeV 能谱峰的重叠。

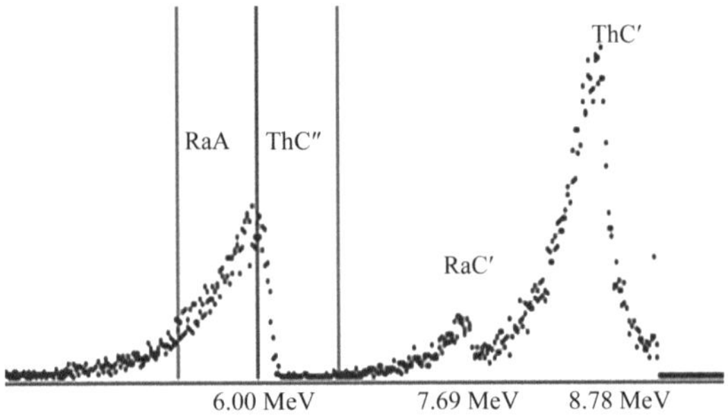

图 7.2　混合氡、钍射气子体 α 能谱截图

7.3.2　氡、钍射气子体 α 能谱峰重叠因子的计算

若氡、钍射气子体的各 α 能谱峰的峰形及位置不会因环境以及子体的不断沉积而发生较大变化，即可认为能谱峰的重叠因子不因环境的变化而变化，则可参照汪佳明、卢正永[11]的峰重叠算法。利用纯氡子体环境和纯钍射气子体环境分别测定样机测量混合氡、钍射气子体浓度时，RaC′ 7.69 MeV 的 α 粒子能谱峰计数区（简称计数区）对 RaA 6.0 MeV 计数区、ThC′ 8.78 MeV 计数区对 6.0 MeV 计数区、8.78 MeV 计数区对 7.69 MeV 计数区的峰重叠因子分别为 θ_1、θ_2、θ_3。在纯氡子体环境确定^{222}Rn 子体峰重叠因子 θ_1时，设 6.0 MeV 计数区计数为 N_{11}，7.69 MeV 计数区计数为 N_{12}，则重叠因子 θ_1表示为：

$$\theta_1 = \frac{N_{11}}{N_{12}} \tag{7.36}$$

在纯钍射气子体环境下确定 θ_2、θ_3时，设全谱计数为 N_{21}，8.78 MeV 计数区计数为 N_{22}，6.05 MeV 计数区计数为 N_{23}，由于8.78 MeV 的 α 粒子除可能散落在6.05 MeV 计数区外，还可能散落在 7.69 MeV 计数区内，设此时在 7.69 MeV 计数区计数为 N_{24}，则 8.78 MeV的 α 粒子计数慢化到6.0 MeV 的 α 粒子计数区的峰重叠因子为：

$$\theta_2 = \frac{N_{23} - 0.36 \times N_{21}}{N_{22} + N_{24}} \tag{7.37}$$

8.78 MeV α 粒子对氡、钍射气混合情况下 7.69 MeV α 计数段内的重叠因子表示为：

$$\theta_3 = \frac{N_{24}}{N_{22}} \tag{7.38}$$

7.3.3 氡/钍射气子体 α 能谱峰重叠因子的实验测定

采用纯氡子体环境确定氡子体峰重叠因子 θ_1，及利用纯钍射气子体环境确定钍射气子体峰重叠因子 θ_2、θ_3的实验方案。

1. 具体实验方案如下

（1）利用钍射气子体 ThC″（^{208}Tl）6.05 MeV α 粒子的能谱峰来确定氡子体 RaA 6.00 MeV α 粒子能谱峰的上阈值。

（2）利用纯氡子体环境消除钍射气子体 ThC″ 6.05 MeV α 粒子对氡子体 RaA 6.00 MeV α 粒子计数的影响，将南华大学氡实验室的国家标准氡室作为纯氡子体环境。

（3）将南华大学体积为2.7 m^{3}的钍射气室（钍射气子体浓度可在50~2 800 Bq/m^{3}范围内可调，温度在24~37 ℃间变化，湿度控制在58%~65%）作为钍射气子体环境，采用滤膜从较高的钍射气子体浓度测量环境取样后静置一段时间以消除氡子体的干扰。

（4）利用多道脉冲幅度分析器（简称多道）进行样机 α 能谱的测量。

2. 具体的实验步骤

（1）调节氡室氡浓度至2 000 Bq/m^{3}左右（对应的氡室内氡子体活度浓度稳定在200 Bq/m^{3}左右，钍射气子体活度浓度可以忽略）。

（2）样机装填滤膜后从钍射气室采样 15 min 后，利用多道对样机测量 120 min（见图7.3），可取第538道作为 RaA 6.0 MeV 谱峰的上阈值。

（3）样机重新填装滤膜后从钍射气室采样 15 min 后，静置 60 min（可认为滤膜上 RaA 已衰减完，只有 RaC′），利用多道进行6.0 MeV 计数区（0~538 道）、7.69 MeV 计数区（538~1 023 道）60~120 min 时间段的 α 粒子计数 N_{11}、N_{12}。

（4）利用同一张滤膜重复步骤（3），得到两个计数区的计数值，最后按式(7.36)计算峰重叠因子 θ_1。

（5）将钍射气室连接一个活度为3 000 Bq 的高射气系数固体钍射气源，调节钍射气子体水平至2 000 Bq/m^{3}左右。

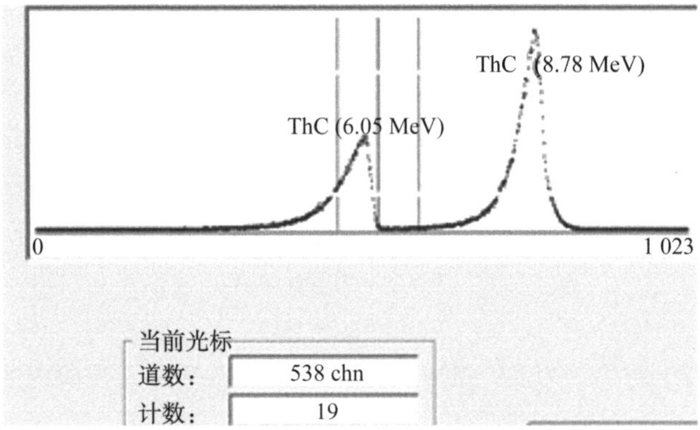

图 7.3　纯钍射气子体 α 能谱图

（6）样机填装滤膜后从氡室采样 15 min，利用多道测量 105 min（见图 7.4），并取第 698 道作为 RaC′ 7.69 MeV 计数区的上阈值。

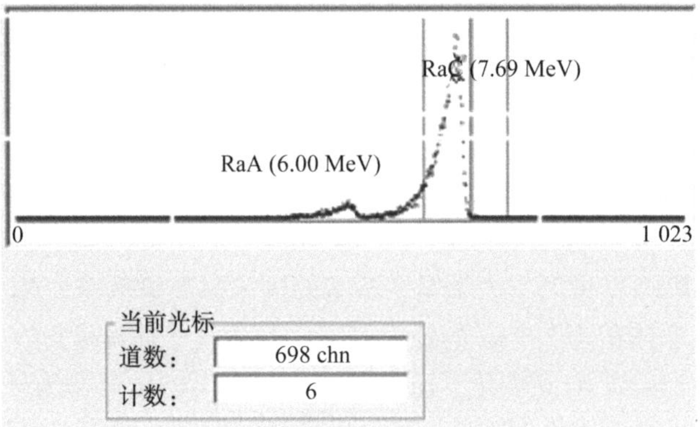

图 7.4　纯氡子体 α 能谱图

（7）样机重新装填滤膜后从钍射气室采样 15 min 后，静置 180 min 后（可认为空气中混入的 RaC′ 几乎衰减完），利用多道测量同一张滤膜 RaA 所在 6.00 MeV 计数区（0~538 道）、RaC′ 所在 7.69 MeV 计数区（538~698 道）以及 ThC′ 所在 8.78 MeV 计数区（698~1 023 道）120 min 的 α 粒子计数 N_{24}、N_{23}、N_{22}。

（8）使用同一张滤膜重复上述步骤（7），得到三个计数区区的计数值，最后按式(7.36)~式(7.38)确定峰重叠因子 θ_2、θ_3。

7.3.4　实验结果与讨论

使用同一张滤膜按步骤（1）~（4）完成氡子体峰重叠因子 θ_1 的测量，测量结果列在表 7.1 中，其中 1~3 组、4~6 组、7~9 组为三张相同的滤膜连续三次使用的测量结果。可见同一张滤膜连续使用时 RaC′ 6.0 MeV 计数区、RaA 7.69 MeV 计数区的计数以及表征两能谱区重叠情形的峰重叠因子 θ_1 未见明显增加，其相对平均偏差控制在 2.31%。

本研究认为是 RaA 与 RaC′ 的半衰期较之样机采用的最短测量周期（120 min）要短得多，可认为 θ_1 未受滤膜连续使用时子体累积的影响。

使用同一张滤膜按步骤（4）~（8）完成钍射气子体峰重叠因子 θ_2、θ_3 的测量，测量结果列在表 7.2 中，其中 1~3 组、4~6 组、7~9 组为三张相同的滤膜连续三次使用的测量结果。

表 7.1 氡子体重叠因子（θ_1）

测量次数	N_{11}	N_{12}	θ_1
1（1 号）	351	10 922	0.032 1
2（1 号）	362	11 275	0.032 1
3（1 号）	376	11 324	0.033 2
4（2 号）	319	9 193	0.034 7
5（2 号）	325	9 650	0.033 6
6（2 号）	321	9 629	0.033 3
7（3 号）	296	8 479	0.034 9
8（3 号）	279	7 903	0.035 3
9（3 号）	266	8 085	0.032 9
平均值			0.033 5（2.31%）

注：括号内为相对平均偏差。

表 7.2 很明显地反映出三个计数区的计数值随滤膜使用的次数的增加而增加，但表征钍射气子体 ThC′（^{214}Po）8.78 MeV 能谱峰对氡子体 RaC′ 7.69 MeV 能谱峰重叠程度的峰重叠因子 θ_2 未随滤膜使用次数的增加而出见明显增加，而表征钍射气子体 ThC′（^{214}Po）8.78 MeV 能谱峰对氡子体 RaA 6.00 MeV 能谱峰重叠程度的峰重叠因子 θ_3 却可以忽略不计，表明 8.78 MeV α 粒子慢化到氡子体 RaA 6.00 MeV 能谱峰计数区的可能性非常小从而导致 θ_3 出现负值。

表 7.2 钍射气子体峰重叠因子（θ_2、θ_3）

测量次数	N_{23}	N_{24}	N_{22}	N_{21}	θ_3	θ_2
1（1 号）	4 186	1 097	6 358	11 641	0.171 8	−0.000 63
2（1 号）	7 132	1 877	10 861	19 870	0.170 8	−0.001 66
3（1 号）	12 908	3 352	19 495	35 755	0.171 9	0.001 58
4（2 号）	3 670	978	5 548	10 196	0.176 2	−0.000 08
5（2 号）	6 716	1 794	10 114	18 624	0.178 5	0.000 95

续表

测量次数	N_{23}	N_{24}	N_{22}	N_{21}	θ_3	θ_2
6（2号）	12 095	3 234	18 255	33 584	0. 177 4	0. 000 22
7（3号）	2 655	742	3 973	7 370	0. 187 2	0. 000 38
8（3号）	4 911	1 387	7 310	13 608	0. 191 3	0. 001 39
9（3号）	8 790	2 468	13 158	24 416	0. 187 6	0. 000 01
平均值					0. 179 1（3. 53%）	0. 000 24

注：括号内为相对平均偏差。

研究结果表明：1. 非真空条件下氡、钍射气子体的 α 能谱峰拖尾导致钍射气子体 ThC′（^{214}Po）8. 78 MeV 能谱峰对氡子体 RaC′ 7. 69 MeV 能谱峰重叠以及氡子体 RaC′ 7. 69 MeV 能谱峰对 RaA 6. 00 MeV 能谱峰较大的重叠，但 8. 78 MeV α 粒子慢化到氡子体 RaA 6. 00 MeV 能谱峰计数区的概率非常小。2. 在以 120 min 作为最短测量周期的前提下，同一张滤膜重复使用只对钍射气子体计数造成明显的叠加。但表征混合氡、钍射气子体能谱重叠的峰重叠因子 θ_1、θ_2、θ_3未随测量次数的增加而显著变化，可取 0. 033 5、0. 179 1 作为样机峰重叠因子 θ_1、θ_3的典型值，而 θ_2可以忽略。3. 不同滤膜的峰重叠因子的差异在 2% 以内，对样机测量误差的贡献有限。

7. 4　滤膜对氡/钍射气子体自吸收系数的测量方法[12]

7. 4. 1　滤膜自吸收与测量原理

滤膜的自吸收是指由于使用抽气方式采集的氡/钍射气子体发射的 α 粒子可能被拦截在滤膜的不同深度层，滤膜的阻挡使本来可以被记录的部分 α 粒子因被滤膜吸收而没被记录造成了误差[13]，氡/钍射气子体部分 α 粒子会因为滤膜的自吸收而慢化到人工 α 计数区，滤膜的自吸收系数越大，说明慢化到人工 α 计数区的 α 计数越少，因此在计算过程中应使用滤膜的自吸收系数对 α 粒子计算的测量结果进行修正，才可以得到较为准确的数据。这里采用测量滤膜自吸收系数的标准方法——正反盖计数法来测量滤膜连续多次取样时的自吸收系数。正反面计数法的基本操作是用待测滤膜收集含氡子体（或钍射气子体）的气溶胶，先测量其正面 α 计数率，记为 N_1；然后反过来，测量其反面的 α 计数率，记为 N_2；接下来以同种滤膜盖在样品正面，测其 α 计数率，记为 N_3；正反面计数法计算自吸收系数的公式如下[7]：

$$K_\alpha = \frac{2N_1}{2N_1 + N_2 - N_3} \tag{7.39}$$

7.4.2 滤膜对氡/钍射气子体自吸收系数的实验测定

确立了利用纯氡子体环境和纯钍射气子体环境确定滤膜对氡子体及钍射气子体自吸收系数的总体实验方案。

1. 具体实验方案

（1）鉴于氡子体的 α 放射性子体 RaA（^{218}Po）的半衰期远比 RaC′（^{214}Po）的半衰期短，所以通过测量滤膜对^{214}Po 的自吸收系数来表征滤膜对氡子体的自吸收系数。

（2）通过测量滤膜对钍射气的 α 放射性子体 ThC′（^{212}Po）的自吸收系数来表征滤膜对钍射气子体的自吸收系数。

（3）为计算 α 放射性子体的沉积对微孔滤膜自吸收的影响，特模拟氡、钍射气子体 α 能谱测量方法的典型测量程序，分别选择 120 min、15 min 作为测量周期时间与采样时间。

（4）选用质量系数小、表面收集特性较好的醋酸纤维素酯微孔滤膜（美国 Milipore 公司生产，孔径 0.8 μm，以下简称滤膜）做为实验所用滤膜。

（5）总 α 计数测量系统由一台北京格物时代科技发展有限公司生产的 GW1016 定标器及一台北京核仪器厂生产的 FJ414 低本底 α 闪烁探头组成（如图 7.5 所示）。

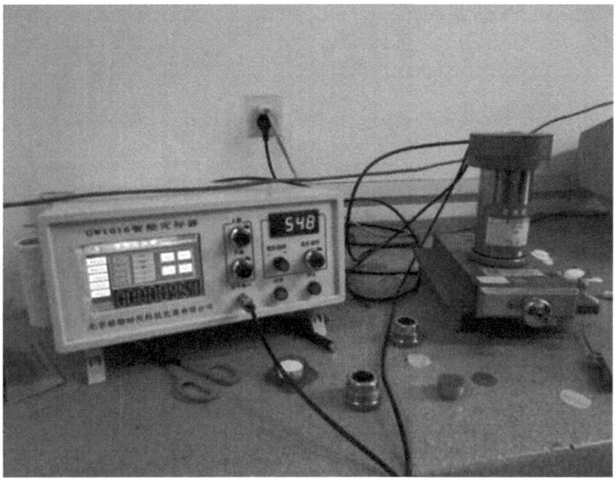

图 7.5 总 α 计数测量系统

（6）将南华大学国家标准氡室及体积为 2.7 m^{3}的钍射气室（钍射气子体浓度可在 50~2 800 Bq/m^{3}范围内可调，温度在 24~37 ℃间变化，湿度控制在 58%~65%）作为纯氡子体与钍射气子体环境，并将氡/钍射气子体水平调节到一个较高的水平以较少计数的统计涨落。

2. 滤膜对氡子体（或钍射气子体）自吸收系数的实验测定步骤

（1）调节氡室氡浓度至 2 000 Bq/m^{3}左右，建立纯氡子体活度浓度稳定在 200 Bq/m^{3}左右（钍射气子体活度浓度可以忽略）。将钍射气室连接一个活度为 30 000 Bq 的高射气系数固体钍射气源，调节钍射气子体水平至 2 500 Bq/m^3左右。

（2）利用取样装置填装滤膜后按图 7.6 所示从测量环境以 5 L/min（测钍射气子体自吸收系数用 20 L/min）的恒定流率取样 15 min 后，将滤膜转移到智能定标器的测量室中（注意保持正面朝上），并按照氡子体（或钍射气子体）的 α 能谱峰设定计数器的阈值。

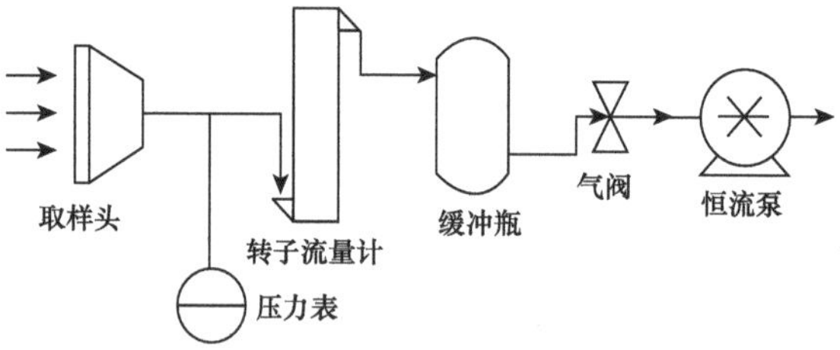

图 7.6　取样装置连接示意图[14]

（3）等待 30 min 后可认为 RaA 基本衰变完（或等待 120 min 后可认为氡子体衰变完），利用智能定标器测量滤膜正面 50 s 的计数值，等待 10 s 后测量滤膜反面 50 s 计数值，等待 10 s 后测量得到正面加盖一张同种滤膜后 50 s 的计数值，如此反复测量五次作为一组，并拟合出同一时刻的正面、反面及盖面的计数率 N_1、N_2、N_3。

（4）等待 90 min 后在不更换取样滤膜的前提下重复步骤（2）、（3）若干次，并按式(7.39)计算出同一张滤膜重复使用对氡子体（或钍射气子体）的自吸收系数 K_α。

7.4.3　实验结果与讨论

使用同一张滤膜按步骤（1）~（4）完成滤膜对氡子体的自吸收系数的测量，测量结果列在表 7.3 中。其中表 7.3 中的 1~6 组、7~12 组分别是 2 张相同滤膜连续测量 6 次的测量结果。由表 7.3 可见，该种滤膜对氡子体的表面收集特性以及一致性非常好，同一时刻氡子体 RaC′ 的计数率与自吸收系数并未随测量次数的增加出现明显的增长，其相对平均偏差为 0.88%，且可取 0.978 作为该种滤膜对氡子体的自吸收系数。此外，也表明滤膜对氡子体的自吸收不受含氡子体放射性气溶胶的影响。这是由于氡的 α 放射性子体 RaA 与 RaC′ 的半衰期远小于 120 min。

表 7.3　氡子体的滤膜自吸收系数

测量次数	N_1	N_2	N_3	K_α
1（1 号）	914	329	265	0.966 3
2（1 号）	1 165	397	314	0.965 3
3（1 号）	1 179	407	333	0.969 5
4（1 号）	1 196	391	341	0.979 4
5（1 号）	1 261	437	345	0.964 7

续表

测量次数	N_1	N_2	N_3	K_α
6（1号）	1 502	483	408	0.975 6
7（2号）	823	260	229	0.981 6
8（2号）	884	294	267	0.985 0
9（2号）	929	326	292	0.982 3
10（2号）	1 004	334	321	0.993 3
11（2号）	1 026	322	306	0.992 1
12（2号）	1 017	344	320	0.987 9
平均值				0.978 6（0.88%）

注：括号内为自吸收系数的相对平均偏差。

因为该型滤膜的一致性非常好，故选用了一张同型号、全新的滤膜根据钍射气子体的特点按步骤（1）~（4）完成滤膜对钍射气子体的自吸收系数的测量，测量结果列在表7.4中。实验结果表明：同一时刻钍射气子体ThC′的计数率出现了明显的累积，但自吸收系数并未随测量次数的增加而显著变化，其相对平均偏差为0.21%。同一张滤膜模拟α能谱法，以120 min为测量周期连续使用5个测量周期的对钍射气子体自吸收系数的平均值可取0.979 3，说明半衰期长达10.6 h的钍射气子体ThC′在以2 h为测量周期的钍射气子体水平连续测量中，虽然会造成α放射性气溶胶明显的沉积，但在钍射气子体的放射性活度高达2 000 Bq/m^3的测量环境中，以大流率连续采样测量所沉积的气溶胶层并不会影响之前通过抽气收集的钍射气子体释放的α粒子的射出。同时，也说明在钍射气子体浓度较低的测量环境，该型微孔滤膜的重复使用对滤膜自吸收的影响可忽略。

表7.4 钍射气子体的滤膜自吸收系数

测量次数	N_1	N_2	N_3	K_α
1	3 269	1 364	1 218	0.978 2
2	5 176	2 176	2 002	0.983 4
3	7 080	2 901	2 601	0.979 3
4	9 568	3 966	3 562	0.979 3
5	11 207	4 533	3 995	0.976 5
平均值				0.979 3（0.21%）

注：括号内为自吸收系数的相对平均偏差。

研究结果表明：1. 氡、钍射气子体间的自吸收系数没明显差异（0.97为典型值）。

2. 同一张滤膜（模拟 α 能谱法，120 min）分别连续使用沉积在表面的 α 放射性气溶胶未导致滤膜对氡、钍射气子体自吸收明显的变化。3. 同种滤膜对氡、钍射气子体的自吸收系数的差异可以忽略。

7.5 半导体探测器探测效率的测量方法

7.5.1 探测效率的理论计算方法

分别采用两种方法对探测效率进行理论计算，一是几何因子法，一是蒙特卡罗模拟法。

1. 几何因子法

由点源发出的射线是各向同性发射的，如果没有受到散射和吸收的作用，射线进入计数器灵敏体积的概率 G 有：

$$G = \Omega/4\pi \tag{7.40}$$

式中：Ω 为灵敏体积对该点源所张的立体角；G 完全由几何条件决定，称为几何因子。

几何因子计算示意图如图 7.7 所示。a 为探测器的半径，b 为源的有效半径，H 则为源与探测器的距离。探测器面积为 450 mm^2的半径为 12 mm；探测器面积为 900 mm^2的半径为 16.92 mm。所用的^{241}Am 标准面源的有效半径为 10 mm。

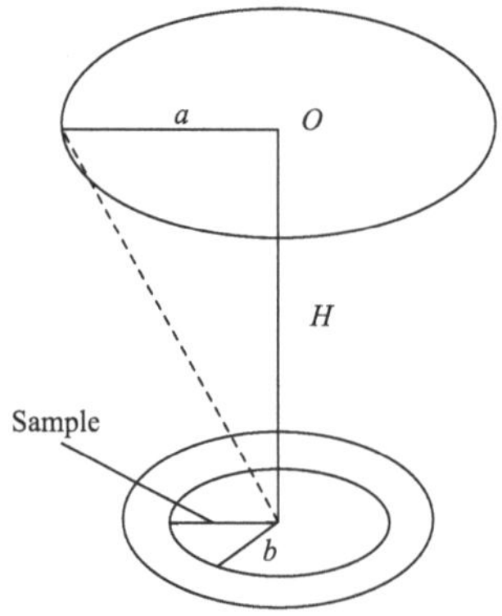

图 7.7　几何因子计算示意图

根据几何因子公式[7]（7.41）、式（7.42）与已知的各参数，计算 α、ρ^2，查圆形源和探测器几何因子表，根据内插值法，得到随距离 H 变化的探测效率理论经验值（下文简写为理论值），列于表 7.5。

$$\alpha = b/a \tag{7.41}$$

$$\rho^2 = a^2/(a^2 + H^2) \tag{7.42}$$

2. 蒙特卡罗模拟方法

使用 MCNPX 求的探测效率模拟值列于表 7.5。将探测效率的几何因子计算值与蒙卡模拟计算值进行对比来证明 α 谱仪探测效率理论计算值的可信度。因为几何因子法的探测效率是根据线性内插得到的，所以误差会比蒙卡模拟法的探测效率的误差大，蒙卡模拟得到的探测效率更准确一些，将蒙特卡罗模拟值作为参考值，以式(7.43)为相对偏差的计算公式，计算探测效率的几何因子计算值对模拟值的相对偏差如表 7.5 所示。

$$\sigma = \left| \frac{\eta_{几何} - \eta_{MC}}{\eta_{MC}} \right| \% \tag{7.43}$$

表 7.5　几何因子法与 MC 模拟法探测效率及两者的相对偏差

源与探测器的间距 H/mm	探测器的面积 900 (mm²)		
	几何因子法	蒙卡模拟法	σ/%
6.9	0.291 7	0.288 0	1.28
10.9	0.210 9	0.210 8	0.40
14.9	0.156 1	0.154 5	1.03
18.9	0.118 2	0.114 2	3.49
22.9	0.091 7	0.089 9	1.96
26.9	0.072 6	0.070 3	3.24
30.9	0.058 6	0.056 3	4.20
34.9	0.048 1	0.045 8	5.02
38.9	0.040 1	0.038 0	5.39

从表 7.5 可以看出在 6% 的误差范围内，可认为几何因子法计算值与蒙特卡罗模拟值是一致的。

7.5.2　探测效率的实验测量方法

将 ^{241}Am 标准面源与氡子体源放于托盘上，然后分别放进 α 谱仪工作站真空度小于 1 000 mT 的真空室进行测量。托盘放在第二、三、四、五、九、十格处。^{241}Am 标准面源每次的测量时间为 600 s；氡子体源的测量时间为 2～7 min、8～23 min、24～39 min 三个时间段，探测效率为这三个时间段测得的探测效率的平均值。所得数据见表 7.6。η_{exp1}、σ_{exp1} 为 ^{241}Am 标准面源实测探测效率及相对标准偏差，η_{exp2}、σ_{exp2} 为氡子体标准源实测探测效率及相对标准偏差。

由于实验中所用的 ^{241}Am 源会发生衰变和表面存在一定的磨损，使得测得的实验数据有波动；除此之外，谱仪的能量分辨率、真空度、测量的计数统计涨落、本底的波动、死时间、自吸收等也都会对实验计数产生影响[15]，如表 7.6 所示。

表 7.6　ϕ20 mm α 标准源实验测量探测器效率 η_{exp}

源与探测器间距 H/mm	探测器的面积 900（mm^2）			
	η_{exp1}	σ_{exp1}/%	η_{exp2}	σ_{exp2}/%
7	0.321 2	1.04	0.280 5	2.42
11	0.234 6	1.14	0.206 5	2.51
15	0.174 0	1.08	0.150 8	2.45
19	0.132 4	1.20	0.110 9	2.60
35	0.055 2	1.14	0.044 9	2.47
39	0.045 8	1.42	0.037 2	2.65

7.5.3　理论计算值与实验值的比较与分析

探测效率的实测值与几何因子的计算值的比较见表 7.7。η_{MC}为蒙卡模拟理论计算值。

由表 7.7 可见，使用两种源测得的探测效率应该与理论值基本一致[8]，但^{241}Am标准面源实测探测效率与理论计算值相差较大；氡子体标准源测得的探测效率与理论值有很好的一致性。此外，因为探测器的窗对 α 粒子的吸收、以及阈值的影响，也使得探测效率的测量值与理论计算值存在一定的偏差。根据以上的分析，可以得出测量 α 放射性核素的活度时，半导体探测器的探测效率可以使用基于蒙特卡罗模拟的理论值。

表 7.7　实测探测效率 η_{exp}与理论探测效率的比较

源与探测器间距 H/mm	探测器面积 900（mm^2）的实测值与理论计算值的比值 η_{exp}/η_{MC}	
	^{241}Am 源	氡子体源
7	1.124 3	0.981 8
11	1.120 9	0.986 6
15	1.134 3	0.983 1
19	1.169 6	0.979 7
35	1.210 5	0.984 6
39	1.208 4	0.981 5

7.6 氡/钍射气子体连续测量方法的实验验证

7.6.1 纯钍射气子体测量环境的实验验证

1. 钍射气子体连续测量方法的基本公式

基于α能谱法钍射气子体连续测量方法的测量对象是ThB（^{212}Pb）、ThC（^{212}Bi），因此原有的氡/钍射气子体连续测量方法的基本公式可以简化。在使用同样符号规则的前提下，钍射气子体连续测量方法的基本公式的第一次测量只需按钍射气子体α能谱法的测量程序滤膜取样一段时间后，利用α粒子探测器对ThC′（^{212}Po）发射的8.78 MeV α粒子在两段时间段内进行积分计数 $N_{11}(\alpha)$ 和 $N_{12}(\alpha)$，即可将式(7.34)将简化成式(7.44)，计算滤膜第一次使用时钍射气子体浓度 C_{ThB}^1、C_{ThC}^1。

$$\begin{bmatrix} C_{\text{ThB}}^1 \\ C_{\text{ThC}}^1 \end{bmatrix} = \frac{1}{\nu E \eta K_\alpha} [\boldsymbol{M}]^{-1} \begin{bmatrix} N_{11}(\alpha) \\ N_{12}(\alpha) \end{bmatrix} \tag{7.44}$$

式中：ν 是采样流率，L/min；E 为α粒子探测器的探测效率；η 为滤膜的过滤效率；K_α 为滤膜的自吸收系数；$[\boldsymbol{M}]^{-1}$ 为由采样时间，测量时间段计算得到的时间因子矩阵的逆矩阵。

假定同一张滤膜第 j 次使用时，采样流率、子体收集效率、自吸收系数等性能在一段时间内的变化可以忽略，但在进行ThC′ 8.78 MeV的α粒子积分计数时需扣除滤膜上原来收集的ThC′原子在相应时间段的α粒子积分计数的贡献，此前测量残留在滤膜上的ThB、ThC衰变到第 j 次测量采样完成时的放射性活度 $A'^j_{t5}(T'_j)$、$A'^j_{t6}(T'_j)$ 可表示为：

$$\begin{cases} A'^j_{t5}(T'_j) = A^{j-1}_{t5}(t_0)\mathrm{e}^{-\lambda_5 T'_j} & (7.45) \\ A'^j_{t6}(T'_j) = \dfrac{\lambda_6}{\lambda_6 - \lambda_5} A^{j-1}_{t5}(t_0)\mathrm{e}^{-\lambda_5 T'_j} + \left[A^{j-1}_{t6}(t_0) - \dfrac{\lambda_6}{\lambda_6 - \lambda_5} A^{j-1}_{t5}(t_0)\right]\mathrm{e}^{-\lambda_6 T'_j} & (7.46) \end{cases}$$

式(7.45)、式(7.46)两式即为描述第 j 次测量采样完成时此前测量残留在滤膜上的ThB、ThC活度的累积活度函数，λ_5、λ_6 为ThB、ThC原子的衰变常数，T'_j 为第 j-1次测量到第 j 次测量的间隔时间，$A_5^{j-1}(t_0)$、$A_6^{j-1}(t_0)$ 是第 j-1次测量采样完成时滤膜上的ThB、ThC的放射性活度（可以利用第 j-1次及之前的ThB、ThC放射性浓度值计算得到）。然后利用 $A'^j_{t5}(T'_j)$、$A'^j_{t6}(T'_j)$ 按照式(7.51)计算滤膜上残留的ThB、ThC最终衰变成ThC′对第 j 次测量时相应时间段产生的α粒子积分计数值。

$$N'_j(\alpha) = 2.22 E k_\alpha \left\{ \frac{\lambda_6 \varphi_5 - \lambda_5 \varphi_6}{\lambda_5(\lambda_6 - \lambda_5)} A'^j_{t5}(T'_j) + \frac{\varphi_6}{\lambda_6} A'^j_{t6}(T'_j) \right\} \tag{7.47}$$

当式(7.47)中的 $\varphi_5 = \mathrm{e}^{-\lambda_5 T_{j1}} - \mathrm{e}^{-\lambda_5 T_{j2}}$，$\varphi_6 = \mathrm{e}^{-\lambda_6 T_{j1}} - \mathrm{e}^{-\lambda_6 T_{j2}}$，即可计算得出前 j-1次残留在滤膜上的ThB、ThC最终衰变成ThC′对第 j 次测量时 T_1-T_2 时间段产生的α粒子积分计数值 $N'_j(\alpha)[T_{j1}, T_{j2}]$。

当式(7.47)中的 $\varphi_5 = e^{-\lambda_5 T_{j2}} - e^{-\lambda_5 T_{j3}}$，$\varphi_6 = e^{-\lambda_6 T_{j2}} - e^{-\lambda_6 T_{j3}}$，即可计算得出前 $j-1$ 次残留在滤膜上的ThB、ThC最终衰变成ThC′对第 j 次测量时 T_2-T_3 时间段产生的α粒子积分计数值 $N'_j(\alpha)[T_{j2}, T_{j3}]$；由于采用α粒子探测器进行α粒子积分计数时包含了“新、旧”钍射气子体的贡献，需按式(7.48)进行α粒子积分计数的修正：

$$N''_j(\alpha) = N_j(\alpha) - N'_j(\alpha) \tag{7.48}$$

式中：$N_j(\alpha)$ 表示第 j 次测量时某一时间段的α粒子积分计数；$N''_j(\alpha)$ 为经计数修正后的第 j 次测量时某一时间段的α粒子积分计数。

此时可将计数修正后的滤膜视为一张新的滤膜来使用，滤膜连续使用时的钍射气子体浓度的计算公式改写为：

$$\begin{bmatrix} C^j_{\text{ThB}} \\ C^j_{\text{ThC}} \end{bmatrix} = \frac{1}{\nu_j E \eta K_\alpha} [\boldsymbol{M}_j]^{-1} \begin{bmatrix} N''_j(\alpha)[T_1, T_2] \\ N''_j(\alpha)[T_2, T_3] \end{bmatrix} \tag{7.49}$$

$N''_j(\alpha)[T_1, T_2]$ 和 $N''_j(\alpha)[T_2, T_3]$ 为第 j 次测量在 $T_1 - T_2$、$T_2 - T_3$ 两个相邻时间段的α粒子的真实计数，ν_j 是第 j 次测量时的采样流率，如测量程序不变则有 $[\boldsymbol{M}_j]^{-1} = [\boldsymbol{M}]^{-1}$，最后按钍射气子体测量程序进行α粒子计数后，代入 E、η、K_α 等实验参数便可得到第 j 次测量时的钍射气子体浓度 C^j_{ThB}、C^j_{ThC}。

2. 实验检验方案

为在纯钍射气子体测量环境中检验钍射气子体连续测量方法的准确度与可靠性，确立了钍射气子体连续测量方法与同样基于α能谱法的标准钍射气子体参考水平定值方法（简称为参考方法）对比研究实验方案。选用ORTECT公司的α能谱仪进行钍射气子体的α能谱测量；取样对象是基于南华大学氡实验室体积为2.7 m^3 的钍射气室构建的钍射气子体水平调控装置；优选0.8 μm孔径的醋酸纤维脂滤膜以5 L/min的恒定流率从测量环境取样；为避免由于采样口位置不同导致的子体浓度差异，采用连续测量方法与参考方法先后在同一采样口采样测量的实验检验方案。

3. 钍射气子体连续测量程序

钍射气子体连续测量程序是在混合氡、钍射气子体连续测量程序的基础上简化得到的。因为是利用填装了滤膜的子体采样头收集钍射气子体，然后将滤膜转移至ORTECT公司的8通道α能谱仪的测量通道中，所以在采样时间完成后，留出2 min以便滤膜的转移与α能谱仪抽真空达到理想测量状态。在经验证过的典型钍射气子体测量程序的基础上给出了钍射气子体连续测量方法的测量程序：以取样流率 v = 5 L/min完成同一张滤膜 j 次从待测环境中的取样，取样持续15 min；在取样后的2~43 min、43~120 min进行ThC′的α粒子计数 $N_j(\alpha)[2, 43]$、$N_j(\alpha)[43, 120]$[10]；代入相邻两次测量的间隔时间 T'，根据式(7.4)、式(7.5)两式得到经计数修正后的该次测量收集的钍射气子体真实的α粒子计数 $N''_j(\alpha)[2, 43]$、$N''_j(\alpha)[43, 120]$；代入经修正后的α粒子计数值和 $[\boldsymbol{M}]^{-1}$ 以及 ν_j、E、η、K_α 等实验参数按式(7.49)计算钍射气子体的浓度值；其中由时间因子决定的矩阵 $[\boldsymbol{M}]^{-1}$ 可表示如式(7.50)[8]；重复上述测量程序便可实现钍射气子体浓度的连续测量。

$$[\boldsymbol{M}]^{-1} = \begin{bmatrix} -0.0316 & 0.0323 \\ 0.0500 & -0.0125 \end{bmatrix} \tag{7.50}$$

4. 实验步骤与测量结果

分别在高、低钍射气子体浓度两种测量环境下开展了连续测量方法与参考方法的对比研究，实验检验步骤如下：

（1）调节钍射气子体调控装置中钍射气室 B 内的子体水平到实验要求的范围内。

（2）开启 α 能谱工作站。

（3）用同一套钍射气子体采集系统填装滤膜后间隔 20 min 先后从钍射气室 B 中的同一个采样口以 5 L/min 的流率采样 15 min。

（4）取样结束后，利用托盘将收集子体的两张滤膜先后置于 α 能谱工作站的 2 号、3 号测量通道内指定位置，关上密封小门。

（5）对小室抽真空，当到达真空要求的 13.3 Pa 以下后给探头加置偏压。

（6）当显示的探头漏电流达到要求的 20 nA，在取样结束后第 2 min 时，先后开始两个样品 2~43 min、43~120 min 两时间段的 α 粒子计数。

（7）测量完成后始终只更换 2 号测量通道的滤膜，重复上述实验步骤。

实验结果分别列在表 7.8 和表 7.9 中。两表中的 $N_i(\alpha)$、$N''_i(\alpha)$（$i=1, 2$）分别对应未经修正与修正后的 ThC′ 的峰计数值，因参考方法每次测量都更换了滤膜不需要进行计数修正，所以有 $N''_i(\alpha) = N_i(\alpha)$（$i=1, 2$）。

表 7.8 是高钍射气子体环境下持续 30 h，8 个测量周期的测量结果。为检验连续测量方法的可靠性，特将第 5 次测量与第 4 次测量间隔 4 h，第 6 次测量与第 5 次测量间隔 12 h，其余为 140 min 等间隔测量。对比研究结果表明：两法测量钍射气子体浓度中，C_{ThB} 相差在 5.0% 左右，最大相差 10%，C_{ThC} 相差 7.0% 左右，最大相差 14.5%；表 7.8 还反映出两种测量方法的测量结果都有变小的趋势，这是因为未对测量环境补充新的气溶胶以维持其子体水平。

表 7.8　高钍射气子体浓度测量结果

测量次数	测量方法	$N_1(\alpha)$	$N_2(\alpha)$	$N''_1(\alpha)$	$N''_2(\alpha)$	C_{ThB}/(Bq/m)	C_{ThC}/(Bq/m)
1（66.3%；20.3 ℃；09:43）	连续测量（C）	39 280	71 449	39 280	71 449	2 662.1	2 678.3
	参考方法（R）	37 856	70 498	37 856	70 498	2 697.8	2 534.8
				(1.037)	(1.013)	(0.986)	(1.056)
2（61.1%；22.5 ℃；12:03）	连续测量（C）	66 609	119 094	31 024	55 949	2 065.7	2 129.0
	参考方法（R）	32 576	60 333	32 576	60 333	2 294.7	2 190.7
				(0.952)	(0.927)	(0.900)	(0.972)

续表

测量次数	测量方法	$N_1(\alpha)$	$N_2(\alpha)$	$N''_1(\alpha)$	$N''_2(\alpha)$	C_{ThB}/(Bq/m)	C_{ThC}/(Bq/m)
3（60.3%，	连续测量（C）	84 611	151 820	26 417	48 967	1 864.9	1 776.1
23.5 ℃；14:23）	参考方法（R）	26 322	48 461	26 322	48 461	1 831.6	1 779.0
				（1.003）	（1.010）	（1.018）	（0.998）
4（60.3%，	连续测量（C）	102 390	181 916	26 894	48 304	1 773.4	1 851.6
23.8 ℃；16:43）	参考方法（R）	25 092	45 657	25 092	45 657	1 702.5	1 711.2
				（1.072）	（1.057）	（1.041）	（1.082）
5（63.8%，	连续测量（C）	103 044	182 634	21 140	38 200	1 413.4	1 449.8
21.3 ℃；20:43）	参考方法（R）	20 921	37 230	20 921	37 230	1 352.5	1 451.1
				（1.010）	（1.026）	（1.045）	（0.999）
6（65.6%，	连续测量（C）	67 510	121 241	19 427	36 520	1 430.8	1 308.3
22.9 ℃；09:00）	参考方法（R）	22 151	40 320	22 151	40 320	1 523.5	1 529.7
				（0.877）	（0.906）	（0.939）	（0.855）
7（65.1%，	连续测量（C）	78 966	141 583	19 230	35 893	1 380.8	1 289.0
23.1 ℃；11:20）	参考方法（R）	19 109	35 335	19 109	35 335	1 352.9	1 297.5
				（1.006）	（1.016）	（1.021）	（0.993）
8（64.2%，	连续测量（C）	88 752	158 589	19 003	35 219	1 334.8	1 281.4
23.9 ℃；13:40）	参考方法（R）	19 123	35 688	19 123	35 688	1 373.4	1 282.5
				（0.994）	（0.987）	（0.972）	（0.999）

注：括号内的数据为C/R。

为进一步验证钍射气子体连续测量方法在较低钍射气子体水平环境下的可靠性与准确性，采用同样的实验方案在钍射气子体水平在100 Bq/m^{3}左右的测量环境中重复了4组8次的验证实验（实验持续12 h）。实验过程中的计数值与测量结果列在表7.9中。实验结果表明：在钍射气子体水平低至100 Bq/m^{3}左右时，两法测量钍射气子体浓度中，C_{ThB}相差在4.5%以内，C_{ThC}相差在10.0%左右，最大相差19.0%；两种测量方法的偏差比在较高钍射气子体水平测量环境的测量结果的偏差要大，显然这与钍射气子体浓度过低时的放射性统计涨落过大有关。

表7.9 低钍射气子体浓度测量结果

测量次数	测量方法	$N_1(\alpha)$	$N_2(\alpha)$	$N''_1(\alpha)$	$N''_2(\alpha)$	C_{ThB}/(Bq/m)	C_{ThC}/(Bq/m)
1（59.3%，	连续测量（C）	1 307	2 436	1 307	2 436	115.2	107.9
20.9 ℃；09:30）	参考方法（R）	1 393	2 575	1 393	2 575	120.6	115.8

续表

测量次数	测量方法	$N_1(\alpha)$	$N_2(\alpha)$	$N''_1(\alpha)$	$N''_2(\alpha)$	C_{ThB}/(Bq/m)	C_{ThC}/(Bq/m)
				(0.938)	(0.946)	(0.955)	(0.932)
2 (60.3%, 20.9 ℃; 11:50)	连续测量 (C)	2 554	4 493	1 311	2 265	97.7	114.6
	参考方法 (R)	1 154	2 124	1 154	2 124	99.0	96.3
				(1.136)	(1.066)	(0.987)	(1.190)
3 (60.6%, 21.3 ℃; 14:10)	连续测量 (C)	3 273	5 743	1 076	1 876	81.9	93.5
	参考方法 (R)	1 050	1 843	1 050	1 843	81.2	90.7
				(1.025)	(1.018)	(1.008)	(1.031)
4 (61.3%, 21.4 ℃; 16:30)	连续测量 (C)	3 891	6 752	1 078	1 801	74.3	96.4
	参考方法 (R)	977	1 714	977	1 714	75.5	84.4
				(1.103)	(1.051)	(0.984)	(1.142)

注：括号内的数据为 C/R。

5. 钍射气子体连续测量方法的验证结果分析

（1）连续测量方法通过引入累积活度函数消除了此前测量沉积在滤膜表面的子体对当次测量的影响。

（2）连续测量方法测量结果与参考方法测量结果符合得比较好，在高钍射气子体浓度测量环境中，一张滤膜连续使用 8 个测量周期，总时长达 30 h，C_{ThB} 相差在 5.0% 左右，C_{ThC} 相差 7.0% 左右。在低钍射气子体浓度中，一张滤膜连续使用 4 个测量周期，C_{ThB} 相差在 4.5% 以内，C_{ThC} 相差在 10.0% 左右。

（3）连续测量方法与参考方法在不同钍射气子体水平环境下实验结果的一致性较好说明连续测量沉积在滤膜表面上的气溶胶并未造成滤膜自吸收及能谱重叠明显的变化。

总之，基于 α 能谱法所建立的钍射气子体连续测量方法在 80~3 000 Bq/m^{3}测量环境中的准确性与可靠性较好。后续将会开展环境钍射气子体水平以及混合氡、钍射气的验证实验以确定该方法的探测下限。该方法的建立将为混合氡、钍射气子体的准确、快速、连续测量提供技术手段。

7.6.2 混合氡、钍射气子体测量环境的实验验证

1. 实验检验方案

鉴于钍射气子体连续测量方法是在纯钍射气子体测量环境中验证了其测量结果的准确性和可靠性均达到要求。为进一步验证氡/钍射气子体连续测量方法的可靠性还需在混合氡、钍射气子体测量环境中予以检验。应用氡/钍射气子体连续测量方法测混合氡、钍射气子体浓度的实验验证方案如下：选择了同样基于 α 能谱法的标准混合氡、钍射气子

体参考水平定值方法（简称为参考方法）作为混合氡、钍射气子体连续测量方法的对比研方法；选用 ORTECT 公司的 α 能谱仪进行混合氡、钍射气子体的 α 能谱测量；取样对象是基于南华大学氡实验室体积为 2.7 m^3 的钍射气室构建的钍射气子体水平调控装置，该装置具有 80~3 000 Bq/m^3 的钍射气子体水平调控能力，同时根据实验要求在钍射气室 B 内放入放射性活度不一的固体氡源，待钍射气室 B 内的氡与氡子体达到动态平衡后，即可认为建立了稳定的混合氡、钍射气子体测量环境；优选 0.8 μm 孔径的醋酸纤维脂滤膜以 5 L/min 的恒定流率从测量环境取样；为避免由于采样口位置不同导致的子体浓度差异，采用连续测量方法与参考方法先后在同一采样口采样测量的实验检验方案。

2. 典型混合氡、钍射气子体 α 能谱法连续测量程序

混合氡、钍射气子体连续测量程序是在传统的混合氡、钍射气子体 α 能谱法连续测量程序的基础上修改得到的。与在钍射气子体测量环境中的验证实验一样，混合氡、钍射气子体测量环境的验证实验也将留出 2 min，以便滤膜的转移与 α 能谱仪抽真空达到理想测量状态。典型混合氡、钍射气子体测量程序如下：以取样流率 v = 5 L/min 完成同一张滤膜 j 次从待测环境中的取样，取样持续 15 min；在取样后的 2~12 min、12~30 min 进行氡子体 RaA、RaC′ 的峰计数 $N_{j1}(\alpha)[2,\ 12]$、$N_{j2}(\alpha)[2,\ 12]$ 和 $N_{j2}(\alpha)[12,\ 30]$ 测量；在取样后的 2~43 min、43~120 min 进行 ThC′ 的峰计数 $N_{j3}(\alpha)[2,\ 43]$、$N_{j3}(\alpha)[43,\ 120]$ 测量；代入峰重叠因子 θ_1、θ_2、θ_3，将上述 5 个计数值按式(7.51)~式(7.53)进行计数的峰重叠修正：

$$\begin{cases} N_{j1}^* = N_{j1} - (N_{j2} - N_{j3})\theta_1 - N_{j3}^* \dfrac{0.36}{0.64} & (7.51) \\ N_{j2}^* = (1+\theta_1)(N_{j2} - N_{j3}\theta_3) & (7.52) \\ N_{j3}^* = (1+\theta_2)N_{j3} & (7.53) \end{cases}$$

对经峰重叠修正后的计数进行计数修正，即减去前 $j-1$ 次测量累积在滤膜上的氡、钍射气子体对计数的贡献；计算以 15 min 采样时长、120 min 测量时长（总测量周期时长 135 min）的由时间因子决定的矩阵 $[\boldsymbol{M}]^{-1}$ 为

$$[\boldsymbol{M}]^{-1} = \begin{bmatrix} 1.5635 & 0 & 0 & 0 & 0 \\ -0.1940 & -0.3180 & 0.2858 & 0 & 0 \\ 0.0291 & 0.3452 & -0.1467 & 0 & 0 \\ 0 & 0 & 0 & -0.0316 & 0.0323 \\ 0 & 0 & 0 & 0.0501 & -0.0125 \end{bmatrix} \quad (7.54)$$

代入 $\boldsymbol{\nu}_j$、E、η、K_α 等实验参数与 $[\boldsymbol{M}]^{-1}$ 按式(7.34)计算氡、钍射气子体的浓度值；重复上述测量程序便可实现混合氡、钍射气子体浓度的连续测量。

3. 实验步骤与测量结果

在混合氡、钍射气子体测量环境下开展了连续测量方法与参考方法的对比研究，实验检验步骤如下：

(1) 调节钍射气子体调控装置中钍射气室 B 内的氡、钍射气子体水平到实验要求的范围内。

(2) 开启 α 能谱工作站。

(3) 用同一套氡/钍射气子体采集系统填装滤膜后间隔 20 min 先后从钍射气室 B 中的同一个采样口以 5 L/min 的流率采样 15 min。

(4) 取样结束后，利用托盘将收集子体的两张滤膜先后置于 α 能谱工作站的 2 号、4 号测量通道内指定位置，关上密封小门。

(5) 对小室抽真空，当到达真空要求的 13.3 Pa 以下后给探头加置偏压。

(6) 当显示的探头漏电流达到要求的 20 nA，在取样结束后第 2 min 时，先后开始两个样品 2~12 min、12~30 min、30~43 min、43~120 min 四时间段的 α 粒子计数。

(7) 测量完成后始终只更换 2 号测量通道的滤膜，重复上述实验步骤。

实验的计数结果列在表 7.10。验证实验总共开展了 5 组 10 次，在实际操作中，连续测量方法先从测量环境抽气采样、测量，参考方法待连续测量方法采样后再采样，且同一方法相邻两次测量的时间间隔为 5 min，以便重新装填滤膜取样。表 7.10 中的 N_{ji}、N''_{ji} 分别对应未经修正与修正后的 RaA、RaC′ 和 ThC′ 的分时段的峰计数值。修正后的连续测量方法的粒子计数与参考方法的粒子计数出入比较大是因为 α 谱仪工作站的 2 号与 4 号测量通道探测效率的差异导致的。代入计算氡、钍射气子体浓度公式中的 α 粒子探测器的探测效率是经南华大学氡实验室刻度过的。

表 7.10 连续测量方法与参考方法测混合氡、钍射气子体浓度 α 粒子积分计数比较

测量方法		N_{11}	N_{21}	N_{22}	N_{31}	N_{32}	N''_{11}	N''_{21}	N''_{22}	N''_{31}	N''_{32}
1	连续测量	6 945	8 427	16 537	4 928	8 587	6 100	8 540	16 764	4 967	8 655
	参考方法	4 757	5 832	11 308	3 676	6 213	4 133	5 909	11 461	3 705	6 262
2	连续测量	6 820	8 552	16 232	7 395	12 987	5 690	7 500	14 923	3 246	5 695
	参考方法	4 359	5 311	10 576	2 457	4 196	3 949	5 384	10 714	2 476	4 229
3	连续测量	7 055	8 121	16 169	8 526	14 984	5 728	7 127	14 945	2 194	3 834
	参考方法	4 063	4 986	9 941	1 656	2 873	3 763	5 056	10 083	1 669	2 896
4	连续测量	6 848	7 454	14 574	8 681	15 186	5 498	6 390	13 246	1 362	2 296
	参考方法	3 756	4 515	9 140	1 028	1 908	3 551	4 580	9 272	1 036	1 923
5	连续测量	6 945	7 764	15 297	8 464	15 218	5 657	6 840	14 156	1 068	2 211
	参考方法	3 819	4 470	9 112	786	1 363	3 655	4 535	9 245	792	1 373

利用两法各自的粒子计数值以及相关参数计算得到氡、钍射气五个子体的浓度值列在表 7.11 中。结果显示：两法测 RaA 活度浓度相差在 8.5% 以内，测 RaB 相差在 15.1% 以内，测 RaC 相差在 19.1% 以内，测 ThB 相差在 36.4% 以内，测 ThC 相差在 19.6% 以

内。由于 RaA 的半衰期太短以及连续测量方法对 6.0 MeV 能谱区粒子计数进行峰重叠修正的误差叠加造成了连续测量方法对 RaA 测量结果偏大；个别 ThB 测量值偏差过大则是因为钍射气子体浓度较低时 α 粒子计数值的统计误差导致。

表 7.11 混合氡、钍射气子体浓度测量结果比较 单位：Bq/m^3

测量次数	测量对象	连续测量方法（C）	参考方法（R）	C/R
1	RaA	8 137.81	7 873.42	1.033 5
	RaB	761.53	724.68	1.050 1
	RaC	567.82	582.74	0.974 4
	ThB	163.42	162.12	1.008 0
	ThC	186.83	203.59	0.829 3
2	RaA	7 591.20	7 522.12	1.009 2
	RaB	662.66	711.62	0.931 2
	RaC	481.75	488.91	0.985 4
	ThB	108.49	111.04	0.977 0
	ThC	121.44	135.04	0.899 3
3	RaA	7 641.12	7 168.53	1.065 9
	RaB	763.01	662.64	1.151 4
	RaC	370.08	457.30	0.809 3
	ThB	72.68	77.62	0.936 4
	ThC	82.33	89.94	0.915 4
4	RaA	7 335.02	6 764.62	1.084 3
	RaB	586.58	615.21	0.953 5
	RaC	360.09	394.26	0.913 3
	ThB	41.48	55.90	0.742 0
	ThC	52.54	52.84	0.994 3
5	RaA	7 546.92	6 961.42	1.084 1
	RaB	660.22	598.61	1.102 9
	RaC	382.58	383.94	0.996 5
	ThB	50.20	36.80	1.364 1
	ThC	34.37	42.71	0.804 7

混合氡、钍射气子体测量环境的验证实验结果表明：（1）混合氡、钍射气子体连续测量方法能消除此前测量采样沉积在滤膜表面的子体对当次测量的影响；（2）连续测量方法五个测量周期不更换滤膜的测量结果与参考方法符合得比较好，除个别子体由于浓度较低导致其相对偏差较大外，相对偏差一般控制在15%以内；（3）该方法不需要频繁的更换滤膜，可实现氡、钍射气子体的有效甄别与氡/钍射气子体的准确、快速、连续测量。

7.6.3 方法的误差分析与计算

1. 方法的误差来源分析

从氡、钍射气子体活度浓度及α潜能的测量原理可知，氡/钍射气子体连续测量方法的方法误差主要来源于随机误差和系统误差两部分。按照误差来源对象分析，误差来源于以下七个方面：α探测效率刻度的不确定度；采样流率的不确定度；α探测器与计数系统稳定性的不确定度；滤膜自吸收因子测定的不确定度；能谱峰重叠因子测定的不确定度；采样过程中子体收集的不确定度；放射性统计涨落的不确定度。

α探测效率刻度的不确定度包括α标准源不确定度、标定过程引入的不确定度和探头计数的不确定度。当采用南华大学氡实验室的ORTEC α能谱工作站进行氡/钍射气子体的测量时，其各测量通道的总不确定度均可控制在1.33%以内[14]。如基于该法研制氡/钍射气子体连续测量仪，只需选用氡、钍射气子体标准源对其进行探测效率的刻度便可（如加拿大Pylon公司生产的RN-190氡子体标准源）。

采样流率的不确定度是指连续测量方法在采样过程中由于流率的波动引入的测量误差。在开展验证实验时所用的gallian3500型恒流泵的采样流率稳定性较好，并通过在采样回路中增加缓冲瓶以减缓采样泵脉冲气流对流率的影响。利用皂膜流量计对其采样流率进行校正，发现采样流率的不确定度可控制在3%以内。在确定研制氡/钍射气子体连续测量仪的方案时，为了进一步减少流率波动对测量结果的影响，拟采购质量流量控制器对采样泵的流量进行准确测量，然后将平均流率作为代入计算公式中的流率值。

α探测器与计数系统稳定性的不确定度主要是指系统对氡、钍射气子体发射的α粒子计数的稳定性，在长期使用ORTEC α能谱工作站的过程中发现：该型α能谱仪几乎没有道漂，各测量通道测较高活度的α面源长期计数稳定性实验也验证了这一点。因此，如果采用ORTEC α能谱工作站进行氡/钍射气子体测量时可以忽略α探测器与计数系统稳定性带来的不确定度；如基于该法研制氡/钍射气子体连续测量仪，在评估该仪器的测量不确定度时，还需要开展计数稳定的测试。

采样过程中子体收集的不确定度与滤膜自吸收因子测定的不确定度主要是指由滤膜过滤效率及自吸收的不确定度来反映。主要来源于取样滤膜的质量厚度的不均匀性和各张滤膜之间的一致性，在质量厚度的变化范围内，η和K_α的变化可以忽略不计。

峰重叠因子测定的不确定度是指由于氡、钍射气子体的α能谱峰拖尾导致各能谱峰的重叠，在引入能谱峰重叠因子对 α 粒子计数值进行峰重叠修正的过程中引入的不确定度。在开展氡、钍射气子体的 α 能谱峰重叠因子的实验研究中发现：在非真空条件下，氡、钍射气子体的 α 能谱峰拖尾导致 8.78 MeV 能谱峰与 7.69 MeV 能谱峰重叠以及 7.69 MeV 能谱峰与 6.00 MeV 能谱峰较大的重叠，可取 0.033 5、0.179 1 作为样机峰重叠因子 θ_1、θ_2的典型值，而 θ_3可以忽略，同时不同滤膜（选自同款滤膜）的峰重叠因子的差异控制在 2% 以内。已有的研究结果表明，如果是在真空条件下，θ_1、θ_2和 θ_3几乎可以忽略[16]，这对 α 粒子计数值的修正过程的不确定贡献就很小了，峰重叠因子不确定度对测量结果的总不确定度的贡献更小。因此，在计算能谱峰重叠因子的不确定度时，要根据测量条件来予以取舍，如果在非真空条件下，可取 2%，如是在真空条件下则可忽略。

放射性统计涨落的不确定度与测量对象有关，测量环境的氡、钍射气子体水平越高，放射性统计涨落就越小，建立的氡/钍射气子体连续测量方法采用同一张滤膜重复多次采样测量会导致氡/钍射气子体在滤膜表面的累积。该方法会利用 α 粒子探测器对滤膜上的氡/钍射气子体进行 α 粒子的积分计数，显然，这些计数值会随着测量次数与测量环境浓度的增加而增加。

2. 方法的误差计算

通过上述分析，如果以验证实验所处的真空测量环境为例，测量误差主要来自五个方面，然后计算各误差的大小，再由误差传递公式推导出各测量结果的总不确定度计算公式(7.55)。

$$S_C = \sqrt{(S_v)^2 + (S_E)^2 + (S_\eta)^2 + (S_{K_\alpha})^2 + (S_N)^2} \tag{7.55}$$

式中：S_v、S_E、S_η、S_{k_α} 和 S_N 分别为采样流率 ν 、探测效率 E、滤膜过滤效率 η 、滤膜自吸收 K_α 及计数 N 的相对不确定度。

测量中 ν 、E、η、K_α 4 个变量对于 5 个子体活度浓度结果有相同的影响，而 N 不一样，故计算五个子体的不确定度时，取相同的 S_v、S_E、S_η、S_{k_α} 值。连续测量方法所用的恒流泵的采样流率稳定性较好并利用皂膜流量计予以校正，其 S_v 值控制在 3% 以内。验证实验所常用的 α 能谱仪的 2 号、3 号与 4 号测量通道的 S_E 值均可控制在 1.33% 以内。验证实验间接说明了滤膜重复多次使用并未导致自吸收与滤膜过滤效率的明显变化，且实验所用的滤膜的均匀性和一致性较好，所以 η 和 K_α 的变化可以忽略不计。这里的 S_N 指的是经峰重叠修正与计数修正后的滤膜当次测量收集的氡/钍射气子体的 α 粒子计数值的放射性统计涨落。

经计算得到了钍射气子体水平低至 100 Bq/m^{3}左右的连续测量方法与传统的 α 能谱法（参考方法）ThB、ThC 不确定度（如图 7.8）。

由图 7.8 可知，连续测量方法测 ThB、ThC 的总不确定度都比参考方法稍大，这是由于两法均基于 α 能谱法采用相同的测量程序、相同的滤膜，唯一的区别是连续测量方法在实验过程中未更换滤膜，其计数修正的过程增加了方法的总不确定度；两法中 ThC 的

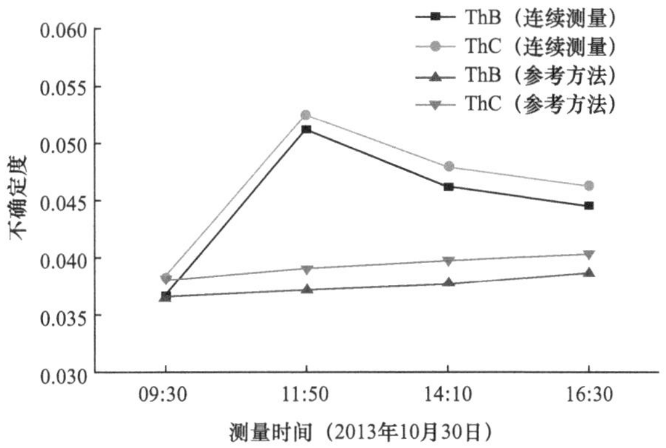

图 7.8 连续测量方法与参考方法测量误差比较

不确定度皆高于 ThB 的不确定度与表 7.9 中的测量结果符合；按式(7.55)可知，连续测量方法测 ThB、ThC 的总不确定度的差异源于 ThC′ 的峰计数值及计数修正，测量环境^{220}Rn 子体水平越低不确定度越高，在钍射气子体水平为 100 Bq/m^{3}左右的测量环境中 ThB、ThC 的总不确定度控制在 5% 左右，可见方法的准确性和可靠性均达到要求。

7.7 小结

基于^{220}Rn/^{222}Rn 子体的 α 能谱测量方法，引入累积活度函数建立了一种无需频繁更换滤膜的^{220}Rn/^{222}Rn 子体连续测量方法（以 120 min 为测量周期，一张滤膜工作 7 d 左右）。结合目前^{222}Rn/^{220}Rn 子体连续测量仪的相关技术，分析了影响连续测量仪测量准确度的各种因素，解决了混合^{222}Rn、^{220}Rn 子体能谱峰重叠因子的确定、滤膜对氡/钍射气子体自吸收系数的测量、半导体探测器探测效率的测量等三项关键技术问题。并在纯^{222}Rn 子体与混合^{222}Rn、^{220}Rn 子体环境下开展了方法验证实验。研究结果表明：^{220}Rn 子体水平为 100 Bq/m^{3}左右的测量环境中 ThB、ThC 的总不确定度控制在 5% 左右，且能实现一张滤膜^{222}Rn/^{220}Rn 子体的活度浓度的有限次连续测量（7 d 左右）。

参考文献

[1] New York, NJ,USA：United Nations. UNSCEAR：Sources and effects of Ionizing radiation [R]. 2000.

[2] 赵长有.白云鄂博的钍与铀[J].稀土信息,2006(7):12-15.

[3] 陈波,郭秋菊,孙全富,等. 阳江高本底地区室内空气中^{222}Rn、^{220}Rn 子体水平的一些调查和分析[J]. 辐射防护,2006,26(1):50-55.

[4] Ramola R C, Negi M S, Choubey V M. Measuremnet of equilibrium factor “F” between

radon and its progeny and thoron and it's Progeny in the indoor atmosphere using nuclear tract detectors[J]. Indoor Built Environ, 2003, 12:351-355.

[5] Tschiersch J, Weibo LI, Meisenberg O. Increased indoor thoron concentrations and implication to inhalation dosimetry[J]. Radiation Protection Dosimetry, 2007, 127(1-4): 73-78.

[6] 吴喜军, 肖德涛, 单健,等. 基于α能谱法^{220}Rn子体连续测量方法研究[J].原子能科学技术, 2014,48(12):2375-2380.

[7] 张智慧,等. 空气中氡及其子体的测量方法[M].北京:原子能出版社,1994:6-15.

[8] 康玺,肖德涛,李君利. 空气中^{222}Rn/^{220}Rn子体水平α能谱测量方法的优化[J].核技术,2008, 31(12):925-930.

[9] 吴喜军, 肖德涛, 李志强, 等. ^{222}Rn/^{220}Rn子体连续测量仪采集α能谱的峰重叠因子研究[J]. 核电子学与探测技术, 2015,35(2):176-179.

[10] 周青芝,赵桂芝,肖德涛. 空气中^{222}Rn/^{220}Rn子体水平的α能谱数据重建测量法[J]. 核技术,2009,32(6):464-468.

[11] 汪佳明,卢正永. 用双道能量补偿法测量短寿命的氡子体浓度[J]. 核防护,1979,2: 59-61.

[12] 吴喜军, 肖德涛, 王佳, 等. α放射性气溶胶沉积对微孔滤膜自吸收的影响研究[J]. 核电子学与探测技术, 2015,35(4):234-239.

[13] 傅翠明,张志龙,李爱武,等. α粒子在玻璃纤维滤纸中自吸收的实验研究[J].原子能科学技术, 2003,37(4):368-371.

[14] 刘凯. 氡子体参考水平定值的α能谱测量方法建立[D]. 衡阳:南华大学,2013.

[15] 黄连美,等. 便携式α谱仪中真空度影响特征试验研究[J]. 核电子学与探测技术, 2010:1512-1524.

[16] 阿不都莫明·卡地尔,张 磊,郭秋菊. 氡子体浓度准确测量方法研究[J].辐射防护, 2014,34(5):297-303.

第 8 章

典型场所中氡及其子体平衡因子的测量方法

研究表明，氡及其子体所致剂量占人类所受天然辐射剂量的一半多。环境氡的危害，主要来源于氡衰变产生的短寿命子体。氡是惰性放射性气体，其半衰期较长（3.823 d），吸入人体后容易随人体呼吸作用而排出体外，在呼吸道内产生的剂量较小。而氡子体是固体颗粒，被人体吸入后几乎全部沉积在呼吸道中，加之它们的半衰期较短，能在人体呼吸系统中全部衰变掉，从而诱发呼吸道疾病甚至肺癌。由于氡子体的累积测量尤其是长期、大规模累积测量难度极大，而氡的累积测量容易实现，所以在辐射环境监测评价、流行病调查等工作中，环境氡子体所致剂量大都采用环境氡暴露量和推荐的氡及氡子体平衡因子来近似估算。不同场所的环境条件差异很大，氡及其子体的平衡因子也相差较大，导致此种估算方法存在较大的误差。为提高基于环境氡暴露量估算氡子体所致剂量的质量，需要发展方便的氡及其子体平衡因子的测量方法，用于典型场所代表性平衡因子的常规测定。

8.1 氡及其子体平衡因子的测量方法

为了可靠地测量典型场所氡及其子体平衡因子的代表值，需要同时对典型环境中氡和氡子体浓度进行无扰动连续测量。

8.1.1 测量仪器的优选

用于典型场所氡及其子体平衡因子的代表值测量的仪器，必须具有快速响应环境氡及其子体浓度变化和长期无需值守的功能，同时它们的测量灵敏度要满足环境氡和氡子体水平测量的要求。

1. 氡连续测量仪的优选

南华大学基于第 2 章研究的方法研制了 NRL-Ⅱ型氡连续测量仪[1]，如图 8.1 所示。该仪器不仅具有快速响应环境氡浓度变化和长期无需值守的功能，而且灵敏度（详见第 6 章 6.4.2）也满足典型场所代表性平衡因子测定的需要，故其被选为氡浓度连续测量的仪器。

2. 氡子体连续测量仪的优选

南华大学基于迭代扣除算法研制了 NR-200A 氡子体连续测量仪[2]，如图 8.2 所示。该仪器是一款适用于野外测量的便携式智能测量仪器，可在不更换滤膜条件下实现有限次（测量周期 1 h，1~7 d）测量。

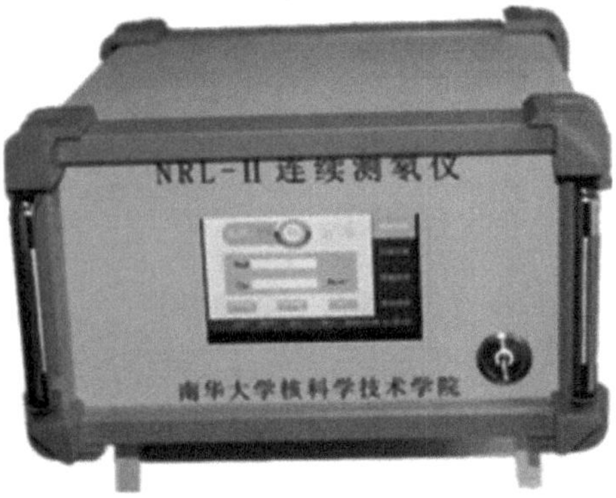

图 8.1　NRL-Ⅱ氡连续测量仪

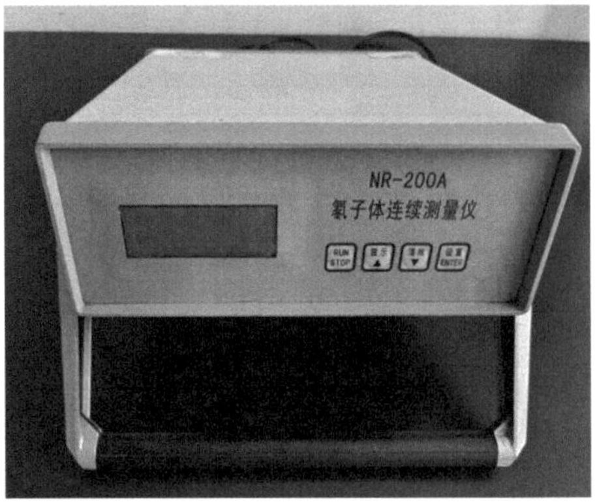

图 8.2　NR-200A 氡子体连续测量仪

该仪器测量原理：当将 RaA、RaB、RaC 看作是 1 个子体时，其有效半衰期为 35 min。对于连续的周期采样测量，单个周期的 α 计数值是当前样品的氡子体衰变产生的 α 计数和前几个样品残留的氡子体衰变产生的 α 计数之和。当前测量周期的氡子体 α 潜能浓度可由迭代扣除算法算出。具体方法是：设前 n 个样品（一般 5 个样品）的潜能浓度分别为 $C_1 \sim C_n$，μJ/m^3，前 n 个样品对当前样品的贡献因子分别为 $K_1 \sim K_n$，则当前样品的 α 潜能浓度为：

$$C_p = K(N - N_b) - \sum_{i=1}^{n} K_i C_i \tag{8.1}$$

式中：N 为当前样品的总计数；K 为刻度系数，即对应 1 个 α 计数时的潜能浓度，μJ/m^3；N_b 为仪器的本底计数；$K_1 \sim K_n$ 可在标准氡室中通过实验测定，也可通过理论计算得到。

在有钍射气（^{220}Rn）子体存在的环境中，测量氡子体 α 潜能浓度时要消除^{220}Rn 子体的影响。^{220}Rn 子体衰变产生 6.05、6.09 MeV（ThC 产生）和 8.78 MeV（ThC′ 产生）的 α 粒子，8.78 MeV α 粒子的计数可以通过能量甄别的方法直接测量，6.05 和 6.09 MeV α 粒子虽然难于与氡子体^{218}Po 衰变产生的 6.0 MeV α 粒子甄别，但可以利用分支比（ThC：ThC′=36%：64%）基于 8.78 MeV α 粒子的计数计算 6.05 和 6.09 MeV α 粒子的计数。当考虑到^{220}Rn 子体对氡子体样品的贡献时，采用二道能谱法可以消除^{220}Rn 子体的干扰，则氡子体潜能浓度为：

$$C_p = K(N - N_b - K_{Th}N_{Th}) - \sum_{i=1}^{n} K_i C_i \tag{8.2}$$

式中：N_{Th}为 ThC′（8.78 MeV）的 α 计数，K_{Th}=0.56。

8.1.2　氡及其子体平衡因子的计算方法

平衡因子 F 定义为平衡当量氡浓度与空气中母体核素氡放射性浓度的比值，它表征了用 α 潜能表示的空气中短寿命子体混合物与其母体核素之间的不平衡状态[3]。

$$F = 1.81 \times 10^{8}\frac{C_{\mathrm{p}}}{C_{\mathrm{Rn}}} \tag{8.3}$$

式中：1.81×10^{8}为转换因子；C_{P}为氡子体潜能浓度，J/m³；C_{Rn}为氡浓度，Bq/m³。

8.2　典型场所氡及其子体平衡因子的测量实践[4]

8.2.1　典型场所的选择

测量场所的选择上主要考虑了如下因素：1. 已有累积测量数据；2. 区域分布；3. 房屋类型，如办公室和工作车间等[5]。因此，选择了内陆、沿海、矿山，医院等代表性场所进行氡及其子体平衡因子的测量实践。在全国各地区选择测点共 24 个，其中湖南省湘雅附一医院和湖南省肿瘤医院 6 个测量点，锦原铀业 4 个测量点：其中 3 个点在公司生活区、另外 1 个点在矿井（由于没开工并没去工作作业面监测），某核电基地 9 个测量点（二期 7 个点，三期 2 个点），衡阳市某退役铜矿周边居民楼（老房子）2 个点，衡阳市华新区某跆拳道馆 1 个点，南华大学氡湖南省重点实验 室 1 个点（进行了 72 h 连续监测）。而湖北省大冶铁矿的氡及氡子体平衡因子测量由于条件不允许只在张福山主回风井口 1 个点进行了连续测量。这些测量场所大部分为室内环境，只有一小部分为室外测量，地域分布较广，其中 10 个测量点在湖南省境内分别在长沙市和衡阳市，4 个测量点在广东省境内，9 个点在浙江省境内，1 个点在湖北省境内。大部分场所测量期间为晴天或阴天，多处于夏季和秋季，气候环境良好。

8.2.2　现场测量的要求

1. 仪器布放的要求

在室内测量氡及氡子体平衡因子时，两台仪器均放置于距离地面大于 50 cm、距离墙面大于 50 cm 处、它们之间间距也大于 50 cm，尽量避免受到墙面和地面建筑材料氡析出和它们测量取样对测量带来的干扰。

2. 测量周期和连续测量时间的要求

NRL-Ⅱ氡连续测量仪与 NR-200A 氡子体连续测量仪同时进行连续测量，它们的测量周期均为个小时，连续测量时间应大于 4 h。测量周期定为 1 h 主要是因为氡子体连续测量仪最短测量周期为 1 h 和考虑到某些典型环境氡浓度较低。测量期间现场应保持与正常生活或者工作状态一致。

3. 测量仪器的刻度

氡和氡子体连续测量仪器测量结果的修正因子 K 为：

$$K = \frac{C_{\mathrm{Rn,\,标}}}{C_{\mathrm{Rn}}} \tag{8.4}$$

式中：$C_{Rn,标}$为标准氡室的氡浓度（Bq/m^3）或氡子体浓度（μJ/m^3）；C_{Rn}为刻度仪器测量的氡浓度（Bq/m^3）或氡子体浓度（μJ/m^3）。

表 8.1～表 8.4 分别为 NRL-Ⅱ型氡连续测量仪和 NR-200A 氡子体连续测量仪刻度后的修正因子。

表 8.1 NRL-Ⅱ型氡连续测量仪（1 号）仪器刻度结果

标准氡浓度平均值/(Bq/m^3)	仪器测量平均值/(Bq/m^3)	仪器修正因子	
		刻度结果	平均值
651	692±39	0.942±0.028	0.944±0.004
2 037	2 151±29	0.947±0.008	

表 8.2 NRL-Ⅱ型氡连续测量仪（2 号）仪器刻度结果

标准氡浓度平均值/(Bq/m^3)	仪器测量平均值/(Bq/m^3)	仪器修正因子	
		刻度结果	平均值
651	698±17	0.934±0.015	0.934±0.000
2 037	2 180±62	0.934±0.017	

表 8.3 NR-200A 氡子体连续测量仪（1 号）仪器刻度结果

标准氡子体潜能浓度均值/(μJ/m^3)	仪器测量平均值/(μJ/m^3)	仪器修正因子	
		刻度结果	平均值
0.205	0.220±0.026	0.932±0.020	0.934±0.004
1.340	1.430±0.037	0.937±0.016	

表 8.4 NR-200A 氡子体连续测量仪（2 号）仪器刻度结果

标准氡子体潜能浓度均值/(μJ/m^3)	仪器测量平均值/(μJ/m^3)	仪器修正因子	
		刻度结果	平均值
0.205	0.210±0.033	0.976±0.060	0.957±0.003
1.340	1.430±0.034	0.937±0.019	

8.2.3 氡及其子体平衡因子现场测量结果

图 8.3～图 8.5 是部分测量点的现场图。两台仪器十分便携，很容易放置并进行测量，可适用于不同环境的测量。

图 8.3 湘雅医院 2 号医用加速器房现场测量

图 8.4 湖南省肿瘤医院现场测量

图 8.5 韶关锦原铀业现场测量

典型场所氡及子体平衡因子的测量结果列于表 8.5。

表 8.5　典型场所氡及子体平衡因子的测量结果

区域名称	场所名称	平衡因子		备注
		范围	均值	
湖南省湘雅附一医院	湘雅医院 2 号医用加速器治疗室	0. 08～0. 43	0. 24±0. 09	连续 24 h
	湘雅医院物理计划室	0. 14～0. 44	0. 26±0. 10	连续 17 h
湖南省肿瘤医院	省肿瘤 6 号医用加速器控制室（B2）	0. 13～0. 51	0. 25±0. 11	连续 18 h
	省肿瘤物理计划室（3 楼）	0. 19～0. 51	0. 33±0. 09	连续 23 h
	省肿瘤 6 号医用加速器治疗室（B2）	0. 13～0. 43	0. 23±0. 07	连续 23 h
	省肿瘤 2 号医用加速器治疗室	0. 32～0. 40	0. 36±0. 04	白天连续 4 h
锦原铀业	锦原铀业招待所 102 房间（1 楼）	0. 17～0. 53	0. 32±0. 13	深夜至凌晨连续 9 h
	锦原铀业办公大楼安环处办公室（1 楼）	0. 28～0. 83	0. 60±0. 17	连续 22 h
	锦原铀业 501 矿区 304 信号台	0. 14～0. 22	0. 20±0. 06	白天连续 8 h
	锦原铀业老居民楼（大约 20 年楼龄）	0. 39～0. 55	0. 49±0. 11	连续 15 h
某核电基地（二厂）	1/2 号机组 L218RP 值班室	0. 11～0. 36	0. 24±0. 11	连续 24 h
	1/2 号机组辅助控制室	0. 11～0. 31	0. 18±0. 11	白天连续 6 h
	1/2 号机组 2W257	0. 02～0. 08	0. 06±0. 02	连续 24 h
	1/2 号机组 ND250 房间	0. 16～0. 46	0. 28±0. 09	连续 17 h
	1/2 号机组 NE189 房间	0. 14～0. 54	0. 25±0. 11	连续 24 h
	3/4 号机组 NE087 房间	0. 16～0. 47	0. 32±0. 22	白天连续 5 h
	3/4 号机组 NC351 房间	0. 14～0. 42	0. 24±0. 08	连续 24 h
某核电基地（三厂）	2 号机组 S/B 地坑	0. 27～0. 65	0. 48±0. 12	连续 24 h
	2 号机组 TB 厂房	0. 10～0. 68	0. 35±0. 16	连续 24 h
衡阳市华新开发区	某跆拳道馆	0. 26～0. 45	0. 37±0. 05	连续 21 h
南华大学	氡实验室 2 楼某实验室	0. 31～0. 51	0. 42±0. 05	连续 72 h
衡阳市某退役铜矿	一号居民楼（老式平房）	0. 35～0. 59	0. 46±0. 09	白天 6 h
	二号居民楼（前办公楼）	0. 24～0. 49	0. 38±0. 09	白天 4 h
湖北大冶某铁矿	张福山新主井回风井口	0. 05～0. 15	0. 10±0. 03	连续 21 h

从表8.5可看出，工作场所氡及氡子体的平衡因子跨度范围大，大部分室内实测值与UNSCEAR 2000年报告推荐的0.4不同[5]；某核电基地由于通风设备良好，整体环境干净，加之地处沿海地域，空气中大气颗粒物较内陆省份要少，该区域实测平衡因子均值结果要小于内陆省份实测平衡因子结果；内陆省份医院实测平衡因子结果整体都接近于沿海地区，这是因为测量的医院放疗中心虽处于地面负几层，但其防氡措施做得很好，通风设备运行良好，整体环境干净整洁，故所测平衡因子均值接近沿海地区，医院放疗中心与沿海地面室内环境的平衡因子比室内推荐值小约40%；内陆省份的居民楼和一般文娱活动室的室内平衡因子值整体接近于UNSCEAR 2000年报告推荐的0.4。

从表8.5还可看出，工作场所及居室内氡及氡子体的平衡因子存在一定的差异。在测量典型场所中，工作场所中的办公房间的平衡因子与厂房车间的平衡因子是存在差异的，但与一般新砌居室较为接近；而在同一区域内新旧房屋内的平衡因子也存在差异，旧房间的平衡因子较之新房间的大（锦原铀业新招待所与老式居民楼比较）；不同测量时间段的测量结果也有差异，晚上的测量结果一般都要高于白天的。

在24个测量点中，有个别测量点须加以说明：

1. 铀矿井下只测量了一个数据，其大小处于文献所列的平衡因子范围，但与文献给出的矿井平衡因子均值比较偏小[7-8]。该测量点平衡因子偏小的原因：距离矿井口近，通风良好；该信号台周边区域都比较整洁干净，而且由于矿井停止作业，测量时段没有人为干扰。

2. 锦原铀业有限公司安环处办公室测量点，由于测量期间办公室人多，且大部分人都停留在此处抽烟造成该次测量平衡因子偏大。

3. 湖北大冶铁矿主回风井处，其处于通风口处，测量期间风量很大，且通风井口处周边干净整洁，故平衡因子也偏小（$F=0.1$）。

4. 二期1/2号机组2W257测量点，由于该处安装空气过滤系统，通风运行良好，周边环境干净，实测平衡因子很低（$F=0.06$）。三期虽与二期处于同一区域，由于厂房结构及测量地点不同（某核电基地三期实测点都为地坑，低洼地下处于海平面负20 m处），从而实测平衡因子均值（$F=0.42$）与某核电基地二期均值（$F=0.23$）比较，则显得偏大。

为了了解氡浓度、氡子体平衡当量氡浓度和氡及其子体平衡因子的昼夜变化规律，选择南华大学氡湖南省重点实验室某实验室进行了连续72 h的测量。图8.6为11点42分至第3天11点左右（72 h）氡浓度、氡子体平衡当量氡浓度及平衡因子的昼夜变化图。

由图8.6可看出，氡浓度变化整体有早上高，下午低的趋势，而在凌晨左右会出现峰值，其主要原因是所测量实验室并非完全密封（窗户未完全关闭），与外界存在少量空气交换，而室外夜晚大气呈逆温现象，低层大气比较稳定，不利于氡及其子体的扩散，两者浓度遂逐渐增高，凌晨左右达到最强，随着日出后太阳辐射逐渐增强，逆温现象消失，故大气湍流和垂直对流加强，有助于氡及其子体扩散，两者浓度逐渐降低，而傍晚又随着大气稳定度增强而增高，由于室内外空气对流，室内的氡及其子体浓度也随之产

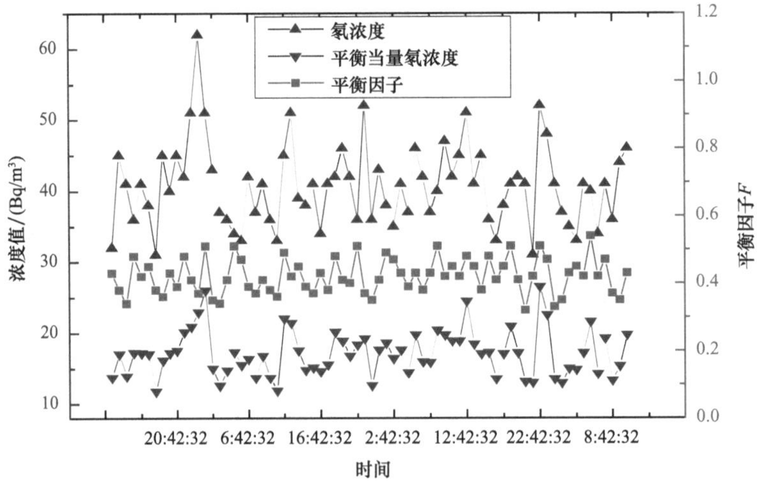

图 8.6 氡浓度、氡子体平衡当量氡浓度和平衡因子的昼夜变化规律

生变化[9]。氡子体平衡当量氡浓度在晚间 23 点至早上 7 点左右出现浓度高峰，而在下午 16 点左右出现浓度低谷，昼夜变化总体呈下午至晚间逐渐升高趋势，这与氡浓度的变化趋势相似[10]。晚上的平衡因子值一般都要高于白天，而出现这种现象应该就是夜间氡子体浓度出现峰值，虽氡浓度也在此期间出现峰值，但上升趋势与子体浓度上升趋势较小，故造成平衡因子比较大。

8.3 小结

基于研究的具有快速响应环境氡浓度变化、无需值守的灵敏连续测氡方法和单滤膜氡子体连续测量方法，建立了方便的氡及氡子体平衡因子现场测量方法。初步现场测量实践的结果表明，工作场所和居室室内环境中氡及其子体平衡因子大部分与 UNSCEAR 2000 年报告推荐的 0.4 存在差异，且实测值与推荐值相比都有 0.15 左右的差异。因此，建议在环境氡辐射监测与评价中，应该测量典型环境状况下的平衡因子，利用测量得到的氡暴露量和平衡因子，来计算氡子体所致有效剂量。

由于实验和准备条件等原因，不仅测量点数目较少，而且对氡浓度、平衡当量氡浓度和平衡因子的昼夜变化也只是进行了初步分析。考虑到环境、昼夜、季节等因素，为了更加准确地评价氡及其子体所致公众年有效剂量，尚需开展不同场所和居室类型氡及其子体平衡因子昼夜变化、季节变化及与通风条件关系等的进一步研究，以期得到各种典型环境中氡及其子体平衡因子的代表值。

参考文献

[1] 李志强，肖德涛，赵桂芝，等.新型连续测氡仪研制[J]. 核电子学与探测技术，2015，35

(12):1246-1250.

[2] 刘良军,肖德涛,雷家荣.氡子体连续测量仪的研制[J].原子能科学技术,2007,41(4):510-512.

[3] 张智慧.空气中氡及其子体的测量方法[M].北京:原子能出版社,1994.

[4] 吴昊.典型场所中氡及其子体平衡因子的实验研究与应用[D].衡阳:南华大学,2016.

[5] 刘艳阳,刘福东,王春红,等.室内$^{222}Rn/^{220}Rn$子体平衡因子的初步测量[J].原子能科学技术,2010,44(12):1528-1531.

[6] New York, NJ,USA: United Nations. UNSCEAR: Sources and effects of ionizing radiation [R].2000.

[7] 李素云,侯海泉,李燕玲.我国某些铀矿井下氡子体平衡因子的现状[J]. 辐射防护,1997,17(3):233-235.

[8] 苏世标,杨鲁静,张卫,等.某铀矿 10 年监测资料分析和井下氡及其子体浓度的分布[J].工业卫生与职业病,2006,32(3):333-336.

[9] 周青芝,肖德涛,丘寿康.空气中混合$^{222}Rn/^{220}Rn$子体浓度水平测量方法的比较[J].辐射防护,2008,28(3):138-144.

[10] 李德平.空气中氡浓度日变化对平均浓度测量的影响[J].辐射防护,1986,6(5):352-356.

附录 I

平均风速计算程序

```
a0={0.1672,0.5586,1.121,1.9,2.679,3.24,3.6328};
/布点坐标
a1={58773,64372,66199,71200,67648,64053,62772};
/对应点风速
r=1.9;
lagrPoly[A_,B_]:=Table[Product[If[j! =i,(x-i)/(j-i),1],{i,A}],{j,A}].B
p[x_]=p1=lagrPoly[a0,a1]//Factor;
Plot[p1,{x,0,3.8}]
n=200;
xn=Array[xnn,2*n+1];
pn=Array[pnn,n];
i=1;
While[i<=n,xn[[i]]=0+r/n*(i-1);xn[[i+n+1]]=r+r/n*(i);
  i++];
xn[[n+1]]=r;
i=1;
While[i<=n,
  h=3.14*(r-xn[[i]]);
  ax={0,h,2*h};
  ay={p[xn[[i]]],p[xn[[(2*n+2)-i]]],p[xn[[i]]]};
  Clear[x];
  pn[[i]]=lagrPoly[ax,ay]//Factor;
  i++];
积分;
i=1;
s=0;
While[i<=n,
x=θ*(r-xn[[i]]);
```

```
    s=s+NIntegrate[0.5*((r-xn[[i]])^2-(r-xn[[i+1]])^2)*(pn[[i]]),{θ,0,2*π}];Clear[x];
      i++];
    s0=s/(3.14*r^2)
```

附录Ⅱ

平均氡浓度计算程序

```
a0={0. 1672,0. 5586,1. 121,1. 9,2. 679,3. 24,3. 6328};
/布点坐标
a1={9. 7,10. 2,11. 34,11. 46,11. 01,10. 02,9. 52};
/对应点氡浓度
r=1. 9;
lagrPoly[A_,B_]:=Table[Product[If[j!  =i,(x-i)/(j-i),1],{i,A}],{j,A}].B
p[x_]=p1=lagrPoly[a0,a1]//Factor;
Plot[p1,{x,0,3. 8}]
n=200;
xn=Array[xnn,2 * n+1];
pn=Array[pnn,n];
i=1;
While[i<=n,xn[[i]]=0+r/n * (i-1);xn[[i+n+1]]=r+r/n * (i);
  i++];
xn[[n+1]]=r;
i=1;
While[i<=n,
  h=3. 14 * (r-xn[[i]]);
  ax={0,h,2 * h};
  ay={p[xn[[i]]],p[xn[[(2 * n+2)-i]]],p[xn[[i]]]};
  Clear[x];
  pn[[i]]=lagrPoly[ax,ay]//Factor;
  i++];
积分;
i=1;
s=0;
While[i<=n,
x=θ * (r-xn[[i]]);
```

```
s=s+NIntegrate[0.5*((r-xn[[i]])^2-(r-xn[[i+1]])^2)*(pn[[i]]),{θ,0,2*
π}];Clear[x];
    i++];
s0=s/(3.14*r^2)
```

附录Ⅲ

氡排放率计算程序

```
fa0={0. 1672,0. 5586,1. 121,1. 9,2. 679,3. 24,3. 6328};
/布点坐标
na0={0. 1672,0. 5586,1. 121,1. 9,2. 679,3. 24,3. 6328};
/对应点氡浓度
f={9. 7,10. 2,11. 34,11. 46,11. 01,10. 02,9. 52};
/对应点风速
n1={58773,64372,66199,71200,67648,64053,62772};
r=1. 9;
lagrPoly[A_,B_]:=Table[Product[If[j!  =i,(x-i)/(j-i),1],{i,A}],{j,A}].B
pf[x_]=p1=lagrPoly[fa0,f]//Factor;
n=20;
xn=Array[xnn,2 * n+1];
pnf=Array[pnnf,n];
i=1;
While[i<=n,xn[[i]]=0+r/n * (i-1);xn[[i+n+1]]=r+r/n * (i);
i++];
xn[[n+1]]=r;
i=1;
While[i<=n,
   h=3. 14 * (r-xn[[i]]);
   ax={0,h,2 * h};
   ay={pf[xn[[i]]],pf[xn[[(2 * n+2)-i]]],pf[xn[[i]]]};
   Clear[x];
   pnf[[i]]=lagrPoly[ax,ay]//Factor;
   i++];
浓度的;
p10[x_]=p2=lagrPoly[na0,n1]//Factor;
pnn=Array[pnnn,n];
```

```
i=1;
While[i<=n,
  h=3.14*(r-xn[[i]]);
  ax={0,h,2*h};
  ay={p10[xn[[i]]],p10[xn[[(2*n+2)-i]]],p10[xn[[i]]]};
  Clear[x];
  pnn[[i]]=lagrPoly[ax,ay]//Factor;

  i++];
积分;
i=1;
s=0;
While[i<=n,
x=θ*(1.9-xn[[i]]);
s=s+NIntegrate[0.5*((1.9-xn[[i]])^2-(1.9-xn[[i+1]])^2)*(pnf[[i]]*pnn
[[i]]),{θ,0,2*π}];Clear[x];
  i++];
s
Plot[p1*p2,{x,0,3.5}]
```